JN065025

犬と人の絆

なぜ私たちは惹かれあうのか

著　アレクサンドラ・ホロウィッツ
監訳　水越美奈
翻訳　奥田弥生

緑書房

Japanese Language Translation copyright © 2021 by MIDORI SHOBO
Our Dogs, Ourselves: the story of a singular bond
Copyright © 2019 by Alexandra Horowitz, with illustrations by the author
All Rights Reserved.
Published by arrangement with the original publisher,
Scribner, a Division of Simon & Schuster, Inc.
through Japan UNI Agency, Inc., Tokyo

Scribner, a Division of Simon & Schuster, Inc. 発行の
Our Dogs, Ourselves: the story of a singular bond の
日本語に関する翻訳・出版権は株式会社緑書房が
独占的にその権利を保有する。

過去、現在、そして未来のすべての犬に

目次

本文中のイラストおよび注釈の表記について

【本文中に登場する犬のイラストについて】

目次に盛り込まれているとおり、本書は章ごとに犬のキャラクターが設定されています（たとえば、5章はブルドッグ）。そして、本文中の余白にそれら犬のイラストがたびたび登場するのですが、それは、そこに書かれている内容に関連する話題が、その犬の章でも紹介されていることを示しています。

【原書に記載のある注釈は「*」に続く数字で示しています】

例…研究の一環として触ることすらしない事実にがっかりする。*1

この注釈は本文中の奇数ページの左側に掲載しています。

【日本語版の編集において付記した注釈は「注」に続く数字で示しています】

例…近くにいたオオカミを無意識に家畜化注1したとき、

この注釈は各章の末尾に掲載しています。

1
章

犬と人の絆とは

犬にひとたび心をつかまれたが最後、もう抜け出せない。

現実的な科学者は、それを「犬と人の絆」と呼ぶ。「絆」は強い結びつきだけでなく、相互に与える作用も意味していて、互いの関係だけでなく愛情も表す。私たちは犬を愛し、犬に愛されている（と思っている）。そして、犬を飼うことで、犬に支えられてもいるのだ。

先ほどの言葉を、「人と犬の絆」と言ってもかまわないが、それでは優先順位を間違えることになる。私たちと犬との、かけがえのない共生関係を示すこの短い言葉において、犬の存在感は絶大だ。大げさなあいさつも、救いがたいイタズラも、犬のほぼすべての行動が人間との結びつきを強める。生涯で10数頭の犬と暮らした、作家のE・B・ホワイト。彼はライターとして活躍し、作品が掲載されていた雑誌「ニューヨーカー」の読者にはおなじみの存在だ。彼の文章は、先ほどの絆によって私たちが犬に感じる慈愛の好例にもなっている。ロシアが犬を宇宙に送り込むと知ったとき、彼はアメリカ人向けにその理由をこう解説した。「お月様に遠吠えする犬がいないと物足りないでしょう」。あるいは、月に行くなら、常日頃一緒にいる相棒を連れていきたい、と人は思うものなのかもしれない。私たちが宇宙旅行を夢見る1万数千年前から、そして、ロケットはおろか、金属加工からモーターに至る、ロケット製造技術のひとつひとつが完成するずっと前から、犬は私たちのかたわらにいた。私たちは街で暮らし始める前から、現代文明の兆候がはっきりと揃う前から、犬と暮らしていたのだ。

太古の人間が、近くにいたオオカミを無意識に家畜化[注1]したとき、その家畜化された「種」は発達の方向性を変えた。同じように、私たちも犬を繁殖させ、購入し、保護しようと決めたら、自らを変えることになる。犬は、散歩に連れ出し、食事を与え、世話をしなければならないので、まずは日常が変わる。いつもそばにいて心に入り込んでくるので、人生までも変わってくる。犬もまた、ホモ・サピエンスのたどる道筋を変えてきたのだ。

犬と人間の物語には歴史があるが、21世紀になると、犬の認知を研究する[注2]人間まで出現した。つまり、ここで筆者の登場だ。私は犬の観察と調査を生業にしている。ペットにするわけでも、一緒に遊ぶわけでも、愛しげに眺めるわけでもない。そのため、わが「犬の認知研究室」で働きたいという人は、研究室で子犬を飼育していないこと、研究の一環として触ることすらしない事実にがっかりする。[*1]それどころか、行動実験（食べもののニオイのわずかな差異を犬が嗅ぎ分けられるかとか、あるニオイを別のものより好むか、などの検証）を行うときは、立ち会う人間が犬にとってつまらない存在になる必要がある。つまり、犬に語りかける、赤ちゃん言葉で話しかける、呼ぶ、反応する、愛情を込めて見つめ合う、あごの下をくすぐる、などの行為は厳禁、ということだ。犬といるときは、目が合わないようサングラスをかけたり、何かの拍子にこちらを見るといけないので背を向けたりする。つまり、実験室では、樹木のように振る舞うか、どうしようもなく感じ悪くするかの中間あたりの態度を示すことになるわけだ。

冷たくしているのではない。起こっている出来事の一部となって、観察するだけで手一杯なのだ。動物行動学の研究者の道具（両目）は、ほかのことに忙しくしなければならない。見たいことではなく、目の前の行動のみを見るようにするのだが、これはとても容易ではない。

そうはいっても、人間は生まれながらの動物観察者だ。歴史的にそうならざるをえなかった。捕食動物から逃げ、獲物を狩るために、人の先祖は動物が何をしているのかをよく見て、草むらや木立に見知らぬものが現れれば気づく必要に迫られてきた。観察力が鋭いか鋭くないかが、食べるか食べられるかの違いとなったのだ。私は進化を遡る仕事をしているので、今までにない新しい発見をしよ

＊1　確かにがっかりだ。だから、会いに来てくれた犬を大歓迎しないようにするには、ほんの短時間でもかなりの自制心を要する。

う、などとは考えない。私たちが（かなり見慣れているくせに）たいていは見落としていることに注目し、新たに見直したいと思っているのだ。

私は犬への興味から研究をしているが、犬を通じて人間のことがわかるから、という理由だけで研究を続けているわけではない。それでも、犬をつぶさに観察していると、どんなときでも人間の存在がちらつくことになる。私たちは（しっぽを振ってこちらを見つめる）犬を見て、初めて原始の犬[注3]に出会った太古の人間のことを想像する。私たちが犬の気持ちについてあれこれ知りたがるのは、自分の心の仕組みに関心があるからだ。犬の私たちへの反応は、ほかの種とはまったく異なる。そこで、犬との暮らしは、社会にどんなプラス、あるいはマイナスの効果を与えているのだろう、と私は考えた。犬の目を見ていると、見つめ返してくれるその目にどんな人物が映っているのか知りたくなる。犬との生活と犬の研究には、どちらも人間の関心が反映されているのだ。

犬について科学的に考えているうちに、犬の文化に対する私の感度は鋭くなった。研究室には犬が飼い主とともにやってくる。私はもっぱら、このペアの四つ足の方（犬の方）の行動に注目するわけだが、犬と飼い主の関係性は、どのペアもとてつもなく強い。つねに犬と暮らしてきた人間として、私は犬文化にどっぷりと浸かってはいるが、第三者で科学者という立場から、より明確に見えてきたものがある。それは、私たちは自分たちがどのように犬を手に入れ、名付け、しつけ、食事を与え、話しかけ、見ているかに、もっと注目すべきだということだ。さもないと、犬との絆が束縛になりかねない。私たちが当たり前だと思っている犬との生活の大部分は、奇妙で想定外なだけでなく、隠れていたものが浮かび上がるとぞっとするところさえあり、かつ矛盾に満ちている。

確かに、社会において犬の立場は矛盾だらけだ。私たちは、骨を与えたり屋外でオシッコをさせたりすることで犬に動物らしさを感じながらも、レインコートを着せたり誕生日を祝ったりして人間の代役を強いている。その犬種らしい外見を保つために耳を切る（すると、より野生の犬科の動物っぽく見える）一方で、品種改良して顔をつぶしてみたりする（こちらは、より霊長類っぽくなる）。犬の性別は話題にするが、性生活の話はタブーにしている。

犬は法的には人間の所有物だが、犬にも主体性があるから、犬は求め、選び、請求し、要求する。法律上は「物」であっても、私たちと同じ家に住み、ソファやベッドを共有することもままある。犬は家族でありながら「飼育」され、大切にされながらもたびたび放置される。そして、私たちは1頭の犬に名前を付けて愛しながら、名もなき数百万頭を安楽死[注4]させている。

私たちは個性を讃えながら、同一性を求めて犬を繁殖させる。おかしな犬種を作って「種」を台なしにする。まともに呼吸ができない鼻の低い犬を、脳が収まらないほど頭の小さな犬を、自らの体重が支えられない巨大な犬を、作り出している。

そうした犬は、見た目は親しみやすいものになったけれど、そのせいであいまいになったこともある。もう本来のありのままの姿では、見ることができなくなってしまったのだ。私たちは犬に話しかけるが、その言葉には耳を傾けない。犬を見ているようで見ていない。

　これはゆゆしき状況だ。私たちの犬に対する興味は、動物としての犬、非人間としての犬、という部分にあるはずだ。犬は、私たちがますます距離を置くようになった動物界からやってきた、しっぽを揺らす親善大使だ。人間はテクノロジーに目を向けるあまり、動物が棲息する世界で生きるのをやめてしまった。あなたの住む土地や街に動物がいたら？「迷惑だ」。家に動物が侵入してきたら？「厄介だよ」。飼っている動物は？「家族だけど、所有物」。家族の中で特別な地位を占める犬を私たちが愛するのは、ほかの家族とは違うからだ。その大きな目のむこうには、別の何かが、説明のつかないものが、私たちの中の動物性のなごりが、感じられる。それなのに、私たちは今、全力で犬の動物性を抹殺しようとしているのではないだろうか。そうした振る舞いは、携帯電話に縛られ、（直接ではなく）画面の上で友人と会い、（本ではなく）画面を読み、（歩くのではなく）画面上であちこちを訪れ、人類を自然界から引き離そうとしている私たち自身の姿にもぴったりと重なる。

　気がつくと、一緒に暮らす動物のことを、むこうが私たちをどう思っているのかを考えている。うちの愛犬フィネガン（私はフィンと呼ぶ）と歩道を歩いていると、通りかかったビルの磨き上げられた大理石に、私たちの姿がきれぎれに映りこむ。フィンは、私の大きなストライドに合わせて軽やかに歩く。私たちは、あいだに存在するリードより、動きと間によって一体化し、ひとつの影となって石に映る。私たちは「犬―人」だ。犬と人のあいだをつなぐこのハイフンに、不思議な力が宿っている。

犬が私たち個人や社会について教えてくれるあれこれが、このハイフンがいかに短くなってきたかを説明してくれる。犬の研究者、そして犬を愛し、ともに暮らす者として、私は犬と動物、さらには私たち自身を、科学的に掘り下げてみたいと思っている。さらに、科学を超えたところで、人間のうぬぼれと文化が、どれだけ「犬と人の絆」に反映され、また枷をはめているかを。

私たちは今、どんな風に犬と暮らしているのだろう。そして、明日からはどう暮らしていくべきなのだろうか。

注1 **家畜化** 人間の要求に沿って選抜がなされ、野生の集団とは違う生物の集団が作られること。また、動物が人間の社会に組み込まれて、その動物の生理学的、行動学的な性質が人間社会に適応し、その一部となること。

注2 **犬の認知を研究する** 犬が人間の指示や意図をどのように観察・認識して、どう行動するか、などに関する研究をする。その歴史は新しく、活発に研究され始めたのは2010年ごろとされる。

注3 **原始の犬** さまざまな研究により、犬の祖先はオオカミである、という説が最も有力とされている。

注4 **数百万頭を安楽死** 2012〜2013年に、全米で約270万頭を安楽死させたという数字が出ている。環境省の資料によると、日本では、2019年4月1日〜2020年3月31日に保健所などで殺処分された犬は全国で5635頭となっている。ただし、個々の動物病院での安楽死数は含まれない。

2章

犬の名前には飼い主の想いが詰まる

動物病院の待合室に若い獣医師がやってきて、手にしたクリップボードに目をやる。「えっとお……」。飼い主がみんな顔を上げ、彼の次の言葉を待つ。すると獣医師は、目の前のカルテにしばし目を止め、怪訝な顔をする。ひと呼吸おいて尋ねた。「芽キャベツ《ブラッセル・スプラウト》ちゃん、いらっしゃいますか?」

若いカップルが（小さなキャベツとは似ても似つかない）ミニチュア・シベリアン・ハスキー[注1]をひょいと抱き上げ、獣医師についていく。

ところで、わが家の黒い犬は「フィネガン」という。またの名を「フィネガン・ビギン・アゲイン《またはじめたの》」、「スウィーティー《いい子ちゃん》」、「グーフボール《どじ》」、「パピー《子犬》」。「ミスター・ノーズ《鼻紳士》」、「ウェット・ノーズ《お鼻しっとり》」、「ミスター《ズボン》・スニッフィー《嗅ぎ屋さん》・パンツ」、「ミスター・リッキー《ペロペロ》」とも呼ばれる。そして、「マウス《怖がり》」、「スナッフル《くんくん》」、「キッドウ《きみ》」、「キューティー・パイ《かわいい子ちゃん》」と、呼び名は日々変わる。もちろん「フィン」でもある。

私たち人間は、命名したがり屋だ。子どもが何かをじっと見て指をさせば、大人は必ずその名を口にする。「あれは、わんわん！」（お返しに、筆者もたまに「あれは、ちびっ子！」と犬に教えてやる）。犬を連れていると、ほぼ毎日、親子連れがすれ違いざまにそう言っていく。

自分で自分に名前を付ける動物はいないが、私たちは動物に名前を付ける。とにかく動物を命名するのが好きなのだ。隣のものとほんのわずかでも違いがある新種が見つかると、命名のチャンス到来！となる。新種の発見者には、ラテン語の命名権が与えられるのが慣習だが、そのせいで動物の名前はかなりおかしなことになっている。「アネリプシトゥス《どうしよもない》・アメリカヌス《アメリカ人》」というカブトムシ、ハコクラゲの「タモヤ・オボヤ《うわぁ》」（クラゲに刺されると発する音らしい）、トタテグモの「アナメ・アラゴグ」[注2]、菌類の「スポンジフォルマ・スクエアパンツィ」[注3]といった具合だ。こうした命名は、誤解から生じる場合もある。マダガスカルで樹上生活するキツネザルの仲間、インドリは、地元民がこのサルを見つけたときに「インドリ！」と叫ぶのを聞いたフランス人が命名した。しかし、地元民はじつは「見て！」とか「あそこにいる！」と言っていたのだ。それなのにフランス人は、彼らがサルの名前を呼んでいると思い込んでしまった。このサルの名前は、現地のマラカシ語では「ババコト」である。カナリア諸島[注4]原産のおなじみの鳥、カナリアの場合も同様だ。この島の名前は「犬に関する」を意味するラテン語、「canaria《カナリア》」からきたとされているのに、今ではすっかり鳥の名前として有名になってしまった。

こうした種の分類や特定に意味がないわけではない。種の名前は、その動物を観察して違いを発見し、その生態に思いを巡らすのに役立つ。けれど、私たちは往々にして種の名前を知るだけで終わりにしてしまう。バードフィーダー（鳥のエサ台）に見知らぬ鳥がやってくると、名前を調べはするが、アカフウキンチョウとわかればそれで満足する。アフリカでサファリに行くと、「遭遇するかもしれない5大動物」のチェックリストが用意されている。ゾウ、サイ、カバ、キリンかライオンがいれば、名前だけはゲット済み、つまり収集できたことになる。すると、そのあと何年も「アフリカゾウを見た」と話のネタにできるわけだ。まあ、そのときに動物の名前だけで終わらせず、寿命や体重、妊娠期間、食性といった基本的な生態をガイドから学ぶ人もいるかもしれない。でも、動物たちはすぐに行ってしまうので、私たちの多くはそこで気持ちを切り替え、そうした生態情報など忘れてしまう。

言ってみれば、名前は理解の代用品として使われすぎなのだ。動物は目で見るだけで良しとして、目以外の器官を働かせる手間を省くために名前が使われている。

とはいえ、私自身も名前を付けることを愛している。仕事柄、というわけではない。科学者は、動物に名前を付けることに眉をしかめるものだからだ。つまり、種名を呼ぶのはいいが、個々の動物に名前を付けるのはだめなのである。私の専門領域（動物行動学と認知科学）は、動物の観察と実験で成り立っているので、その点ではちょっと変わっている。

動物はふつう、「個」ではなく同種の代表、その種から派遣された使節として扱われる。ひとつの「サンプル」が種全体を表すのだ。1頭のマカクザルがサルの原型として定められると、その行動がほかのあらゆるサルの行動を説明することになる。ところが、個々に名前を付けると、そうはいかない。名前は個別化につながるからだ。マカク属の動物1頭1頭に名前があると、それぞれに個性があることになってしまう。

ところが、動物行動学では、種の行動調査でよく「個体差による厄介な影響」と見なされるものが、逆に大切になる。これまで、動物の少し変わった行動（みんなより遅れて移動する、死んだ身内からなかなか離れない、獲物を捕まえるだけで殺さないなど）は、「統計上の雑音」とされていたが、動物行動学ではそうした違いの重要性を認め、それぞれの動物を観察する。ただし、名前によってではなく、番号やしるしによって、である。トラに首輪を付け、サルに入れ墨をし、鳥の羽を染め、アザラシに札を付け、カエルやヒキガエルの足指を切り落とし、ネズミの耳にわかりやすく切れ込みを入れるなど、しるしで個体を識別する。[*1] ジェーン・グドールは、学術界の慣習に反して、観察対象のチンパンジーに名前を付けたが、これはすばらしいことだった。その名前というのが、「デビッド・グレイビアード《白髭》」に「フィフィ（ジョセフィーヌの略称）」、「フリント《火打石》」、「フロド《小人》」、「ゴリアテ《巨人》」、そして「パッション《情熱》」だ。当時の動物行動学に、チンパンジーを研究しながらフィフィと名付ける若い女性を、喜んで受け入れる態勢が整っていたとは言えないだろう。彼女は何も知らずに名前を付けた、と語っている。学術研究において、動物は（遺伝子が最も人間に近いチンパンジーでさえ）名前を付けるに値する個性を持たない、とされているのを知らなかったのである。「それぞれのチンパンジーを一度知ってしまうと、名前ではなく番号を与えるべきだとは、とても思えませんでした」と彼女は言っている。

グドールの研究以降、動物には個性があるという考え方が定着し、チンパンジーから豚、猫に至るまで、個性が研究されるようになった。その結果、個々の動物に名前を付けることが増えたが、表立ってではなく、論文にも記されない。20世紀初頭の心理学形成期のロシア人学者、イワン・パブロフは、こうした名付けのはしりだ。彼は、犬は「知能が高度に発達し」、実験や生体解剖にも「理解を示し応じてくれる」種だ、という理由で研究対象にした。*2 最も優れた犬を、ドゥルジョク（ロシア語で「小さな友だち」「相棒」の意味）と名付け、3年にわたって実験を行った。その内容は、食道を胃から切り離して、食べた物が入る「別の袋」を取り付け、犬が食べものを見た際に出る胃の分泌物を調べ

＊1　こうした方法は現在も使われているが、問題もある。このように首輪を付け、入れ墨をし、染色し、札を付け、切り取ったり切れ込みを入れたりした動物は、そのせいでほかとは違う行動をとることが多くなるのだ。しるしが原因で、通常の食べものやなわばりの確保、移動ができなくなり、札を付けられた子どもを母親が受けつけなくなる例もあった。もちろん、研究者は手で触れられることによるダメージや、短期的な麻酔の影響といった問題を減らすべく努力している。ただ、長期的に見ると、しるしの重さによって体力的な問題が起きることもあり（ひな鳥にとっては相当な重さだ）、成長に取り返しがつかない影響を与える場合もある。

＊2　猫と比べて、という意味である。パブロフは猫を「何ともこらえ性のない、やかましく底意地の悪い動物」ととらえた。そう思わせた猫は賢明だったと思う。

る、というものだった。麻酔で行動が鈍るのを避けたい、というパブロフの考えから、この実験はいずれも無麻酔で行われた。犬は人間によく反応する身近な存在で、犬自身が実験の「当事者」だと言っても良いと彼も認めているが、ドゥルジョクをはじめとする犬たちは手術であちこちいじくり回されたあげく、危篤状態になって命を落としている。

心理学は、パブロフの発見に負うところが大きい。しかし、ドゥルジョクが世に知られることはなく、長く正体不明のままだった。パブロフの1927年の著書『条件反射』には、多くの実験結果が盛り込まれたが、犬の名前は出てこないし、謝辞でも触れられていない。「その動物」、「その犬」、「この犬」、「興奮しやすい犬」、「犬その1、2、3」、そして「われらが犬」とまで言及されているのに、「小さな友だち」の名は登場しない。

霊長類を扱う現代の神経科学の研究室でも、動物にはめいめい名前が付けられる。人類学者のレスリー・シャープも言っているが、サルにはよくディズニー映画のプリンセスやギリシャ神話の神々など、印象的でおしゃれな名前が付く。ひらめきと皮肉がないまぜの命名もあり、ある研究室では、ノーベル科学賞受賞者の名前を霊長類に付けている。ペットの名前も使われるし、アメリカの人気ドラマ「スパルタカス」に出ていた女優の名前から「ジェイミー」になったり、指を噛むクセがあると「ラットフィンク《いけすかない奴》」になったりする。研究対象を名付けるのは、ふつう技術者やポスドク（博士研究員）だが、研究室の責任者も内輪ではサルを名前で呼んだりする。「公開討論会や論文でサルの名前を持ち出すのはご法度ですが」、とシャープは言う。「役目を終えて殺処分した動物の鎮魂のため、研究室に慰霊碑を作るのは珍しいことではありません」。

ところで犬は？ という声が聞こえてきそうなので、話題を犬に戻そう。神経科学や心理学、医学の研究室には、数えきれないほどの犬がいる。関係者は名前で呼んでいるかもしれないが、論文には性別と年齢、犬種（ビーグルが多い）のみ記される。でも、私の研究室は違う。わが「犬の認知研究室」では、パブロフの孫が目の色を変えるようなテーマは取り上げないが、パブロフが頼みにした犬の協調性と従順さには彼と同じように支えられている。私たちは、研究対象の犬を研究室で飼育しない。彼らは飼い主と暮らし、研究のときだけやってくる。すべて飼い犬だから、ちゃんと名前も付いている。実験のあいだ（実験は営業時間外の犬のデイケアセンターやジム、飼い主の自宅、地元の公園で行うこともある）、犬のことは名前で呼ぶ。犬は自分の名前が当然わかっているだろう。人の乳児は生後6か月までに、周囲で耳にするほかの言葉と自分の名前を聞き分けられるくらいには、言語の音を理解し始める。話し出すのはもっと後で、その時点では認知機能もたいていの犬ほどは発達していない。犬は何日、何週間と繰り返しひとつの名前を耳にすると、自分が呼ばれている音だと認識できる。犬はわかっているのだ。

名前は、犬の認知に関する出版物の多くに登場する。動物の研究でそれがふつうなのは、犬だけではないだろうか。*3 実際、犬の名前が載っていない論文の場合、査読者（専門誌の掲載論文を匿名で読み、その採用・改訂・却下を提言する科学者）が著者に明記を求めることもある。だから、飼い主が指で示した食べもののところに行く能力の研究に、オーストリアのウィーンで参加した被験犬が、アキラ、アルキメデス、ナヌーク、シュナッケルだとわかる。そこにはマックス、ミッシー、ルカ、リリーもいた。良い子のフレンチ、キャッシュ、スカイも。ドイツではアリーシャ、アルコ、アスランが視点取得課題[注5]に参加し、遮断ブロックで人から見えないようにしているあいだに、食べてはダメと言われた食べものをくすねる能力をテストした。ロッテ、ルーシー、ルナ、ルポもこれをやり遂げた。イギリスの被験犬は、アシュカ、アーファー、イギー、オジー。ピッパにポピー、ウィルマにジッピーだ。

ニューヨークの私の研究室では、2013年、カバーをした2枚の皿のどちらにソーセージがたくさんのっているかを嗅ぎ分ける、いたって真面目な実験に参加者を募った。どの犬が成功したかはお伝えしないが、すぐにでもプロのソーセージ嗅ぎになれそうな犬の名前の頭文字で、アルファベット26文字が完成しそうだった。すなわち、A.J.《エイジェイ》、Biffy《ビフィー》、Charlie《チャーリー》、Daisy《デイジー》、Ella《エラ》、Frankie《フランキー》、Gus《ガス》、Horatio《ホレーシオ》、Jack《ジャック》（とJackson《ジャクソン》）、Lucy《ルーシー》（3頭）、Merlot《メルロー》、Olive《オリーブ》（Oliver《オリバー》2頭とOlivia《オリビア》）、Pebbles《ペブルス》、Rex《レックス》、Shane《シェーン》、Teddy《テディ》（とTheo《テオ》、Theodore《セオドア》）、Wyatt《ワイアット》、Xero《ゼロ》そしてZoey《ゾーイ》。そのうちの3つ（マディソン、ミア、オリビア）は、同じ年、首都圏で人間の赤ちゃんの名前としても人気が高かった。*4

研究対象の犬には、もちろん名前がある。「名前なくして個ならず」と、かつて研究者仲間のひとりは言った。対して、ペット以外の目的で飼われている犬は、名前で呼ばれないこともある。ドッグレースのグレーハウンドには、公式には立派な名前が付いているが、めったに使われない。レース中は顔に口輪をつけていて、脇腹の番号しか見えないのだ。

世の中に「ミスター・ドッグ」という名を持つ犬はいるかもしれないが、「イヌ」という名の犬はまずいない。「イヌ」はあくまで種名だ。家に迎えるにあたって名前を付けることで、その犬は個別の存在になる。私たちが、仲間を家族に迎えてまずすること、そのひとつが命名なのである。

‡ ‡ ‡

赤ちゃんを家に迎えるのと一緒で、首の座らないくにゃくにゃの子犬でも、引き取ってきた目のぱっ

＊3　名前のある動物の方がない動物よりもパフォーマンスが高いことがわかっている。ある研究では、乳牛に名前を付けた農場の方が、付けないところよりも、乳分泌期の生産量が258リットル多かった。丁寧に接してもらったプラス効果だと思う。

＊4　アリー、アンバー、アヌーク、ベイリー、バットマン、クライド、ダコタ、ディッパー、ダフィー、エリス、ファーン、フィナ、フランキー、グレイソン、ハリス、ヘンレイ、ヘンリー、ハドソン、ジェイク、もう1頭のジェイク、ジョーイ、レイラ、マディソン、メイビー、マギー、マーロウ、2頭のミア、モジョ、モンティ、マグシー、ポーター、レックス、リバー、サディ、アレクサンドラ、スクーター、シェイキー、シェウビー、スティッチ、キャスパー、ウォルター、ウェブスターにウィルソン。みんなのことも忘れていませんよ。

ちりあいた成犬でも、新しい犬が来ればどうしたって暮らし方が変わる。赤ちゃんと違うのは、食べかけのサンドイッチを安心して置いておける場所を探さなければならないことや、犬に用を足させるために、早起きして外に出なければならなくなることだ。あなたが犬を飼った初日、家族が増えただけでなく、どういうわけか自分にモテ機能が備わった気がしたことだろう。子犬を連れているということは、社会的には「食べるのを手伝ってください! 美味しいブラウニーを作りすぎました」という看板を首から下げ、できたてのブラウニーのトレーを持って歩いているに等しい。あなたは、もうひとりで歩いているわけではないのだ。犬を散歩させている人は、話しかけやすく、人との関わりが増え、犬を連れていない人より魅力的に見える、という研究がある。決して少なくない人間関係が、リードの先の犬への語りかけで始まる。それは、話しかけた人が犬を連れていようといまいと関係ないのだ。

「この子のお名前は?」は、「何歳ですか?」と「犬種は?」に並んで飼い主が最もよく聞かれる質問である。これらの問いは、その答えが犬の核心部分に少しも触れない、まったくの社交辞令だ。それなのに、名前は間違いなく何かを示しているものらしい。もちろん、名付け親の何かを、である。私が「本当はこの子の名前はフィネガン・ビギン・アゲイン3世なんです」と詳しく説明すれば、犬を介してさらに会話が続く可能性が高まるだろう。

そうは言っても、アメリカでは、犬の名前を聞いて赤の他人をどうこう思うことはまずない。けれど、アフリカでは場所によりけりだ。アフリカ西部ベナンのバリバ族は、隣人と間接的に交流するために、犬に特殊な名前を付ける。コミュニティの一員に、いわゆる「メンツ威嚇行為」[注6]をする手段として、おなじみの格言からとった格言風の名前を付けるのである。バリバ族では、他人と面と向かって対立するのはみっともないことだとされている。けれど、他人の行いは当たり前のように問題にする。犬の飼い主が隣人に何かしてあげ、そのことで貸しがあると思ったら、「愚者が忘れていると善は報われない」という格言の出だしを子犬の名前にする。借りのある隣人が通りかかると、それに気づいた飼い主はわざと犬の名を呼び、面と向かって話しかけることなく非難するのである。また、隣人が視界に入ったとき、嫌味たっぷりに「ヤドゥーラ」という名の犬を呼べば、「おまえが蒔いた種」との警告になる。いずれの場合も直接的な対決は避けているが、非難された方は犬を通じて人前で責められ、不埒なものであろうとなかろうと、自分の行いに直面しなければならなくなる。時には、犬を通じて話しかけられた方も子犬を手に入れ、対抗策となる名前を付ける。こうなると、激しい言い争いでは、子犬を何頭も飼って名付けることになりそうだ。

「格言を名前にする」というこの戦術は、公然の秘密である。村の「みんながおしゃべりに来る樹の下に座る長老たち」は、また子犬に名前が付いたと聞いては、それを話の種にする。さらに、アフリカのほかの部族では、立場が下のものが上のものに対抗するという、面と向かってははばかられることに、犬の名前が使われるそうだ。マンハッタンの歩道とは違い、アフリカでは、犬は人間が互いに話しかけずに済ませるための役割を担っている。

私も、自分が暮らすアメリカ北東部の小島の住人、160万人と日々触れ合うなかで、どんな格言めいた名前を振りかざせるか、考えてみた。今日は、もしうちのアプトンがそういう名前なら、「エレベーターはあなたが個人利用するためのものにあらず」という戒めを言って聞かせてやれるところだった。昨夜なども、「真夜中過ぎに音楽をやかましくかける者は、翌朝、隣の騒音で目を覚ますなり」という名前の犬がいれば、隣家への意趣返しで、夜明けにわが家からラフマニノフが大音量で鳴り響くこともなかっただろう。

‡ ‡ ‡

人気の高さがおすすめの理由になるなら、間違いなく犬にはマックスかベラと名付けるべきだ。ここ数年、私の住む界隈では、この名前が不動の人気を誇っている。ありきたりは嫌だという向きにも、アドバイスは山ほどある。実際、犬の研究を始めて以来、私は犬の名付け方についてつねに質問されてきた。こういうことに関しても、確実性を追求したい人はいるものだ。愛犬を完璧な（この上なくかわいくて行儀がよく従順な）犬にしてくれる名前も、もしかしたらあるのかもしれない。けれど、犬をどう名付けるかは、科学の課題ではない（今後もそうならないことを願っている）。種名を与えるのは科学だが、犬の命名は、犬の特徴を基に、飼い主がするべき仕事だ。とはいえ、この点に関して自称犬の専門家たちが発言してこなかったわけではない。ある獣医師曰く、「名前は短くするべし」。「ぜひとも人の名前以外の名を」という意見もある。少なくとも、「おすわり《シット》」や「進め《ウォーク》」といった、特別な意味を持たせたい指示語とは区別できた方がいいだろう。シットと響きが似たミットやスミット、ウォークに近いチョークやスクウォークという名の犬には、英語圏ではまずお目にかからない。「犬の名前はOで終わるべきだ」。「いやAだ」。「絶対に間違いなくEかYで終わるほうがいい」。こうした意見もある。とうとう私までもが、いかにも専門家の知恵がありそうな顔で参戦し、「とにかく何度でも楽しく呼べる名前にしてください」と飼い主にお伝えするハメになる。

どのアドバイスもまったくもって理にかなっているものの、この上なく無用である。それでもこの手の助言は、少なくとも紀元前400年のクセノフォン[注7]の時代から当たり前にあったようで、彼は大声で呼べる「短い名前」をすすめている。ただし、スピゴット《蛇口》、バブラー《水飲み場》、オーデイシャス《大胆》といった名前が良し、とされている点は検討が必要だ。[*5] それならトプシーターヴィー《さかさま》とかマッチアドゥ《すったもんだ》、グラッドサム《おおはしゃぎ》という名前の犬に会ってみたかった。アレキサンダー大王は、飼い犬をペリタス（1月という意味）と名付け、自分が征服した都市に、この大事な犬の名にちなんだ名前を付けている。オ

＊5　ギリシャ語ではそれぞれ Styrax、Bryas、Hybris で、釘、活発、暴動とも訳される。

ウィディウス[注8]の『変身物語』に登場するアクタエオンの犬（神話では、彼をずたずたに引き裂いたとされる）の名前は、アエロー《つむじ風》、アルカス《熊》、ライラプス《嵐》など。中世の墓標に刻まれた犬の首輪には、ジャッキー、ボー、パーシヴァル（アーサー王伝説に出てくる円卓の騎士）、ディアマント《ダイアモンド》とある。チョーサー[注9]の『カンタベリー物語』の「尼院侍僧の話」にはコル《銃身》、タルボット[注10]、ガーランド《栄誉》という名の犬が出てくる。中世の猟犬で人気のあった名前としては、ノーズワイズ《鼻がきく》やスミルフェスト、さらには皮肉だがネームレス《名無し》もある。

1870年代までには犬の命名方法も成熟し、ある意見記事は、まるで揶揄するかのように、犬の名前は「犬に語りかける際に、その特徴が相手にあまねく伝わるようにするべきだ」と論じている。したがって「猛烈な《フランティック》引っ掻き屋《スクラブラー》」であるプードル系の雑種は、名前をフランティックかスクラブラーかF・スクラブラーにすれば呼び分けられる。かつて、スポーツ紙には犬の名前とその由来を紹介する「名前自慢」コーナーがあった。1876年8月19日には、カールという男性が「うちのフィールドトライアル[注11]用セターはロックといい、母はJ・W・ノックス所有のディンプル、父は同じくベルトン」と紹介している。同日の紙面には、ダドリーとラトラー、ビューティーも登場。1888年には、あるフォックスハウンド愛好家が命名法を詳しく伝授し、必ず2音節か3音節で、「第1音節にアクセントを置くべき」としている。[*6]しかも「音調と響きの良い言葉でなければならない。大声で呼んだときに言いやすいからだ」と言う。

現在は、純血種の犬の登録を行うアメリカンケネルクラブ（ＡＫＣ）だけが、血統書名の名付けにおいてのみではあるが、厳密な命名を提唱（じつは強要）している。純血種の犬を登録したいという方には、ＡＫＣからお知らせがあります！　チャンピオン、チャンプ、ダム《母犬》、サイアー《父犬》などの命名は不可。ミスター・ダックスフンドやマダム・ウィペットなど、犬種名を使うのも禁止。スペースこみで36文字までの名前、という決まりなのでFrantic Scrabbler o'American Kennel《アメリカンケネルの猛烈な引っ掻き屋》ならちょうどぴったりだが、アポストロフィーとケネルという語は使えない（余分に10ドル払えばof theを略記せずに済む）[注12]。ローマ数字、卑猥な言葉、ウムラウト記号[注13]もだめ。あなたが考えていた名前の犬が、同じ犬種でこれまでに37頭いたら、お気の毒さま[注14]。

そうした制約下でも、長年にわたり、相当数の妙な名前が付けられてきた。１９２２年のＡＫＣの血統台帳（全登録犬の掲載リスト）を見ていたら、ペキニーズの項があった。当時はチーキー[注15]、チンキー・オブ・フー《中国の獅子》（チンキーは中国人の蔑称）、チューミー・チャム《マブダチ》、クランクラン《ガチャガチャ》、ラオ《老》・ツエイ《子》、ヤムヤム《おいしい》・オブ・ウィーキーを犬の名前にしてもまったく問題なかったようだ。とはいえ、犬の命名の歴史において、この何でもかんでもおかまいなしという状況は、どちらかといえば例外的

＊6　アメリカ英語では、2音節や3音節の名前はたいてい第1音節にアクセントが置かれるので、これは条件としてさほど重要ではない。逆に、長い名前で第1音節を強調することはまずない。音韻法則上、アクセントのない音節が三連続することはないからだ。

だ。名前は、近年その質が変わってきたとはいえ、たいていは実用的かつ描写的で、善意に満ちているものだからだ。1706年の猟犬の本にはボニー《美麗》、シーザー、ダーリン《お気に入り》、ファドル《大酒呑み》、ギャラント《勇敢》といった名前が載っている。ジョージ・ワシントンはマダム・ムース《ヘラジカ》という名のダルメシアンと、ニューファンドランドのガナー《砲撃手》、スパニエルのパイロット、猟犬のティプシー《ほろ酔い》、オールド《親愛なる》・ハリー、室内犬としてクロエ、ポンペイ、フリッシュを飼っていた。19世紀のフォックスハウンドの名前にあるのはキャプテン、ティクラー《くすぐり屋》、ナリッジ《知識》、ライト《光》。チェース《追跡》がいたかと思うとライフルもあちこちに存在し、なんとフォックス《キツネ》まで記録されている。同じころマーク・トウェイン[注16]はアイ・ノウ《だよね》とユー・ノウ《あのね》とドン・ノウ《さあね》という犬を飼っていた。サー・ウォルター・スコット[注17]とバイロン卿[注18]の愛犬はそれぞれマイーダ《インドの小麦粉》とボースン《甲板長》だ。19世紀の子ども雑誌に寄せられた犬に関する投書からも、当時の名付け方が垣間見え、ベスやブリンキー、ジャックにジャンボにジョー、タウザー《大型犬》にスプライ《活発》、スポートがいる。1875年の『ルイビル・クーリエ・ジャーナル』紙は、地元の登録犬に人気の名前としてジャック、ジップ、カルロ、ファイドー、メジャー、ローバーを紹介（バンカム、スクイズ、デューク・オブ・ケント《ケント公》も、少なくとも1頭はいたらしい）。1896年の『シカゴ・タイムズ・ヘラルド』紙には、シカゴのサウスサイドに住むピーター・ケリー、ラム・パンチ、ビリー・サイクスが登場している。1874年にシカゴで初めて開催されたドッグショーに出場した、イングリッシュ・セターは、アドニスにアフトン、アロン、バング《バャューン》が2頭、バロン《男爵》・ペグ、グーイナフ《まあまあ》（原文まま）だ。人間のあだ名も使われ、飼い主の名字が付けられることもあった。

ここまでさまざまな犬の名前をざっと見てきたが、じつはニューヨーク市街から車で30分のハーツデール・ペット墓地こそは、5エーカーにわたって広がる犬名の史跡である。この墓地は、地主の友人が、亡き愛犬の埋葬場所を探していた1896年に犬の墓地として始まった。[*7]現在は、鶏やサル、ペットのライオンなどのあらゆる動物と、火葬後にペットの隣への埋葬を望んだ数百名の飼い主たちが眠っている。動物の墓地は人間の墓地の縮小版で、装飾をほどこした鉄門の向こうに大小さまざまな意匠の墓石が並ぶ。小石をのせたものもあれば、花束が彩りを添えているものもあり、違いといえば区画が狭いことだけだ。この墓地を調査したカリフォルニア大学バークレー校の人類学者スタンレー・ブランデスによると、数万基の墓碑に、家庭におけるペットの立場の移り変わりが見事に記録されているという。つまり、時代とともに変化したペットの家庭での地位が、しっかり碑文に刻まれているのだ。たとえば、だんだん犬に名字を付けるようになり、残された飼い主をママとかパパと呼ぶ頻度が高くなっていく。宗教まで飼い主と一緒になり、「永遠に眠る」とか「神のみもとに」と記されたり、ダビデの星[注19]が墓石を飾ったりしている。

*7　この友人の依頼が、同じように愛犬の死を悲しむ飼い主と亡きペットの墓地を設立するヒントになったわけだが、彼女と犬の名前、その墓石がどこにあるかはわかっていない。

ごく初期の墓石には、犬の名前や「わがペット」といった表記がまったく見られない。けれど、すぐにブラウニーやバンティ、ブーグルス、ラグス、レックス、パンチ、ピピーという名の犬が追悼され始める。「ロバート・バーンズ」というペット（種は不明）を除けば、1930年代までは大半が人間の名前ではない。雌雄の区別もなく、テコとスナップがオスでもメスでもかまわなかったようだ。実際、飼い主には大した問題ではなかったのだろう。しかし、第二次世界大戦後になると人名が増えてくる。もちろん、チャンプやクローバー、フレックルス《そばかす》、ハッピー、スパゲッティは健在だ。そこにダニエルやサマンサ、レベッカ、オリバー、ジェイコブといった人名が加わり、雌雄の区別もはっきりし始める。

それから40年後の1985年、『ニューヨーク・タイムズ』紙のコラムニスト、ウィリアム・サファイアは、担当する「言葉について」のコーナーで、犬の名前とそのいわれを読者から募集した。数か月で410通が寄せられ、名前がひとつだけ書いてあるものもあれば、近所で集計して何十個と報告してくるものもあった。その結果からは、80年代半ばの、犬を飼う人々の姿勢がうかがわれる。同年の首位はマックスとベルで（ベラはもっと下位らしい）、ジンジャー、ウォルター、サムがわずかな差で迫っている。人名をのぞけば漫画の登場人物が一般的で、食べものや毛の色からとった名前も多く、指小辞[注20]が最後に付く名前（大型犬によくあるBinkyなど）や、飼い主の職業にちなんだ名前（テニスボールを取ってくるトップスピン、追及が執拗な弁護士に飼われているシャイスター《悪徳弁護士》、音響技師のウーファー《低音域スピーカー》など）もリストアップされている。
それから30年たった今、犬の名付け方は変わったのだろうか。私は興味をそそられた。サファイアのように手書きの手紙をもらうのも大好きだが、情報収集ならもっと簡単な方法がある気がする。

そこで、犬に尋ねることにした。いや、犬を飼っている人に、である。そのためには、ニューヨーク市街のアパートを出て、ありとあらゆる四つ足のペットとその家族に会うだけでいい。犬を連れていれば、見ず知らずの相手と（犬に関する）会話をしても許される、という慣習のおかげで、私は堅苦しくない調査にのりだすことができた。

そして、すぐに調査範囲を広げた。ある夏の夜、犬のための美術展（招待客は犬のほう！）に鉛筆と紙を持った息子を派遣し、聴き取り調査をさせたのだ。そのときの犬には、ナッシュビルやトッシュ《たわごと》がいて、美術展のオープニングに集う犬の代表としては少々偏っていなくもなかったが、[注21]リストはどんどん長くなっていった。かたや私は、犬の認知研究に参加してくれた犬の飼い主たちにメールを送り、「名付けのいきさつ」を質問した。すると、数百通のメールが次々に舞い込んだのだ。

さらに大当たり！となる出来事があった。ツイッターだ。いや、ドッグ・ツイッターと言うべきか。犬の名前とそのいわれを知りたいと投稿すると、小鳥のさえずり《ツイート》とともにそよ風が吹き始めた。フォロワー数が100万人の政治コメンテーターにして大の犬好きでもあるキース・オルバーマンがリツイートしてくれたのである。回答は半日で2000に達した。数日後には8000を超え、私は集計を更新するのをやめた。

もし、あなたが今、落ち込んで絶望的な気分だったら、私の元に集まった犬の名前と由来のリストを一読することをお勧めしたい。何よりその積極的な回答姿勢には、「自分の犬のことを伝えたい」という、かけ値なしの善意が表れている。リストに並ぶのは「うちの犬の話を聞いてちょうだい」、という声また声である。しかも、どれも愉快でほほえましく、おバカで辛辣な逸話揃いだった。献身や慰め、揺るぎない愛情といった、私たちの愛する犬の美点が、ひとつひとつの逸話に投影されていた。そしてどうやら、犬を家に迎え入れたその瞬間から、人と犬との交歓は始まるようだ。私たちが最初から犬を家族のように扱うからだろう。むこうはしっぽを振って人の顔をなめまわし、せわしなく動いてはこちらを見つめる。こちらはしっぽを振ってくねくねと動くことこそしないが、愛情たっぷりに見つめ返す。寄せられた名前からは、ちぎれんばかりに振られるしっぽのような、愉快さと愛情が伝わってくる。笑いのセンスがあって、犬にかなりの愛情を抱いていなければ、「ステラ・プーパーズ《お尻の穴》」などという名前は思いつかない。

笑える名前ばかりだからといって、リストを読んだ感情が損なわれることはない。命名のいわれの多くには、正直、心を動かされる。逸話が感動的である、ということの核心は、それが唯一無二である、という点にある。

かくして私は驚愕の事実を目のあたりにした。アメリカでは、人間の子どもの命名に勝るとも劣らないこだわりをもって犬を名付けているのだ。もちろん、私にも息子の名前に関するエピソードはある。人の子どもの妊娠期間が9か月もあるのは、親予備軍が命名本を読みあさり、パートナーが提案してくる受け入れがたい名前について激論を戦わせ、なんとか10数個にしぼって、ふんぎりをつけるためなのではないだろうか。結局のところ、名前は産まれてきた人物にちゃんとなじむのだが、このすったもんだもバカにはできない。ひとりの女性の脚のあいだから、人間がまるまるひとり出てくるのにふさわしい、重みをもった時間なのだ。

一方、犬についても家族間で侃々諤々の論争があり、（聞くところによると）命名本も参考にするらしいが、そのあげくにたどり着くのが「ミスター・ピクルス」でも、みないたって満足している。犬の名前は往々にしてあなたと家族を、そしてあなたたちが共有する心温まる何かを反映する。命名のプロセスそのものが、あなたたちが関わる犬の歴史の一部になるのだ。感動的なクライマックス満載の逸話ばかりで、犬をチューズデイ《火曜日》と命名するまでには、多くの意味深い過程が存在するのがわかる。ここで、ルーファス・マーベルという犬の例を見てみよう。

ルーファスという名を付けたのは、ルーファス・トーマス[注22]の誕生日に出会ったから。彼の書いた曲に『ドゥ・ザ・ファンキー・チキン』というのがありますよね。前の犬の名前はチキンでした。マーベルの方は、ルーファス・トーマスが息子をマーベルと名付けていたからです。

キャッシュ（リスト上には4頭いる）という犬の場合はこうだ。

全身ほぼ真っ黒で、99％の人間が嫌いなので、ジョニー・キャッシュ[注23]（とその黒づくめの衣装）からキャッシュにしました！ 毛の色だけでなく、最初の犬はジョニー・キャッシュの『ローズに愛してると言ってくれ』という曲からとってローズと名付けていたので、ぴったりだと思って。

犬の命名の由来について聞いていくと、このルーファス・マーベルとキャッシュのような逸話にたびたび出くわす。とにかく、たくさんの犬が有名人にちなんで名付けられている（ジミー・カーター、ハーパー・リー、マーク・ロスコ、ティナ・フェイ[注24]、あなた方はしかるべき栄誉に浴しています）。スポーツの記録（ホッケー選手がハットトリックを達成したのでトリック）や、歌詞（キンクス[注25]の曲からローラ）、小説の登場人物（パディントン、シャーロック、ワトソン）も採用されている。サシー《粋な》やモクシー《元気》、ハミー《大げさ》（「演技過剰だったから」）、ペッパー（「ぴりっと小気味良いから」）といったように、犬の気質も名前になる。長年、数々のブラッキーの由来になってきたように、毛の色から付けられた名前もかなり多い。亡くなった犬と現在の犬を結びつけた名前も、一群を成している。亡き犬やすでに飼っている犬の名（ファラデー[注26]やエジソン）とつながりを持たせたくてフランクリン[注27]にした、という説明も珍しくない。亡くなった犬（最愛の、あるいは最初の、またはその両方）の名前をそのまま引き継ぐ犬もいる。こうした名前の授け方は、「犬から犬」にとどまらない。そこが1985年のサファイアのリスト（32ページ）との大きな違いだ。多くの犬が、飼い主の友人や亡くなった親族の名前をもらっている。[*8] その場合は祖母が多い。

つながりを大事にして、親族にちなんで名付けること自体、犬を家族扱いしている証拠だ。ある文学博士がハイドという名字の男性と結婚し、犬をジキルと名付けると、ジキル博士とハイド氏一家になる。子どもがジュリアンとジュアンなので、犬もお揃いでジュピターにした母親もいる。飼い主の名字を名乗る（与えられている）犬は多く、赤ちゃんの命名同様、親しい人に敬意を表す形で名付けられることもある。

犬に人名をつけるのは、もはや流行ではなく慣習である。[*9] 8000個近い名前リストの中には、アデンダム《付録》、フィジング・ウィズビー[注28]、ハニビー《みつばち》、オレオ、ラズマタズ《はぐらかし》、スプロケット《歯車の歯》、トブラローネ《チョコバー》といった、人名ではないものも確かにたくさんあった（今のところは非人名、と言うべきか。今後どうなるかはわからない）。でも、「犬に人名を付けることには反対」という人は、ひとりだけだった（ただし、彼女の犬の名は、人名にもあるデイジー）。とくに共感を呼ぶのが、ドナルドの飼い主の心情である。「ト

*8　アラスカのトリンギット族はその意味では先駆者だ。ボブ・フェイゲンの説明によると、「尊い名前を受け継ぐ子どもがいなければ、犬に付けることが認められ、しかも珍しくない」。

ランプにちなんで名付けたのではありません！」。ルーシーの飼い主は、「子どもでも犬でもルーシーにしたかった」と言う。娘が生まれたら付けようと思っていた名前は少なくないようで、息子ばかりとか、子どもがいない人の場合は、ゾーイー、グレイシー、グレタ、クロエ、シルビア[注29]などの名前に白羽の矢が立つ[*10]。サイラスの飼い主曰く、「自分の子をバウザー（番犬）とは呼ばないんだから、犬だって同じでしょう」（リスト上のバウザーは、ビデオゲームのキャラクターにちなんでいた）。

　私が集めた犬の名前ベスト20は、ひとつを除いてすべて人名で、ルーシー、ベラ、チャーリー、デイジー、ペニー、バディー、マックス、モリー、ローラ、ソフィー、ベイリー、ルナ、マギー、ジャック、トビー、サディ、ジンジャー、ジェイクだった。人間よりも犬の名前にふさわしい（とも言い切れないが）ペッパー、ベア、ラッキー、ピーナッツ、バスターはずっと下位になる。注目すべきは、今回の調査で犬に多かった名前は、近年、赤ちゃんの名前でも人気急上昇中だが、飼い主が名付けられた当時はそれほど人気でもなかった、という点だ。このため、回答を寄せてくれた数千人の飼い主の名前に、ベラは皆無、ルーシーもひとりだけだった。どちらもこの10年、社会保障庁に申請される新生児の名前の100位以内に必ず入っているにもかかわらず、である。

　確かに名前には流行がある。反面、変わった名前ほどその由来も独特なものだ。リスト上の名前の4分の3近くは、同じ名前がほかになかった。シュルツもソニヤもスタッドマフィン《イケメン》も1頭しかいない（世間はイケメンが複数いると持て余すらしい）。そして、犬の名付けの説明がどれだけ込み入っているかを見てみれば、その名が独特なのにも納得がいく。母犬の名前「カリー」からカリフォルニアを連想し、毛の色がグレイなのでカリフォルニアのバンド、グレイトフル・デッドの『タッチ・オブ・グレイ』という曲を思い起こし、その歌詞「アイ・ウィル・サバイブ（俺は生き残る）」はイタリア語で「ソプラヴィーヴロ」なので、これを発音しやすく簡略化してソーピーという名前になった、という具合だ。

私が素敵だなと思うのは、名前に込められた想いの数々である。人生に犬が加わったとたん、私たちはあたかも、自分の核となる部分、たとえば読んだ本、知り合いの誰か、チョコレートバーのあれこれ、ハリー・ポッターの登場人物などへの思い入れを、名前を通じて犬と分かち合い、新たな関係を築き始めるかのようだ。パートナーや子どもがいれば、彼らの想いも名前を決める要素のひとつになるだろう。彼はビデオゲームの「ゼルダの伝説」が好きで、彼女は作家フィッツジェラルドの妻で、

＊9　アメリカでは、である。どの文化でもそうというわけではない。台湾には中国名の犬が少ない。ある調査では、台湾で最も一般的なのはマオマオ（毛々）、パオパオ（泡々）、チンチン（金々）といった音節の繰り返しだった。これらも、愛情のこもった名前、という点は共通している。

＊10　赤ちゃんの命名に関するフォーラムでは、意中の名前を友達や親戚が犬に付けてしまったのでほかの名前にした、という例をよく聞く。けれども、それで納得している人はごくわずかだ。犬に人名をつけるのが一般化する一方で、犬にちなんで人を名付けるのは依然おかしいのである。

同じく作家のゼルダが好き、とくれば、じゃじゃん！ 犬の名前はゼルダで決まり！ また、哲学者スタンレー・カヴェルと詩人スタンレー・クーニッツを信奉する彼女＋コメディアンである（スタン・ローレル＆ハーディーの大ファンの彼＝犬のスタンレーとなる。ときには、由来を聞いても意味がはっきりしないこともある。「僕はマーヴィン、妻はオリバーがよかった。そこであいだをとってシャーマンにしました」。ある人はそう書いている。

何時間もリストとにらめっこをしていると、新たな名前のカテゴリーが浮上してきた。私の目はかすみ、フィネガンも不思議そうに私を眺めている。そうだ、神経心理学者を輩出する家の犬は、神経伝達物質にちなんだ名前になるかもしれない。理科教師の犬がニンバス《雨》・クラウド《雲》になってもおかしくない。音楽の絶えない環境にいる犬はタンブル《音質》とコーダ、シェフの犬ならミニョン《ヒレステーキ》になる可能性がなきにしもあらずだ。子どもに名付けを任せれば、スパークル《キラキラ》やシャギー《もじゃもじゃ》、スプリンクル《ぱらぱら》、ドゥードル・バット《お尻のらくがき》なんかと15年を過ごす確率が高くなる。

犬自身が命名にひと役買うことも多い。「あの子が名前を教えてくれたんです」と回答した人もあれば、名前を呼んで犬が何かしら反応するのを待った人もいる。「ぴったりだから」そうなった、という名前の犬は非常に多く、当惑顔のわがフィネガンもその仲間である。この手の名前が何よりうれしいのは、私たちと暮らす前から犬に個性があることを示しているからだ。どんな犬かを知る第一歩、それが名前なのである。

多くの人が、自分の犬はチャーリーやモンティ、ミッシー「らしく見えた」、あるいはクマやウサギ、コアラ、キツネ、テディベア（動物っぽいから可）など、ほかの動物「らしく見えた」と断言する。ボールのように跳ねる犬はバッタにちなんだ名前になり、ずんぐりとした犬は「タンク《戦車》」と名付けられがちだ。歯がない、温和、足が悪い、女性的といった特徴から、それに見合った名前になることもある。ドイツ原産の犬ならフリッツ、アイルランドならマーフィー。私は今回のリストでKrekelがオランダ語でコオロギ、Tascaがイタリア語でポケット、Saburoが日本語で三男坊[注30]のことだと知った。

命名にはおふざけも多い。私の研究室のプロジェクトで、犬と遊んでいる動画を送ってもらったことがある。これを再生して内容を細大もらさず長いリストにし、犬と人間が遊ぶ仕組みの理解に役立てたのだ。私はひとりで、科学的に、大真面目に見ていたのだが、きゃっきゃと笑いながらしっちゃかめっちゃかしている動画が多く、何とも愉快な経験だった。飼い主の多くは、犬に顔をなめられまくっている。飼い主がオオカミのように遠吠えし、犬を驚かそうとこっそり背後から忍び寄るなど、ほとんどの人が実年齢の半分まで若返っていた。犬といると人はおバカになってしまうのだ。ウィリアム・サファイアは『ニューヨーク・タイムズ』紙のコラムで、（憎たらしい）元国務長官にちなんで「ヘンリー・A・キッシンジャー」と命名したジャーマン・シェパードについて、こう記している。「私は正々堂々、〝ヘンリー、伏せ！〟と言いたかったのである」。その機会は相当にあったはずだ。これと似たような理由で、「ステラァァァー」[注31]と名付けられた犬も、（「おやすみアイリーン」[注32]と言えるように）「アイリーン」とか、（デジ・アーナズがご立腹の演技をしながら呼ぶ）「ルゥーシィー」[注33]と名付けられた犬もいる。キッシンジャーのような名付けの系列には、ダムニット《ちくしょう》もいる。この場合は、名前の後に強調のビックリマークが付くのだろう。

それはさておき、これらの回答からは、おふざけはあっても、ほとんどの飼い主が真摯に命名に取り組んでいることがわかる。多くが「誇りに」思える名前を付けるのが大切だと言い、犬へのしかるべき「敬意」を重視した人たちもいた。前の家族やシェルターでの名前を変えてもらった犬もいる。その理由はこうだ。

ビフィーはシェルターでは「ビファロニ」[注34]と呼ばれていたそうですが、そんな名前は変だしあんまりだと思いました。でも「ビーフ」という言葉には反応するので、もう少し素敵な「ビフテク」（トルコ語とフランス語でステーキの意）にしたのですが、すぐビフィーになりました。

もちろん、前の名前をそのまま使う人もいる。色々と苦労してきた子犬に不安や心配を与えないためだ。ゴードンの場合は、

里親を募集していたシェルターが付けた名前です。名前を変えることでゴードンを混乱させたくなかったので、そのままにしました。

こうした敬意とおふざけが究極の形で合致しているのは、次に紹介するカテゴリーだろう。つまり、垂れた両頬のあいだから、よだれまみれの舌をのぞかせた、爵位や称号のついたフルネームの一群のことだ。ミスターが付くのはビスケット、ティップス、バーンズ、ドッグ、Tブリー、ビッグ、ウィルソンにワドルス。ミズが付くのはマネーペニー、ミニクーパーにキティ。私はいつか舞踏会で、犬の名前を読み上げてその到着を知らせる役目にあずかるのを楽しみにしている。

以下にご紹介するお犬様方は、

マカロニ・ヌードル・ザ・フェイマス《名高き》・ゴールデンドゥードル
アビゲイル・ハイディ・グレッチェン・フォン・ドゥルーレン - スロッベン《よだれでべたべた》
ミスター・トバクルス・ザ・マグニフィセント・マットネス《最高の雑種》
コバー・コーギーズ《コーギー一派の》・グウィリム・ザ・レッドラプスカリオン《赤タマネギジャム》
グローバー・ニッパー《少年》・リーキー《おもらし》・プッチーニ・ファジー・マズル《毛羽立った鼻面》・ムーチョプーチョ《たっぷりうんちの》・ミラー・シャナー
チョーピトゥラス・ナポレオン

パグズレー卿
フランクリン・ハンフリー卿
チャールズ・フォン・バーキントン《わんわん》卿
フォン・ドゥーファス《とんま》男爵
バビー・フォン・フォルツァ《迫力ある胸元》
フレデリック・フォン・ドゥーム《宿命》博士
マキシミリアン・フォン・ザルスブルク
オットー・フォン・ビスバーク《吠え声》
フォン・シュナプジー男爵
そして
ピクルス博士

‡　‡　‡

うちのフィネガンは「フィネガン」になる前は「アプトン」だった。私たちは気に入っていたが、まだ当の犬のことがわかっていなかった。そこで1週間、小さくなめらかな体が落ち葉の中を駆けまわる背後から呼びかけ、耳を倒して顔をなめまわすごあいさつのときも、かがんでやさしく呼び続けた。けれども、どうにもしっくりこない。「この子はフィネガンだ」。そう思って改名してみると、どんぴしゃりだった[注35]！

それから5年、私たちは「アプトン」と出会う。シェルターでは「ニコラス」で、それ以前にも別の名が付けられていた。笑顔がまぬけな成犬だが、リードにつながれたことがなく、すぐにでも前十字靭帯を手術する必要があった。数年前に引き取られた先からシェルターに返されたという。最初の里親探しの写真に写る、顔の細長い愛くるしい子犬は、そのまま私たちの知る背の高い温和な顔の犬へと成長していた。今回はぴんときたのでアプトンと命名した。

現在、犬の名前は、犬自身と同じように、思いつきでどうにかなるものではなくなっている。個性ある子犬には、かけがえのない名前が欠かせない。名前が犬にうってつけの場合もあれば、犬が名前になじんでくることもある。いずれにしても名前は、「生きものは独自の存在である」という事実にピントを合わせる眼鏡なのである。使っているうちに、犬のどこがとくに「クサンティッペ[注36]」や「テディベア」らしいかがわかり、犬の不安や喜びに気付き、習性やクセが見えてくる。人は名前でどんな人生を送るかが決まる、という人がいるが、犬もそうなのかもしれない。犬は人と交流しながらその性質が形作られるが、同時に自分というものも持っている、逆説的な生きものだ。私は生きているあいだに会えたらいいな、と思う犬たちを想像しながら（実際、会いたい！）、その名前に思いをはせる。

犬は名前を得て、私たちの仲間になっていく。

注1　**ミニチュア・シベリアン・ハスキー**　シベリアン・ハスキーの姿はそのままに、愛玩用として小型犬サイズに改良された犬種。シベリアン・ハスキーが体高55cm前後、体重25kg前後なのに対し、ミニチュア・シベリアン・ハスキーは体高35cm前後、体重7kg前後。ケネルクラブに公認はされていない。

注2　**アナメ・アラゴグ**　『ハリー・ポッター』シリーズで、ホグワーツの森番ルビウス・ハグリッドが飼っている、クモに似た魔法生物の名が「アラゴグ」だったことによる。

注3　**スポンジフォルマ・スクエアパンツィ**　スポンジ状のキノコ。アメリカのテレビアニメ『スポンジ・ボブ（原題SpongeBob SquarePants）』にちなんで命名された。

注4　**カナリア諸島**　大西洋に浮かぶ火山島。スペイン領に属する。

注5　**視点取得課題**　視覚的な注意の仕方を調べる実験。犬の社会的認知能力の研究によく使われる。

注6　**メンツ威嚇行為**　言語学の用語。会話に参加している人の面子（メンツ）を脅かす、もしくは行動の自由を妨げるような、言葉による行為のこと。たとえば、批判することは聞き手のメンツを脅かす行為だし、弁解することは話し手のメンツを脅かす行為になる。

注7　**クセノフォン**　紀元前5世紀末から4世紀初めに活躍した、古代ギリシャ・アテネの文筆家、軍人。ソクラテスの弟子でもある。

注8　**オウィディウス**　紀元前後に活躍した帝政ローマの詩人。代表作『変身物語』の中に、ギリシャ神話で女神たちの水浴を誤ってのぞき見した猟師アクタエオンのエピソードが出てくる。彼は鹿に姿を変えられ、女神にけしかけられた自分の犬たちに狩られて絶命する。

注9　**チョーサー**　14世紀のイギリスの詩人、文学者。その代表作が『カンタベリー物語』。イギリス・ルネサンス最大の詩人で、「英詩の父」とも呼ばれる。

注10　**タルボット**　ジョン・タルボット（貴族、軍人）は、1339〜1453年に英仏間で起きた百年戦争におけるイングランド軍の指揮官のひとり。勇猛果敢さで知られている。

注11　**フィールドトライアル**　野山に鳥を隠して一定時間内に犬に探させる競技で、鳥猟犬（ポインターやセターなど）の演技力を競うアウトドアスポーツのこと。

注12　**余分に10ドル払えば〜済む**　AKCに犬を登録するためのAKC名は、追加料金10ドルを払えば、最大50文字まで使用できる。このため、o' ではなく of the と表記できる。

注13　**ウムラウト記号**　ラテン文字の母音字の上につく横並びの2点のこと。ë、öなど。

注14　**37頭いたら、お気の毒さま**　AKCでは各犬種37頭までしか同じ名前を登録できない。

注15　**チーキー〜ウィーキー**　中華料理店によくある名前。それぞれ漢字では池記、威記と書く。

注16　**マーク・トウェイン**　19〜20世紀初頭に活躍したアメリカを代表する作家。代表作は『トム・ソーヤーの冒険』など。

注17　**サー・ウォルター・スコット**　19世紀に活躍したスコットランドの詩人、小説家。代表作は『アイバンホー』など。

注18　**バイロン卿**　19世紀に活躍したイギリスの詩人、第6代バイロン男爵ジョージ・ゴードン・バイロン。代表作は『ドン・ジュアン』など。

注19　**ダビデの星**　ふたつの正三角形を逆向きに重ねた星形で、ユダヤ人やユダヤ教を象徴するしるし。

注20　**指小辞**　小さいこと、かわいいこと、親しみが持てることなどを表す接辞（ほかの語に付いて、意味や用法を付け加えるもの）。多くは語尾につく。英語では booklet の let など。

注21　**ナッシュビル〜偏っていなくもなかったが**　カントリー・ミュージックの聖地ナッシュビルのイメージや、「たわごと」という言葉と、ニューヨークで行われる最先端のアート展のギャップを指しているのか。

注22　**ルーファス・トーマス**　アメリカのソウル、ブルース歌手。「ウォーキング・ザ・ドッグ」など、動物名がタイトルに入ったダンス・ナンバーで知られる。

注23　**ジョニー・キャッシュ**　アメリカのカントリーミュージシャン。反逆者、アウトローのイメージがある。黒い服がトレードマークで、そこから「メン・イン・ブラック」という愛称も。

注24　**ジミー・カーター以下の人々**　カーターはアメリカの大統領、リーは作家、ロスコは画家、フェイは女優。
注25　**キンクス**　イギリスのロックバンド。『ローラ』はその代表曲のひとつ。
注26　**ファラデー**　マイケル・ファラデー。イギリスの科学者。電磁誘導の法則などで知られる。
注27　**フランクリン**　ベンジャミン・フランクリン。アメリカの政治家、科学者。雷が電気であることを証明した。
注28　**フィジング・ウィズビー**　『ハリー・ポッター』シリーズに登場する魔法のお菓子の名前。なめている間は地面から少し浮くことができる。
注29　**ゾーイー～シルビア**　いずれも、アメリカ人が人間の女の子に付けたがる、おしゃれな名前の代表格。
注30　**Saburoが日本語で三男坊**　厳密には「サブロー」という名前＝三男坊」というわけではない。織田信長は長男でも幼時は三郎と呼ばれていたし、北島「三郎」は芸名で本当は長男。イチローは本名「一朗」だが次男。長男や次男で〇三郎という名前の人もいる。
注31　**ステラァァァー**　テネシー・ウィリアムズの戯曲『欲望という名の電車』で、主人公の義弟で粗暴なスタンリーが、妻ステラにすがろうとしてこう叫ぶシーンがある。なお、初演・映画版ともにマーロン・ブランドがスタンリー役を演じている。
注32　**おやすみアイリーン**　アメリカのフォークソングのスタンダード曲。
注33　**デジ・アーナズ～「ルゥーシィー」**　1950年代にアメリカで大人気だったテレビドラマ『アイ・ラブ・ルーシー』で、俳優デジ・アーナズ演じる夫が妻のルーシーを呼ぶときのことを指す。ルーシーはよく夫をトラブルに巻き込む。
注34　**ビファロニ**　マカロニ、チーズ、挽肉などを使ったアメリカの家庭料理。
注35　**どんぴしゃりだった**　「フィネガン」はゲール語で「まっとうなおチビさん（fair little one）」という意味がある。
注36　**クサンティッペ**　哲学者ソクラテスの妻。古来、悪妻の代名詞とされる。

3章

人は犬をどう「所有」したら良いのか

あなたは犬を「所有」している。犬は、腰かけるイス、運転する車、身に着ける服や腕時計、眼鏡、手にしているこの本（図書館の本を除く。所有しているのは図書館だから）などなど、あなたの所有物のひとつである。イスを所有していると言えば、それを思いどおりにする権利があることになる。腰をかけ、逆さまにし、橙色のベルベットで座面を張り替え、地下室に20年間放置し、放り出したってかまわない。そういうことをされても、イスに発言権はない。文句を言ってあなたを訴えることも、何かについて決断をくだすことも、まったくできない。脚を切られようと、格子縞のカフタン[注1]で座面を覆われようと、ひたすら耐え忍ぶしかない。

私たちは犬を家具《ファニチャー》や装身具ではなく家族だと思っているが、[*1]不思議なことに、犬にもイスとほぼ同じことが言えてしまうのだ。犬はイスとは違ってさまざまな決断をし、痛みを感じ、放置されれば苦しみ、落ち葉や雪の中を転げまわるのが好きで、座られたりカフタンを着せられたりするのはおそらく嫌いだろうが、それについてはまるで文句を言うことができない。もちろん、私たち人間の行動にも制限はあり、動物を傷つけ、捨てることは動物虐待防止法で禁じられている。けれども、そこには但し書きが延々と続く。「正当な理由があれば」動物に危害を加えても良いし、シェルターに譲渡するなど、他者に託すのなら捨ててもかまわない。さらには、犬への虐待行為が犯罪の域に達していても、罰則は驚くほど軽い。犬は法的にはイスと同じなのである。しかも、かなり低級なイスと。

法律は、なるほど犬に目を向けてはいる。でも、法律がらみの場面では、犬はイスと同等のものとして、とにかく軽んじられる。離婚裁判で犬が争点になっている場合、判事はその訴えを退け、理由として「つまるところ犬は犬にすぎない」などと書きたがる。ペットの養育権が訴訟になりそうなとき、ある判事はこう答えた。「こんなくだらない争いを二度と私の前に持ちこまないように。とっとと別の犬を買いたまえ」。

こうした係争では、犬は「譲渡可能資産」となり、犬（と夫婦）がどの州に住んでいようと、財産分与によって、ほかのあらゆる家財と同じく夫婦のどちらかに譲与される。[注2] チョコレート色をした5歳のラブラドール・レトリーバーは、ある判事によると「夫婦の財産」であり「家財」となる。保護犬バーニーの養育と面会権の請求も、「テーブルやランプとの面会」に等しい、と別の判事は記している。11歳で肩が悪く、白内障のグレイシーとロキシーの2頭は、飼い主夫婦の破局後、直近まで妻に「匿われていた」だけなので、もう片方の配偶者の財産とされた。グレイシーの年齢や病状、夫婦のどちらが好きかは訴訟では無視された。人間の財産に過ぎないからである。
9歳のケニヤと2歳のウィローの「暫定的な排他的所有権」の申請に対し、離婚手続きの担当判事は、「犬は本質的に銀器と一緒である。こんな申請は、カトラリーの排他的所有権を求めるのと同じくらいばかばかしいことだ」と述べている。さらには、「家庭で使っていたバターナイフ」の所有権を夫婦の片方に認めつつ、バターとナイフへのもう一方の愛着が強いからといって、そちらにも週1・5時間の制限付き使用を認め、トーストにバターが塗れるようにしろというのかね、と皮肉たっぷりに詰問している。

この「バターナイフ判事」が犬と暮らしていないことを願うばかりだ。実際には、犬の所有権が司法に与える影響は小さくない。離婚係争中のカップルと一緒にニューヨークに住む、ジョーイという若いミニチュア・ダックスフンドの場合、判事は（自身が飼うピット・ブル系雑種のピーチズを引き合いに）犬のすばらしさを認めつつ、「子どもの養育権と同等の重要性がある」とは言えないため、犬の養育権を争うのは「司法資源の損失」につながると断じた。それでも、1日で終わる短い話し合いの場を設け、ジョーイの今後について、「すべての関係者」（ジョーイを含む）にとっての最善策を

＊1　犬には犬ならではの自前の装身具がある。犬種によっては、遺伝的変異のせいで毛が部分的に増殖し、ひげや眉毛がふさふさになるが、これを「ファニッシングス」という。

決定することは認めた。

犬の立場をきちんと考えている訴訟は、まずない。バターナイフ以上には扱われるとしても、直近の占有者（破局後に誰が犬と暮らしていたか）や、本来の所有者（誰が衝動的に犬のシェルターやブリーダーを訪れ、リードに新しい犬をつないで意気揚々と帰ってきたか）、はたまた誰が犬をしつけ教室に連れていったか（何をもって「教室」と定義するかとか、その有用性は検討されない）といった、偶然に左右される要素が考慮され、血の通った、愛すべき、よだれをたらした財産の正当な処分が決定される。13世紀のある物語では、犬の正当な所有を2人の人物が争った場合、どちらが犬を呼び寄せることができるかで決着がついた。このやり方のほうが、21世紀の法による決定よりは、まだましだろう。

全米でおびただしい数の犬が飼われるようになる以前にも、犬の所有を巡る家庭問題は法廷に持ち込まれている。1944年、飼い主の離婚後、25ドル相当、名前不明のボストン・ブル・テリアの正当な処分が審理された。この犬の年齢を確定する際、判事は人になぞらえてこう述べた。「犬に何より望まれる資質が、最高潮に達する成熟期にさしかかっているのは明らかであり、種を問わずどのオスにも共通する、青春期特有の放浪癖は減退しつつある」。にもかかわらず、犬は夫婦の旧居で分割される「年を取らない」財産のひとつに過ぎないとして、判決ではその年齢やほかの事がらは重要ではないとされた。

確かに、どちらが犬を所有するかの決定を飼い主に任せるのも考えもので、その言い分は法の処分に劣らず一貫性がないことがある。テネシー州で離婚係争中の女性は、ドーベルマンとレトリーバーの雑種の養育権は自分にあると主張した。彼女曰く、自分が「素性のわからないメス」からこの犬を守ってきたからだ。さらに、この犬は彼女の自宅で聖書研究会に参加し、彼女がつねに目を光らせ、犬の前では誰も飲酒しないように努めた、と言って犬の高潔さを強調した。一方の夫は、バイクの後部座席に乗るなど数々の芸を仕込んだのは自分であり、しかも犬の前ではビールを飲むのを控えた、として、これまた養育権を要求した。判事は夫婦の共同所有を言い渡したが、結局は妻が犬を連れて遁走し、州外のビアホールで犬といるところを見つかっている。

こうした顛末のすべてに、さりげなく登場する言葉が「所有権」である。私たちはイスを、車を、バターナイフを、犬を、所有する。でも、イスや車やバターナイフを所有《own》する、と言うのと同じように、私たちは犬の所有者《owner》である、と言って良いのだろうか。それとも私たちは、犬の親、あるいは兄弟姉妹、おじ、又従妹《はとこ》にあたるのだろうか。私たちは犬のボスなのか、友達なのか、はたまた相棒なのか。犬は私たちにとって仲間なのだろうか。それとも「もの」に過ぎないのか。

法律は「もの」だと言うが、私の心は否定する。私は政府機関の文言よりも、自分の心の声に耳を傾けたい。一緒に部屋にいる犬たちを見ていると、ラグの上のクッションに丸まり、息子と空間を共有する姿を眺めるにつけ、彼らは間違いなくクッションよりも息子に近いと感じる。子どもと同じで、犬にも興味や感情、経験がある。子どもが意思を言葉にできないなら、親は想像力を働かせてそれを満たしてやるのが大切だ、と私たちは考える。子どもは自分に責任を持てないが、私たち親は子どもに責任がある。それは犬に対しても同じではないだろうか。犬はまぎれもなく家族である。たとえ、家族の中での役割を示す、シンプルな言葉がないにしても。

21世紀のアメリカにおいて、犬の法的な立場は明らかに適切ではない。犬は私だけでなく、世論調査の回答者の95%にとって、休日や休暇、眠る場所、誕生日、遊びをともにする家族である。どれだけきれいな緑色をしていても、いかにクッションで体を包み込んでくれようとも、イスではそうはいかない（とはいえ、私の緑色のどっしりしたアームチェアよ、いつもありがとう！）。もちろん、休暇にイスを連れていったり、ベッドを持ち込んだりするのは、あなたの自由だ。

私たちの文化を反映しているはずの法律には、この感覚がない。だから犬の法的扱いがぎくしゃくするのである。私たちの社会は毎年、何百万頭もの犬をシェルターに送り込んでいるが、罪には問われない。実際、州によっては道端に犬を置き去りにしても違法ではない（古くなった車は放置できないのに！）。生命倫理学者バーナード・ローリンが仕事を始めた1960年代には、休暇の前に犬を安楽死させることも珍しくなかったという。[*2] その方が犬を預けるよりも安価だった。そう、まったく違法ではなかったのだ！　90年代に入ってさえそうだった。私がかつて飼っていた犬、パンパーニッケルが子犬のころに、彼女の分離不安を心配すると、田舎の獣医師は「安楽死させるのも解決策のひとつですよ」とのたまった。この発言後すぐ、私はこの獣医師に何かを相談するのをやめた。飼い主の都合で犬の命を終わらせる、という考えにはぞっとさせられる。けれど、それは犯罪ではない。

犬の法的な地位の低さが、ネグレクトから残虐行為まで、犬へのあらゆる非道な行いを可能にしている。犬は家族の一員だと言いながら、それに見合った扱いをしなくても許されるのだ。もちろん「休暇のための安楽死」は激減した。それでも、私たちは子犬のころから犬を独りぼっちにするし（たいていの犬は毎日そうだ）、十分な刺激を与えていない（おかげで留守中に別の「所有物」を噛みちぎられることになる）。残念ながら虐待し、放置し、殺してしまうことも珍しくない。*3 犬がこんな扱いを受けるのは、立場が子どもに近いせいだ。多くの飼い主が、犬を自分の子ども同様に見なす。なるほど、犬はせいぜい子ども程度にしか自分の面倒がみられない。彼らはすっかり私たちに依存しているので、されるがままにすべてを受け入れるしかないのだ。だからこそ、私たちは犬のおとなしさにつけこんで、不急と思われる犬のニーズを無視し、都合が悪くなれば処分してしまう。

---

*2　犬が年をとって、世話をするのに高額のお金がかかるようになり、飼い主の負担になると行われる「便宜的安楽死」は今もある。

*3　飢えた犬を、相手の犬が死ぬまで闘うように小突き回し、苦しめる闘犬は、アメリカでは違法だ。でも、闘犬に関与したNFLのクォーターバック、マイケル・ヴィックが投獄されて10年以上たつ今も、広く行われている。

‡ ‡ ‡

これから何をすべきかはわかっている。なぜこんな矛盾した状況になったのか、どうすれば法律や慣習での犬の扱い方を修正できるのか、を考えるべきなのだ。[*4] なぜ家族が「財産」と見なされるのか。ギリシャ神話の怪物ヒュドラー[注4]のように厄介な現状を、どうすればすっきりとふさわしい形にすることができるのだろうか。

それには時間を遡ることだ。今日の慣習は昨日の、さらには一昨日の慣習から生み出される。犬が手編みのセーターを着せられる（しかも、そのセーターが犬より高価な）国において、犬の法的地位に矛盾があるとすれば、それはその国での動物のとらえ方、さらには法制度の原点に問題があると思われる。アメリカの法制度は、中世に始まるイギリスの慣習法と、ローマ法[注5]の影響を受けた民法から発達してきた。動物の利用方法などというものは、毎月見直されるたぐいのものではない。私たちが仕事の重圧を感じたり怠け心を抱いたりしながら、作業犬や娯楽のための犬として、これまで犬や動物をどう扱ってきたか、の帰結である。そもそも動物が「利用できる対象」とされる根拠は、大昔から動物のなかで人間がどう位置づけられてきたかや、動物に関する博物学に帰することができる。

「生めよ　殖えよ　地に満ちよ　地を従わせよ
また海の魚と　空の鳥と　地に動くすべての生きものを治めよ」*5

およそ西洋の動物に対する法的な姿勢や、それより広範な文化的態度は、「支配」という概念に根ざしている。「動物は人間に仕える（使われるために存在する）もの」という考え方が、現在の法には歴然としてある。作家のマシュー・スカリーが指摘するとおり、旧約聖書の創世記にある有名な「支配」の一節に続く部分には、どういうわけか生きている動物ではなく、果物と植物の種を「肉」と見なせ、とある。けれど我々は、そこはうまく見て見ぬふりをして、動物を肉として利用している。さらに、旧約聖書の別の箇所では、動物に対して責任ある行動をとるのは人間の義務であり、「正しき人間は獣の命をうやまう」とされている。さらには「地のすべての獣、空のすべての鳥、地を這うすべてのもの」、すなわち動物と人間との「契約」にまで触れている。こうした義務や思いやり、一体

*4　私が指摘している矛盾は西洋、とくに現代のアメリカ文化に顕著だ。南北アメリカには数千年前から人と暮らす犬が存在していたが、現在のアメリカ文化の犬に対する考え方は、ヨーロッパ人が大陸に持ち込んだものである。もうひとつ、現存する犬の大部分がアメリカ原産ではないことも指摘しておこう。各国の文化における、犬の存在の不可思議さについては、現時点ではそれぞれの国の人たちの考察に任せたい。

*5　欽定訳旧約聖書創世記　一章二十八節。

性の概念は、支配の概念と歴史的になじまない。私たちは、支配という言葉にしがみつき、より広い解釈の必要性を切り捨てているのだ。

近世イギリスについて歴史学者キース・トーマスが書いているように、家畜の扱いやすさと従順さまでが、人間の支配の証と見なされている。飼いならせるのだから人間の方が優れている、というわけだ。18世紀には「教化」によって家畜の頭数も増え、家畜化は動物のためになると考えられた。犬に対するご主人様の「優位性《dominance》」という言葉も、よく言われるように「支配《dominion》」を想起させるが、どちらも同じラテン語が語源である。[*6] カトリック百科事典の「動物虐待」の項には、人間は「自らの妥当な望みと幸福のために、それによって動物がやむなく苦痛を味わうことになろうと、法にのっとって動物を利用しても良い」と明記されている。

動物の利用は旧約聖書も認めるところだが、私たちの自然物に対する法的なとらえ方は、ローマ法に根差している。古代ギリシャ人やローマ人にとって、世界は人間のためにできたもので、あらゆる法は「人間のために制定された」と法学者で弁護士のスティーブン・ワイズは書いている。ここでいう「人間」とは男性、正確には白人男性である。女性、子ども、奴隷、人間以外、精神異常者は男性の所有物だった。男性には権利があり、所有者になれた。けれど、「所有物」の側にはそれが認められない。現代アメリカの法律における動物の地位は、2000年以上前のローマのそれと、感心するほどぴたりと重なる、とワイズは指摘している。

この枠組みのなかで、まずは哲学者が、やがて科学者が、人間と人間以外の当初の分け方が正しいのかを考察してきた。デカルトは正しいとした。動物は「からくり人形や動く機械」のようなもので、感覚を持たないからだ。デカルトとその一党が生体解剖をしているあいだ、苦悶し、吠え声を上げる犬たちは、軋む車輪や壊れたクラクション、ゼンマイがとび出した時計に等しかった。それから1世紀以上のち、カントは動物の感覚は認めつつ、不合理な振る舞いと自意識の欠如が見られるので、彼らを人間の側に入れることは考慮に値しない、と主張した。

20世紀になり、こうした動物に対する頭ごなしの決めつけに、科学者が異議を唱え始める。ダーウィンが、現在は通説になっている種の連続性を説いて以来（「人間と高等動物の知能には大きな差があるが、それは程度の違いであって種類によるものではない」と彼は書いている）、扉がこじ開けられた。人間という動物は生きもののひとつに過ぎず、人間に備わっている能力は動物にもある程度存在する、と考えられるようになったのだ。この半世紀で、動物の苦痛（確かに感じている）や合理性、自意識（を持つものもいる）が研究対象になってからは、彼らの能力に対して科学的な答えが出されてきた。にもかかわらず、法律にはこうした通念がほとんど反映されていない。

19世紀以前の英米法と西洋文化は、動物をまるで相手にせず、「もの」や「人間の道具」としか見

＊6　オックスフォード米語辞典によると、「ラテン語の dominium は〝主、神〟を意味する dominus から派生」している。

ていない。犬の扱い方の良し悪しなど、考えることすらなかった。犬は道徳的主体[注6]ではなかったのだ。哲学者のゲイリー・フランシオンが書いているとおり、その道徳的地位[注7]は「無生物と大差ない」ものだった。

皮肉にも、犬はある場面ではもの以上の主体性を認められている。悪さをしたり、動物や人を殺したり、重傷を負わせたりしたときだ。そういう犬は危険と見なされ、罪を犯したとして罰を与えられる。とはいえ、犬は道徳的な責任を負えない立場にあるため、その飼い主に罰金が科された。[*7]さらに、

問題を起こした犬の飼い主は「社会的逸脱者」であり、どう猛な犬と同じ暴力性を持つ存在とみなされた。狂犬病が流行った19世紀のイギリスでは、感染が疑われる犬は一網打尽に処分され、犬の気質がどう猛で危険であればあるほど飼い主の責任が問われ、そうした犬を飼っていること自体が飼い主の人間性をあやしむ理由になったのだ。

‡ ‡ ‡

動物の立場や動物を利用する権利、動物の気質に対するこうした認識がくすぶるなか、西洋社会は動物にやりたい放題を始める。つまり、虐待がはびこったのだ。痛めつけられ、殺されるのは、犬だけではない。あらゆる動物がその対象になった。今では犬はペットや番犬にされるが、かつてはほと

んどの犬がその辺をうろついている存在であり、とくに人間の仲間という意識はまだなかった。[*8] アメリカの司法史において、犬は初めて動物虐待防止法に正式に登場するが、じつはこれに先んじた動物がいた。19世紀の動物福祉法は、初期の法規で、馬、牛、羊、豚を意図的な虐待から保護している。この法規は、イギリスの哲学者ジェレミー・ベンサムの、動物は苦痛を感じる能力を持つがゆえに人道的に扱わねばならない、という確信に基づいている。「昔の法律家の冷淡さによって動物はその利益を無視され」、人間と同等に扱われず、「ものとしての立場に貶められてきた」と彼は嘆いている。そして、「暴虐によって奪われた権利を、すべての動物が手にする日が来る」ことを思い描いた。

だが、そんな日は、次の世紀になっても訪れなかった。19世紀初頭には「動物福祉」が話題になるかに思われたが、このキーワードは好奇の的となっただけで風化していく。選ばれた数種類の動物は意図的な虐待の保護対象になったが、その実態はまったく違っていた。1821年にメイン州で成立した国内初の法律は、牛や馬を「残虐に叩く」ことを犯罪と定めた。つまり、正常に歩けないようにしたり殺したりといった、それ以外の方法なら危害を加えてもかまわないことになる。よって、牛や馬は動けなくなるまで痛めつけられ、殺害された。

*7　人を噛んだ犬への対応は今もほぼ同じである。犬の行動は罰せられ、飼い主が罰金を払う。中世の犬は公開裁判ののち、罪によっては公衆の面前で吊るし首になった。現在では裁判も行われない。

*8　こうした状況は、現在害獣とされる多くの動物（ネズミ、アライグマ、鳩、リス）にも当てはまる。

1829年には、ニューヨーク州でやや対象を広げた法律が成立し、何者も「悪意をもって他人の馬、雄牛をはじめとする牛、羊を殺し、不具にし、傷を負わせ」、「自分のものであってもそうでなくても、これらの動物を、悪意をもって残酷に叩き、折檻しては」ならないとされた。つまり、自分の馬や雄牛なら、叩かない限り悪意をもって殺し、不具にし、傷を負わせても良い、と法がはっきり認めているのだ。

どちらの法律でも、修飾語がカギとなる。修飾語が残虐性を定義し、定義された範囲の残虐性にだけ制限が加えられるからだ。「残酷で」「悪意のある」折檻は許されないが、叩くことそのものは許される。同じように「妥当な理由なしに」「目に余る」苦痛を与えるのは違法だが、目に余るほどではない苦痛を与えるならまったく問題にならない。ここには、現在の動物虐待防止法の文言にも通じるものがある。どちらも、法における人間本位がはなはだしいのだ。おそらく法学者は、動物に対する人間の経済的な利害が、動物への悪意ある行動の歯止めになると考えたのだろう。

これらは、ニューヨークの街中を犬がうろつき、荷馬車の下に隠れ、食べものを盗み、捕獲されないように足早に逃げていた時代の話だ。馬が人やものを運んでいた時代、おまるの中身が窓から捨てられ、豚が残飯をあさって歩き回っていた時代。港に到着する船から街が見える前に、そのニオイが船まで漂ってきた時代。動物園では、ゾウはやっと入れるくらいの檻で飼育されていたし、転んで動けなくなった馬が道端で見殺しにされるのも日常茶飯事だった。犬やほかのペット、野生動物などは、保護の対象にもなっていなかった。保護されたのは家畜や使役動物など、人間にとって価値のある動物だけだ。要するに、法律は動物ではなく、その所有者を「有形資産の損失」から守ることを意図していた。当然ながら、所有者のいない野生動物は除外される。そして当時、犬には「社会的に認められた価値」がなかった。価値がない存在なのだから、捨てようが盗もうが放置して折檻しようが、おかまいなしだったのだ。

それでも、動物を守る法律ができたこと自体は大きな転換だった。動物に「残酷な」という言葉を使い、人間の行動をある程度法的に制限すべき、と考えるようになったのは前進だった。やがて、外交官にして慈善事業家、のちにアメリカ動物虐待防止協会（ASPCA）を設立するヘンリー・バーグの指導と熱意によって、ニューヨーク州法が修正された。1867年までに、商業価値のある動物だけでなく、すべての動物が保護の対象になったのだ。違法な虐待行為は、「過重労働」や荷物の「過積載」、拷問、不要な損傷を与えることにまで拡大された。とはいえ、修飾語の多用のせいで、何を虐待とするかがぼやけていた。「不要に」、「必要以上に」傷つけるのは違法だが、実際の「必要性」や「不可避性」を決めるのは動物ではなく人間である。だから、動物を動かすために鞭で叩く「必要があれば」叩いてかまわないし、病気で役に立たなくなれば殺しても良かった。それでも、法の精神[*9]はニューヨーク州外にも広がり、進歩していった。闘わせていじめる娯楽への動物の使用を禁止する、老衰や障害のある犬の遺棄は違法、虐待しないだけでなく、食べものと水を与えて積極的に動物を世話するのが飼い主の義務、といった項目が加えられた。ようやく動物の権利が考慮され始めたのである。犬（と、それ以外の動物）には、不要な苦痛のない生活を送る権利があることになった。[*10]

不思議なのは、こうした法施行後の20世紀初頭になって、なぜか犬が「所有物」という法的地位を獲得したことだ。それまでは、家畜と「有用な」動物のみが所有物であり、保護の対象だった。州によっては指定に時間がかかり、バージニア州などは１９８４年にようやく犬（と猫）を個人の所有物と呼び始めた。それまでの家畜と同じように、犬の法的地位は飼い主を所有物の損失から守るためのもので、犬の窃盗はその所有者に対する犯罪と見なされた。

この「法的財産としての立場」は、必ずしも犬の地位向上には役立たなかった。指定によって、改めて法的に家具と肩を並べることになったからだ。犬は折檻して殺してはならない家具だが、家具であることに変わりはない。

だから、現行法は、犬の福祉の明らかな改善には至っていない。現在のニューヨーク州法（大半の州法の典型例）は、初期の法律から発展してきたものの、犬に対する入れ墨やピアスの制限、犬を悪天候時に屋外に放置することの禁止、犬の耳を麻酔なしで切る手術の禁止など、人間のひどい行いが続いていることがはっきりと示されている。[*11] しかも、犬（やほかの動物）への禁止行為を詳しく述べた主な部分は、１７０年前の法とほとんど変わらない。すなわち、犬に「過重労働、過積載、拷問、残酷な折檻、不当な損傷または殺害」を行い、「必要な栄養、食べもの、飲料」を与えなかった者は軽犯罪者となる。罰則は罰金で、罪の重さとしては食料店からマシュマロ1袋を万引きするのと同等であるため、法学者のデービッド・ファーブルとビビアン・ツァンは「犯罪行為の最低基準」と記している。この170年で、「犬は夜どこで寝るべきか」という問いへの答えが、「路上か外につないでおく」から、「飼い主のベッドの上質なシーツの上（あるいは、最低でもイニシャルが刺繍されたボア素材の犬用ベッド）に迎えてやる」まで変わってきたというのに。

*9 とはいえ、法施行後も闘犬はふつうに開催され、新聞記事になるほどだった。「3都市の愛好家で、昨日早くに闘犬があるのを知らなかった人物は、一文なしか盲目かろう者かだ」と、『シンシナティ・エンクワイヤラー』紙は、サーズデイとダンの2頭による闘いを報じている。戦いはいつもどおり死をもって決着がつき、サーズデイが死んでいる。

*10 犬にとって何が「苦痛」にあたるか、という理解が19世紀にはかなり進んだようだ。1890年の『ボルティモア・サン』紙の記事に、「ボルティモアでは犬の無差別毒殺が禁じられている。価値のない犬の『人道的処分法』は溺死である」とある。ニューヨークなどほかの都市でも、犬の捕獲業者は長年溺死を選んでいた。

*11 動物虐待防止法に目を通すと、ほとほと嫌になる。極端な暑さや寒さのなかに犬を放置してはいけない、残忍な方法で犬を殺してはいけない、ひよことして売るためにひな鳥を染めてはいけない、毛皮を得るために動物を感電死させてはいけない、障害のある馬を売ってはいけない、動物を傷つける目的でガラスや釘を投げつけてはいけない、麻酔なしで犬の耳を切ってはいけない、犬の肉や毛皮を売ってはいけない、と続くが、それはつまり、法律で禁止されるほど、そうした行為が頻発していることの証でもある。

「悪質な虐待」（何者かが「正当な目的なしに」犬を「意図的に殺したり傷つけたりする」）という、昔の法にはなかった新たなカテゴリー、言い換えれば、「とくに異常かつ残虐な方法で」意図的に犬にこの上ない苦痛を与える行為は、今では重罪となっている。自分が出会った犬が、悪質な虐待行為をされているところは想像もしたくないが、この重罪に対する処罰はニューヨーク州では禁固2年。しかし、ほとんどの判決ではもっと短くなる。

法律の文言の修飾語（「不当に」）と、特定表現（「正当な目的なしに」）は、言い逃れする人間に相変わらず虐待の余地を残している。「おすわり」と言っても座らない犬を叩き、身体的な罰を与えても、「正当かつ必要なしつけだ」と言えば州は容認するわけだ。「どれくらい強く犬を叩いていますか?」。犬のトレーニング関連の著書を多く持つ「ニュースキートの修道士《モンクス・オブ・ニュースキート》」は、言うことを聞かない犬には罰を与えよと助言しつつ、そう質問する。そして、こう付け加えるのだ。「基本的に1発目で反応がない、つまり、キャンと声を上げなければ、弱すぎるのです」。裁判所は、「悪意ある」虐待を、「判断を誤った善意より悪質なもの」と判断してきた。そして、「動物を虐待から保護する法律は、トレーニングやしつけに伴う動物の苦痛を、理不尽に制限することを意図していない」と言う。つまり、悪意は「悪質な精神状態」のときにしか表れないのだ。それで、ついうっかりとか、無知や怠慢が、虐待の正当化に使われることになる。

しかも、禁止行為の説明に負けないくらい多くのスペースが、除外事項の列挙に割かれている。武器を携帯しているときに、病気を持っている、または脅威と感じる犬に遭遇したら、（武器を持っているふつうの人が）その犬を撃っても悪質な虐待にはならない。研究者が生身の犬を実験に使っても訴えられないが、これはどう考えても残酷だ。しかし、研究が「相応に」実施される限り、その行為は正当化される、というのが州の見解である。

こうした法律が気にしているのは動物の健康や幸福ではなく、19世紀と同じく人間側の権利である。連邦法[注8]に動物虐待防止法はない。[*12] ＦＢＩは近年、動物虐待事件の情報を集めるようになった。けれど、彼らが関心を持つのは動物ではなく、残虐な人間の方だ。動物虐待者がエスカレートして殺人や残忍な犯罪を行うことが多いからである。

ここまで見てきた法律の背景には、犬を人間の所有物とする、支配的な法の見解がある。デービッド・ファーブルのような法の専門家は、財産法は法制度の根本だというが、それは「ものの支配・管

＊12　研究に使われる動物を対象とした、動物福祉法という連邦法はある。闘犬を目的として州をまたいで輸送される犬のために、連邦議会は複数の法を制定している。けれど、これらは連邦レベルでの「真の意味での」動物虐待防止になっていないし、このところ施行数も激減している。本稿執筆中、上院では「動物虐待・拷問防止法」法案が審議されており（２０１９年11月に発効＊訳注）、動物を「意図的に圧殺・焼死・溺死・窒息・串刺しにし、または深刻な身体損傷を負わせる」行為に関与すれば、連邦犯罪（重罪）になる見通しだ。ただし、狩猟・医療研究・食用を目的としたと殺・正当防衛など、傷害を与える〝慣習的〟な行為は除外される。

理・消費」に対する人間の関心が不変だからだ。そうしたものへの強い欲求が、概念の単純な二元化を招き、法律にとって「もの」は、「所有物」か、さもなくば「人」となってしまう。

　そう言われれば犬は「人」ではない。

　でも……。

‡ ‡ ‡

　犬を所有可能な「もの」とするおかしな考え方は、この所有物を利用して儲けようという商魂がからんだときにも、ひょっこり顔を出す。「旅に自転車やペット、ゴルフクラブを持って行きましょう」。鉄道会社アムトラックは、チケットを取ると陽気に提案してくる。ちなみに、携行できるのは「移動中にニオイがせず、おとなしく、問題を起こさず、見張っておく必要のない」犬で、キャリーケースに入れて床の上か座席の下に置いておかねばならない。まさに手荷物扱いだが（私は常日頃、手荷物がニオわないように心がけている[*13]）、ばからしいほど生きものにはふさわしくない注意書きだ。『ニューヨーク・タイムズ』紙は、「お宅の犬も冬仕様に」と、ブーツや車など冬の備えが必要なもののリストに、ご丁寧に犬を加えている。家具のＩＫＥＡは、ドイツの店舗に犬の待機スペースを登場させた（まあ、オーストラリアの店舗に作った、買いものをしない男性客用ラウンジ『マンランド』の方が、どうかと思うが)。犬の体のぬくもりや個性を、ゴルフクラブや乗りものと一緒にするなど、とんでもない!私の自転車は、タイヤの空気が抜けたまま、ほこりだらけで地下の倉庫に逆さまに掛けてある。かたやうちの犬は、暖かいアパートメントでおやつのスクランブルエッグをきれいになめたところだ。両者は私にとっては全然違うものである。

一方で、犬の所有物としての立場に驚かされることもある。なんと、貨幣の代わりになるのである。高価なラブラドゥードル[注9]は、財産として融資の担保になる。[*14]デザイナー・ドッグ[注10]の先物取引市場はまだないが、そのうちできるかもしれない。

確かに、商品としての犬の価値(つまり血統書の価値)は高い。生物学者のパトリック・ベイトソンが、2010年にイギリスで犬の繁殖を調査したとき述べたように、犬の販売市場の規模には「驚くべきもの」がある。商業的な繁殖場では、年間数千頭の犬が生産可能だ。人口300万人の狭いウェールズに、犬のブリーダーは1000軒近くあり、ウェールズ産の犬が100万頭生まれていてもおかしくないことになる。この過密ぶりは、ニューヨーク市街に繁殖場がざっと3000か所あるような

*13 申し訳ないが、フランスから帰国する際、夫がよく買うチーズは除く。
*14 これは西洋諸国限定の話だが、最近のことでもない。たとえば、歴史家アラン・ミハイルによると、19世紀初頭のエジプトでは、動物が主要な資金源だった。先物取引や共同所有、動物の労役のタイムシェアが行われ、親犬や子犬の所有権が売られたり分割されたりした。

もので、公立学校よりブリーダーの方が1300か所も多い計算になる。イギリス（とアメリカ）のブリーダーの大半は、獣医師によるケアを含む、動物ビジネスに課された福祉基準の遵守を免除されている。規制対象の施設であっても、免許と獣医師によるケア、情報開示が求められるだけで、「不完全な」子犬だったら「欠陥商品法」で販売の取り消しがきく。犬の販売業界には、基本的に監視の目が届かない。ここでも飼い犬と同じように、他人の目に触れない虐待は処罰されないのだ。

犬がひとたび家庭に属すると、その価値を国が査定することはまずない（だから多額の担保は期待しないこと！）。犬の「適正な市場価格」は、言うなれば取得費用、つまり「いくらで買ったか」となる。デザイナー・ドッグと称して高い価格設定をしているブリーダーから買えば、数千ドルだろう。保護犬なら譲渡費用だけなので、100ドルもしない。しかも、不妊・去勢手術やワクチン接種、トレーニング費が支給される可能性もある。つまり、犬の表向きの「価値」には、その犬自身とは関係のないあれこれが含まれているのだ。しかも、この取得価格では、実際に個々の動物を代替（再取得）するなど不可能、ということが考慮されていない。夜は私がベッドに入れてやるまで脅かすようにこちらをにらみ、ランニングに行くとわかると、ひきつけたように躍る、愛犬フィネガン。この個性はかけがえがなく、決して無価値ではない。「再取得価格」がいくらかは推し測るべくもないが、間違ってもゼロではない。

所有物であることによるもうひとつの災難は、イスの運命を見ればわかる。使われるのである。アメリカでは毎年数百万頭の動物が、基礎研究や製品テスト、医療用実験、授業に使われる。そのほとんどがラット、ハツカネズミ《マウス》、そして福祉の充実を考えるときには「動物」にさえ数えてもらえない鳥たちだが、犬も相当数含まれる。これは今に始まったことではない。イワン・パブロフは、当時の生理学者より犬に人道的な実験を行ったとは言えないが（なんといっても麻酔なしで実施したのだ）、確かに控えめではあった。ほぼ同時代人のクロード・ベルナール[注11]は無類の生体解剖好きで、生きた動物を使った実験を見世物にしても良いと考える口だった。大学での動物生理学の講義では、彼はしばしば生きている犬を使い、まず声帯を切除してから内臓を取り出し、どうなるかを観察した。当然ながら犬は絶命する。ベルナールとその同僚は、こうして数えきれないほどの犬を殺害したのだ。

私はベルナールに問いたい。「あなたは犬を何頭殺したの？」。「え、それって問題かい？」。ベルナールよ、実験には、ケージに差し入れられる親しげな手にしっぽを振る、たれ耳でやさしい顔をした小型犬1頭でたくさんではなかったのか。

「ブラウン・ドッグ」として知られる犬は、2か月以上生体解剖を繰り返された末に死に、ロンドンのバタシー・パークに銅像として慰霊されている。警戒したもの問いたげな目で、左右の耳をそれぞれにたらした犬の銅像[*15]は、以前もどこかで見たような気がする。石に刻まれた毛並みは乱れ、所在なさげに座っている。そう、これは誰かのペットと同じ、よくある犬の姿なのだ。「イギリスの男女よ、いつまでこれを続けるつもりなのか」。オリジナルの銘板にはそう書かれていた。

本当にいつまで続けるのだろう。研究用の犬の苦境が知られ、研究者が自らの道義的責任について議論し始めている一方で、新たな犬の利用法を考え出した者もいる。工場のごとき犬の生産業である。そのお目当ては、犬の肉やその加工品ではなく、卵子と子宮。それを犬のクローン製造という新たなビジネスモデルに活用するのだ。女優のバーブラ・ストライサンドが、亡き愛犬、コトン・ド・テュ

レアール[注12]のサマンサに会いたければ、5万ドル程度の商取引でその面影を取り戻すことができる。このとき、最初に所有した犬が（初代とはかなり性格が違う）二代目に変わるだけでなく、そのために多くの犬が生産される。そうした犬は卵子提供者として使われ、愛犬の細胞含有物質で満たされた卵子を移植される代理母として利用されるのだ。彼女らはひっそりと研究施設にいる。誰のペットでもない。バーブラと家に帰ることもない。クローン化の過程では何頭もの犬が生み出されるが、生育不能や、生後すぐ、あるいはしばらくして死ぬこともあるし、元の犬として使える外見ではないこともある。その結果、1頭を除くすべての犬が処分される。

私たちは、こんな風に犬を利用しないで暮らすこともできるのではないだろうか。

‡ ‡ ‡

例年4月ごろになると、アメリカ北東部では気温と気分が一致し始める。寒さが和らぐにつれて、上着の前を開け、たまには素足で歩くようになり、ウールの帽子から髪の毛が解放される。足取りが軽くなる。青々とした新芽は、何週間も待ち続けた末に、冬の気配を残す枯葉の絨毯から思い切りよく顔を出し始める。子どもたちはスキップし、道行く人たちは笑顔になる。

すると、頭の中でも何かが起きる。ほどいた髪とスカートの裾が暖かなそよ風をはらむと、思考も軽やかになる。あの本を読み終えよう、ヨガの練習を始めよう、クローゼットや地下室に溜め込んだいらないものをすっきりさせよう――そんな抱負をいだく。そこに変化のチャンスが生まれる。

私が教えている大学では学期末を迎え、「犬の認知」の講義教室は、ここ何回か、ますますむせかえるような熱気に包まれている。それは思考の自由な流れのせいではなく、蓄熱を旨とする建物のせいだ。学生たちは3か月半にわたって犬の歴史や遺伝の仕組み、生理機能、行動および知能を学び、その総仕上げに入っているが、私はもうひとつ、犬という種の未来について考えてほしいと伝える。私たちは犬のために何をすべきですか？　私たちを誕生から最期まで神妙に見守り、精神的な支えや話し相手になってくれる上に、健康面でも人から頼りにされている生きもの。この種に対し、私たち

＊15　今の銅像は二代目で、初代は設置に対する抗議行動と、蛮行により破壊された。そこには解剖を望む、憤慨した医学生たちも加わっていた。

はお返しに何をするべきなのでしょう。
教室が静まりかえる。「ペットを飼うべきじゃないのかも」と声が上がる。一同どよめく。「冗談でしょ」という視線が忙しく交わされる。遺伝性疾患や犬の社会的・情緒的能力、協調性、さらには私たち人間の思い込みについても、全員が学習してきたのだ。研究対象としての犬。それは、私たちがこれからもずっと犬と暮らしていける、という前提あっての学びだった。

誰かが毅然と発言する。「このすばらしい動物に対する私たちの扱いには確かに不適切なところがありますが、今日からすぐに改善できます。まず、危険な近親交配をさせないこと。そして、犬の行動を学び、何を欲しがっているのか、怖がっているのか、痛がっているのか、混乱しているのか、気づいてあげることです」。みなの緊張が少し解ける。

まさにそうすべきなのだ。

しかし、勇気ある数名の学生がしてくれた提案についても考えてみよう。もし犬が私たちの所有物でなかったら？　私たちが犬を所有すべきではないのだとしたら？　所有すべきでない理由は、他者が苦しんでいるのをそのままにしておくことは、人間としてあるまじき行為だからだ。それだけではない。犬はおそらく所有物であるべきではないし、所有不可能なものだからだろう。

哲学者のゲイリー・フランシオンは、これ以上犬を生みだすのはやめてほしい、より正確には、犬と暮らすために所有するのはやめてほしいと言う。彼の考えは動物にも道徳的地位を認めることである。つまり動物にも道徳的配慮をすべきだと認めるなら、社会が取りうる正当な手段は、ペットとしての利用も含め、動物の使用を廃止することだ。犬には感覚があり、苦痛を味わうのだから、犬は道徳的主体（あらゆる面で考慮されるべき生きもの）である。現在の犬の法的地位は、この事実を見て見ぬふりするだけではなく、動物の使用廃止を一顧だにせず却下する一因にもなっている。

私たちは、動物に対して「道徳的統合失調症」を起こしている、とフランシオンは言うが、それは動物の立場が所有物だからだ。動物はあくまで家財であり、動物福祉の基準はいつも相当低く設定される。「動物の利益の保護にはコストがかかり、経済的にプラスになる場合にしか守られないといっていい」と彼は言う。動物福祉法のような規制法は、所有物であり、私たちに〝正当に〟使われる対象としての動物の立場を固定化する。そして、犬を尊重するから虐待しないのではなく、単に罰則を免れるように犬を扱えば良い、と働きかける。だから使用を一切やめるべきだ、というのである。

であるならばこそ、今飼っている犬を夜闇にまぎれて手放したりせず、誠意をもって一緒に暮らしていかなければならないのではないだろうか。私たち人間が犬をテーブルにつかせたのだから、そこから追い払ってはならない。けれど、フランシオンは言う。「我々の動物使用はおしなべて、習慣、社会通念、気晴らし、都合、快楽によって正当化されてばかりいる」。

理にかなってはいるが、容赦のない結論だ。犬との暮らしを頭ごなしに禁じるやり方を、私は本能的に拒絶してしまう。フランシオンが提唱する非家畜化も心もとない。おおせのように、私たちが犬やほかの動物の家畜化を間違ったのであれば、「次はこうするのが犬にとって最善だ」と、胸を張って言うことができるだろうか。私たちは種の将来を見通すのが苦手なだけでなく、今目の前にいる犬や動物が何を望んでいるかさえ判断しかねているのだ。

しかも、使用廃止の道をたどれば、現在の犬は姿を消していくことになる。私は犬のいない世界に住むなどまっぴらだ。

「所有物」であるがゆえの動物の扱いに対して、フランシオンが抱く憤りには共感するが、別の救済策を求めても良いのではないだろうか。家族と所有物、という関係がなじまないのなら、所有物という立場を変えれば良いだけの話だ。犬は所有物、などという考え方は時代遅れな上、一般の文化や犬に関する科学的知識を反映していないのだから。

提案としてはふた通りある。既存の制度の枠内でやるか、それを拡大するか、である。弁護士のスティーブン・ワイズは前者で、法律用語の意味に異議を唱えて制度を動かしている。彼は、チンパンジーを法的人格とみなすべき、との論で最もよく知られている。自ら率いる組織「非人間の権利プロジェクト」とともに、トミーというチンパンジーのために、ニューヨーク州に人身保護条例（ふつうは受刑者を不当禁固から救済するために使われる）を請求した。トミーは州北部のトレーラーハウスの横で、コンクリートと鉄でできた檻に飼われている。[*16]

チンパンジー（やイルカ、ゾウ、犬）の人格といっても、思うほど特異なものではない。法律では、

「人である」すなわち「人格がある」、とはならないからだ。企業も人格になりうる。有限会社、合同会社、合弁会社、共同経営企業、非法人体、組合、株式会社など、法律用語でいう「いかなる性質の」存在も人格になる。人格を有するとは、明確な利益を有するということで、人間であるという意味ではない。

ローマ法以来、「人格」には権利と利益が伴い、「もの」は「人格」の所有物で、いかなる権利も持たなかった。人間だけが人格だったわけではない（一方、多くの人間を人格と見なさない期間も長すぎた）のだが、ローマ時代にも人間と人格の区別は混乱していた。ローマ共和制末期の哲学者キケロは、「人間と獣のあいだに権利は存在しない」と書きつつ、別のストア派の哲学者を引き合いに、「人間が自らのために獣を使用しても不当ではない」としている。何をもって権利を有するとするかは、そもそもあいまいだったのだ。ワイズはそこに可能性を見出した。まず、実証されたチンパンジーの社会的認識能力の複雑さ（さらに人間との類似性）に言及する。なんといっても、チンパンジーの遺伝子は人間とほぼ一緒なのだ。ついで、これまで第一の目的とはまったく関係なく適用された、あらゆる人身保護条例を引き合いに出した。法的に所有可能な「もの」としてのチンパンジーの立場を、人身保護条例の柔軟性によって問いただしたのである。

＊16　同時に、キコ、ヘラクレス、レオというチンパンジー3頭も人身保護条例訴訟を起こしている。

裁判所は訴状を却下した。[*17] だからトミーは捕らわれたままだ。だが、2016年には、アルゼンチンの動物園で、セシリアというチンパンジーが人間ではない法人格を認められ、保護区に戻す命令が出されている。

人格によって、犬は「もの」ではなくなるのか。クリストファー・ストーンは「樹木は訴訟当事者になるべきか」と問うなかで、「法の歴史では、新たな存在に権利が拡大されるたびに、『それはちょっと考えられない』ととらえられてきた。ものに権利がないのは自然の摂理で、法的慣習が現状維持を支持しているわけではない、と私たち（法に携わるものは）考えがちだ」と書いている。2017年には、ニュージーランドのワンガヌイ川が人格を認められた。その後すぐに、インドのガンジス川と支流のヤムナ川が法人格になっている。

‡ ‡ ‡

法律用語を拡大解釈して修正する方法もある。デービッド・ファーブルは「生ける所有物」という概念を導入しているが、これはさりげなく核心を突いた修正だと言えるだろう。動物に人格を与えるのは、「壁全体を破壊するようなもの」だが、生きている所有物、という考え方なら、壁から「レンガをいくつか」取り除くだけでいい、とファーブルは言う。ものを所有物とするか法的人格とするかの二分法について、物体は生物であろうとなかろうと、すべていずれかにあてはまる、と考えること自体に限界がある、と指摘しているのだ。人間は「人格」の範疇にすんなりと収まるが、それ以外はほぼ「所有物」とすると、筋が通らない場合がままある。たとえば、あらゆる「もの」がほかの何者かの所有物というわけではない。所有されているという状態は、「もの」と人格のあいだの関係性だからだ。太陽や月、樹齢1000年以上にも及ぶジャイアントセコイアは、人格の所有物ではない。ただし、セコイアが国立公園に生えていれば、アメリカ政府が成立する数百年前から生息しているにもかかわらず、この巨木は所有物のなかに紛れ込み、政府の所有物となる。*18 この二分法が、太陽やセコイア自体の特徴によらず、人間の概念が作ったものである点にファーブルは着目する。ならば、どちらの範疇に入れるか、さらに言えば範疇そのもの、を修正することも可能なはずだ。

このセコイアの巨木に一羽のシロガシラキツツキがとまり、そこを棲みかにしているとしよう。こ

---

*17　2018年5月、ニューヨーク州上訴裁判所は、下級審の上告許可を否認した。しかし、フェイヒー判事は同意意見のなかで、「我々が抱える最も困難な倫理的問題に対処する手段として、法が適格でないことは、本件において明らかである」と懸念を表明。動物の取り扱いについては、「究極的には無視できなくなるだろう。チンパンジーを〝人格〟としないことは議論が必要だが、それ（原文ママ）が単なる〝もの〟ではないことは疑いようがない」と記している。

*18　自分たちよりはるかに長く生きてきた木を「所有している」と言うのは、空を見上げて「太陽は私たちのものだ」と言うのに似ている、という見方もできる。

のキツツキは、セコイアの所有物だろうか。もちろん違う。所有物は人格に所有されるが、セコイアは人格ではない。では、キツツキは公園の所有物だろうか。可能性はある。けれどファーブルは、キツツキが誰にも管理されずに公園の中にいる限り、「自己所有」と表現するのが適当だ、と主張する。ただ、公園当局には、キツツキを狩猟から守り、生息環境を維持するなど、その健康状態に配慮する責任はあるかもしれない。同じように、新生児の全責任はその両親にあるが、子どもは親に所有されているわけではない。かといって、子どもは自分の体を管理できないに等しく、法的人格とも言い切れない。これも「自己所有」の状態と言えるだろう。この場合も、両親は制限を設けて子どもの行動を管理し、あれこれと選択してやる必要がある。子どもは完全に自由なわけではなく、またそうあるべきでもない。

さて、話を犬に戻そう。ファーブルは、犬はセコイアよりも、野生のキツツキや新生児に近いと見なすのが妥当だと言う。法の二分法では他者の所有物であることに変わりはないが、犬は自己を所有しているのだ。けれども現段階では、犬は法的には子どもよりもセコイアに近い。針葉樹もすばらしい生きものだが、今私を鼻でつついている、毛に覆われた暖かい生きものとはすばらしさの意味が違う。現在の私たちの犬に対する「所有」は、今後「保護者の責務」に近いものになっていくだろう。すでにボールダーやサンフランシスコ、アマーストといった都市では、人と犬の関係をうまく表すために、「所有者」ではなく「保護者」という言葉を使っている。*19 あとは法的地位が名前に追いついていけば良いのだ。

‡　‡　‡

朝、私が最初に目にする生きものは、夫でも息子でもなく犬のアプトンだ。私が動き始めると、お腹をなでて、と前脚でこづいてくる。ベッドの向こうでは、フィネガンが私の寝ぼけ眼に反応して起き上がり、しっぽの先までぶるっとさせてから、あいさつにやってくる。2頭とも私が起きるまではベッドで過ごし、廊下についてくるとおもちゃを私に寄こし、猫とコミュニケーションを取り、息子とその朝食にちょっかいを出してから朝のストレッチに精を出す。彼らはわが家の日常の一部だ。私は午後になると初対面の犬、つまり、研究にボランティアで参加する「被験者」として、飼い主に見守られながら初めてやってくる犬たちに会う。最初は、それぞれが不安、喜び、興味津々の様子だが、飼い主と一緒に行儀よくおすわりし、こちらが提示するものを嗅いでニオイを確かめ、個性を発揮し、

＊19　この肩書は完璧ではないが、「ペット」や当節はやりの「コンパニオン」、おなじみの伴侶動物という表現よりは良いと思う。なるほど、犬は私たちの伴侶をつとめてくれる。でも、食事は別だし、万事こちらの都合に合わせなければいけないうえ、私たちが留守にすれば機能停止状態で待たされる。私たちはひどい伴侶なのだ。哲学者のスー・ドナルドソンやウィル・キムリカなどは、それなら飼育動物に権利を伴う公民権を拡大してはどうか、と説いている。

作業を終えると飼い主の方を見る。私は家族との食事で一日を終え（犬も同じ時間に食べる）、ラグやソファでくつろいで読書や遊びに興じ（フィネガンは小さな音の鳴るボールにご執心で、現在アプトンの寵愛を受けているのは豚のぬいぐるみだ）、映画鑑賞やレスリングの真似事をするか（アプトンは赤いラグの上に誰かしらいれば低く唸りながらじゃれてくるが、フィネガンは控え選手タイプで、場が盛り上がるまで参加してこない）、さもなければお互いにくっついて座って過ごす（最も密着したがるのはフィネガンだ）。

こうした様子からすると、所有物（家財）という現在の犬の立場は、まことにふさわしくない。うちの犬はどこまでも「人間らしく」、「個」なのである。[*20] 私たちは種が違うというだけ。私は彼らにとって人で、彼らは私にとって犬。所有関係があるとすれば双方向で、犬は私たちのものであり、私たちは犬のものとなる。

法律は時流を反映して変化する。アラスカとイリノイの2州では、法改正で、飼い主の離婚後に犬がどこに住むかを決める際、犬の「幸福」にも留意することになった。夫婦のどちらにより犬がなついているか、家の変更や仲間の犬に会えなくなることがどの程度ストレスになるか、犬の年齢や健康状態、夫婦のどちらがより責任を果たしてきたか、などが考慮される。変わりゆく法律は、犬にとってきわめて大事なこと、つまり、犬が日々の暮らしを生きていることへのさりげない承認である。

では、ファーブルが提案したように、犬に「生ける所有物」の立場を与えたらどうなるのか。犬の生活の改善が義務付けられ、犬の幸福を真剣に考えることが明確に求められるようになる、とファーブルは言う。そうなれば、私たちは犬の利益を最優先で考えざるをえなくなる。これは、理にかなっているだけでなく、これまで犬に配慮せずに済んできたおかしな部分が際立つことにもなる。

人間は犬に対し、少なくとも（法が命じるように）虐待せず、責任を持って接する義務があるのは、もうわかっている。生ける所有物という立場には、文字どおり命と経験を持ち、存在するだけで人間の生活を大いに豊かにしてくれるものに対し、何が「責任」なのかという良識が映し出される。私たちは、生命のない所有物には義務を負わない。どんなに座り心地の良いイスであっても、責任はない。でも、犬に対しては義務がある。それも、動物虐待防止法のように州に対してのそれではなく、個々の犬に対する義務である。どの犬にも犬としての権利がある。「歴史的には現在、人間以外の地球上の動物は、我々の兄弟でも対等な仲間でもなく、子どものようなものだ」とファーブルは書いている。

犬にとって大切なことに関心を持とう。そうすればそれは私たちにとっても大切なことになるからだ。動物虐待防止法は、犬に苦痛を与えないことを意識している、というジェスチャーにはなる（少なくとも、違反者には軽罰が与えられるだろう）。衛生状態を保つことや定期的な運動、必要に応じ

＊20 もちろん、ほかの動物もそうなのだが、家畜がまわりにいない人はなかなか家畜に個性を認めようとしないし、野生動物を観察して触れ合ったことのない人は、野生動物に個性を認めようとしない。

た獣医師によるケアなどを、規定に盛り込んでいる州もある。しかし、そこで止まると、生きることが「ネグレクトされていない状態」と同じ意味になってしまう。人間にとっても、ほかの生きものにとっても、生きるとは苦痛を味わわないことではない。それは目標や幸せ、他者との関わり合いを追求することだ。

犬は種としての可能性を、犬らしさを、最大限に経験できるべきなのである。鳥は飛び、豚は泥を鼻で嗅ぎまわる。犬がすべきなのは、

遊ぶこと
気がすむまで追い回すこと
発見すること
走ること
ひと休みすること
追跡すること
噛み砕くこと
転げまわること
ひっくり返ること

馬乗りになること
くんくん嗅ぎまわること
触れること
掘ること
思うままに世界のニオイを嗅ぐこと

である。

犬は、同じ仲間の犬と、そして人と一緒にいるべきである。犬だって初めての場所を訪れ、知らない犬に出会い、新しい遊びを試したいのだ。自分で何かを選び、無理強いされたことは拒み、どんな風に過ごすかを自分で決めたらいい。

なるほど、犬らしい行動のなかには、飼い主が青くなるものも少なくない。ペンシルバニア大学獣医学部のジェームズ・サーペルは、犬らしい行動として「生ごみへの食欲、性的なやりたい放題、ニオイへの執着、トイレの習慣、他人や訪問者へのむき出しの敵意」を挙げている。私たちが犬の好きなようにさせてやる行為は、こちらがうんざりしたり気まずくなったりしないことに限られるのだ。犬には、好きなだけお客さまに腰を押しつけさせた方がいい、とまでは言わない。でも、私たちは犬と一緒にいて、彼らをいったいどんな動物だと思っているのだろう。犬が大好きと言いながら、その動物性には辟易しているらしい。

私たちは、犬が犬でいるために必要なこと（生命として欠かせない要素）を、もっと大事にするべきなのだ。ペット業界は何十年も、犬にはしつけ、食事の給与、散歩をすれば良いと大雑把に言い続けてきたが、それだけではおざなりで、まったく十分とは言えない。しかも、この3つの指針（しつけ教室に何度か通い、皿にドッグフードを入れ、リードをつけて近所をひと回りさせる）は比較的実行しやすいが、感覚を持つ生きものの経験としては物足りないのに、それでOKだと思い込んできた。我々は、犬が求め、必要とし、潜在的にできることについて満足させてやるどころか、そうしたことを想像しようともしてこなかった。

この20年で犬の認知研究が徐々に進み、体系化されたおかげで、犬の能力や、犬にさせるべきことがわかってきた。ある犬種は、ほかの動物（羊、迷った羊、子ども）を追いかけて集め、導きたがる。逃げるものを見ると全力で追いかけてしまう犬種がいるかと思えば、呼吸がしにくいので、緩やかなペースで十分に休みながら行動した方が良い犬種もいる。鼻が長いと平衡方向の視覚に優れ（だから弾むボールを追いかけられる）、鼻が低いと眼の中央の視力が良い（つまり、そばにいる人間の顔に焦点が合わせやすい）。犬と暮らすなら、犬のこうした点をすべて把握しておきたいものだ。犬はニオイの嗅ぎ分けが得意で楽しんでやるし、人やほかの犬もニオイで特定し、ニオイがない状態に置かれると嗅覚が鈍るおそれがある。それなら、とにかくニオイを嗅がせてやればいいではないか。人間であれ犬であれ、社会性を育む仲間が大事なこともわかっている。犬にも右利きと左利きがあるし（そ

うとは知らずに、無自覚に決めつけていた面があるかもしれない）、体のどこをなでられてもうれしいわけではない。頭をぽんと叩かれ、乱暴にさすられても、彼らは機嫌よく我慢してくれているだけで、いずれ我慢の限界はやってくる。つまり、犬はそれぞれ感じ方が異なる「個」だと了解しておくべきなのだ。

私たちが権利（というか特権）を失えば、犬の所有の仕方にも変化が生まれる。犬を所有することにはなる。けれど、これまでのように扱っていてはだめだ。個人的には、犬にふさわしい生活を送らせてあげられないなら、他人に譲って世話をしてもらうべきだと思う。今は過剰な多頭飼育をしている人にこの措置が取られるが、あくまでも動物をきちんと飼えない、極端にひどいケースの場合のみである。

本当はそれだけでは済まない。ファーブルが言うように、すべての法人格が「適切な飼い主」であるとは限らない。企業などは「所有物の世話をする関心も能力も持ち合わせていない」。繁殖施設がまさにそうだ。規模の大きなブリーダーが子犬や親犬の日常のあれこれを大事にするのは、利益が出ているあいだだけ。犬は「大切」だが、犬そのものとしてではなく、商品として大切なのである。小さなケージで何頭も飼うとか、母犬から子犬をすぐに引き離し、孤立させて飼う方が楽なら、そうするに決まっている。これみよがしに大事にして見せるのは、ビジネス上の計算である。

犬が生ける所有物となり、貨幣と見なせなくなったらどうだろう。犬の販売を禁止しても経済への打撃にはならない。一方で、大規模ブリーダーが主な原因である、ペットの過剰供給はなくなっていくだろう。犬に経済的な利害のない人たちが繁殖を担い、労力と時間をかけた正しい繁殖が行われるようになる。それで肩を落とすのは、これまでも犬のためを思って犬に関わってきたわけではない人たちばかりだ。だいたい、社会が対処できないほど増えた生きものの繁殖と販売で、利益を上げる方がおかしい。

金銭がらみでいえば、ほかの道が開ける可能性もある。犬が生産的に使われ（雇われ）れば、その労力に見合った価値がつくだろう。たとえば、犬が依頼主の望まない害獣を発見する役割を果たせば、稼いだ利益のいくらかは犬の福祉に役立てることができる。

時代にそぐわない動物の法解釈を改める必要に迫られたときこそ、私たちが犬とともにより良い世界に足を踏み入れるチャンスである。犬との矛盾した関係に私たちを引きこんだ「使用／利用」という法律用語は、制限されるだろう。犬は所有できるが、生体解剖はできない。飼っても良いが、ただ生かしておくだけではいけない。もし、犬を不適切に「使用／利用」したら、その飼い主は犬を手放すことになる。といっても、犬に好き放題をさせるわけではない。私たちが犬を好き放題にするのを抑制するのだ。犬にプラスだからといって、私たちが損をするわけでもない。損をするのは、犬を不当に扱って得をしてきた輩だけだ。

私のひたむきで愛すべき犬たちは、やわらかく居心地の良いイスに、それぞれまったく別の存在として座っている。犬が私たちを見つめる。つまり、私たちは彼らに見られている。そのまなざしに見合った行動をとる、そういう文化でありたいと思う。

注1　**カフタン**　トルコやイランなどで古くから用いられている、丈の長い前開きのガウン。

注2　**夫婦のどちらかに譲与**　日本でも同じで、離婚の際には、飼っていたペットは夫婦の財産としてどちらかに分与される。結婚前から飼っていたならその人の財産になるが、結婚後に飼い始めた場合は夫婦の共有財産なので、どちらが引き取るかは話し合いで決めることになる。

注3　**分離不安**　飼い主や同居する動物が不在になることで不安がつのり、破壊行動や吠えといった好ましくない行動をとること。

注4　**ヒュドラー**　9つの頭を持つヘビの姿をしていて、猛毒を持ち、頭をひとつ切り落とすとそこからふたつの頭が生える。しかも中央の頭は不死。欧米では一筋縄ではいかない問題の象徴とされる。

注5　**ローマ法**　古代ローマ時代に制定された法律の総称で、現代ヨーロッパの法律の基板にもなっている。

注6　**道徳的主体**　道徳の原則やルールが適用される、意図をもって行動する存在。

注7　**道徳的地位**　倫理的な配慮に値する地位。

注8　**連邦法**　アメリカのように連邦制をとる国では、それぞれの州が制定する州法と、連邦議会が制定する連邦法がある。連邦法は国の最高法であり、州法に優先する。

注9　**ラブラドゥードル**　ラブラドールとプードルを交配した犬。盲導犬用に、抜け毛が少なく、人がアレルギーを起こしにくい犬を求めて品種改良された。

注10　**デザイナー・ドッグ**　2種類以上の純血種を交配させて生みだされた犬のこと。前出のラブラドゥードルや、チワワとダックスフンドを掛け合わせたチワックスなど。ユニークな姿形なので人気があるが、遺伝的な病気を持つ可能性も高

く、意図的に雑種を作り出すことには批判が多い。

注11　**クロード・ベルナール**　19世紀フランスの有名な生理学者。実験医学の基礎を作ったとされる。

注12　**コトン・ド・テュレアール**　マダガスカル原産で、白いふわふわした毛の小型犬。

4章

人は犬にどう話しかけているのか

「知性あふれる男性に才能豊かな女性。そういう賢い人たちでも、犬を見ると（赤ちゃん言葉で）〝良い子ちゃんは誰でちゅか〜？〟と言ってしまうのはどういうわけだろう」

（アメリカのコメディアン、スティーブン・コルベア）

犬が素知らぬ顔をしていても、私たちは犬に話しかける。でも、それでいいのだ。犬の散歩中、携帯電話の画面を見ながらリードにつないだ犬を引きずっている人ほど、見ていて寂しいものはない。私などは話しかけるのが当たり前すぎて、自分がそうしていることに長年気づかなかった。けれど今朝もまた、両方の靴をはき、コートのボタンをとめ、ドアに鍵がかかっているのを確かめるのと同じように、間違いなく犬にも話しかけた。こうした一連の動作をした覚えはまったくないが、私は靴を履いているし、コートにはボタンがかかっているし、ドアは閉まっているのだから。そして、ついに自分が犬に話しかけている証拠も手にした。それで私は、とりあえず人が犬に語りかける言葉を、注意深く聞いてみることにした。

ここ数年、自分や家族だけでなく、他人が犬に語りかける内容にも耳をそばだてている。通りや公園、店や空港、朗読会や研究室など、どこに行っても犬に出会う。そして、犬はたいてい人といる。そういうわけで、人が犬に話しかける声がしょっちゅう聞こえてくるのだ。

なんてキュートでおりこうさんなのかしら。
しかもとっても価値があるの！ 結婚してもいいくらい。
（女性から、ゴールデンドゥードルに。9月13日）

犬に話しかけるなど、擬人化にもほどがある、と思うかもしれない。けれど、私たちは犬に手編みのセーターを着せ（しかも、やわらかなアルパカのケーブルニット）、ピーナツバターとレバーでできた特注デコレーションケーキで誕生日を祝っている。ずっと前からそうしてきた。もちろん、犬だけに話しかけてきたわけではない。数百年前の近世の初め、今では家畜とされる動物たちは、町中で都市生活者とともに暮らしていた。豚が歩行者の脇を歩き（たまに子どもをなぎ倒してケガをさせ）、鶏が家に入り込み、路上で牛の

乳しぼりを目にすることも珍しくなかった。動物と距離を置く、という感覚がなければ、動物と意思を通じることはできないことはないだろうと、人はちょくちょく動物に話しかける。やりとりは完全に一方通行で、会話のきっかけというよりは命令だ。牝牛を呼び戻すときには、「カム ビディ《ほら来い》」とか「ユリユリ」、「ボーク アップ《動け》」と声をかけた。荷役馬だって「ジー」は進め、「ハイト」は左折、「ソーボイ《So boy》、ゼアボイ《there boy》」は誉め言葉だと理解していたわけだから、ある意味、動物は持ち主と言語を共有していたと言える。あるいは、理解しているように思えた。良馬とは指示通りに動く馬という意味だ（でないと長生きできない）。歴史的に見ると、動物にかける言葉は、聖書にある支配の概念、人間は動物より優れているという考え方を反映している。指示や命令であって、依頼やお願いではない。けれど、ダーウィン以降の世界では支配の概念が破綻し、そうした言葉は動物、とくにペットと人間との関係にふさわしいものではなくなった。犬に（従うかどうかは別として）「おすわり」とか「おいで」と号令をかけるのは会話ではないが、犬に話しかけると確かに会話っぽくなる。こういうとき、犬は人間と同等の話し相手として話しかけられているのであって、命令されているわけではない。

とはいえ、その対話は、有名なヒュー・ロフティングの『ドクター・ドリトル』シリーズで、ドリトル先生が動物と交わす会話とは違っている。ドリトル先生は、自分に動物との会話能力があるとわかるや、人間相手の医者を辞めてしまう（動物の方が善良でもあることだし）。私は子どものころ、

彼と動物とのやりとりを読んで、動物に話しかければ応えてもらえるのでは、と思っていた。ドリトル先生の世界では、動物が人間のようにしゃべり、先生の方もまるで友達や同僚を相手にしているような口ぶりで話す。「これはこれは！」。犬のジップが行方不明者の行き先を嗅ぎ分けようとしていると、先生はこう言う。「いやはやなんともすばらしい——君のように上手に嗅げるように、私にもやり方を教えてもらえないかね」。先生の「これはこれは！」は、言うなれば20世紀初頭のイギリス冒険譚の決まり文句だ。けれど、私たちはかしこまった場合でも、こんな風には犬に話しかけない。かしこまって言うとすれば、「ジップ君、ジプソン家のジップ君」となるはずだ。わが家ではアプトンのフルネーム、「アプトン・ホロウィッツ・シェイ……」と言わなくてはならず、「ねぇ私の良い子ちゃん、もう散歩の時間？」という軽いセリフでは済まなくなる。また、私たちはパートナーや友達とするように、犬を相手に考えを巡らせ、議論することもない。これは注目すべきことだ。つまり、彼らはなんといっても犬なのだから、こちらにとって都合の良い聴き手なのだ。

こりゃ、どうも。ありがとね、きみ。

（男性から、自分のことを嗅いでくれたフィネガンに。12月5日）

他方、私たちの犬との会話が、単純なものに限られるわけでもない。言葉を話し始める前の子どもと親の会話とも、似ているようで違う。確かに、犬を飼い主の子どもとみなす考え方は、すっかり定着した。飼い主を犬の「ママ」や「パパ」と呼び（今や動物病院での一般的呼称だ）、飼い主が毛の生えた犬を「ベイビー」と呼ぶことでもわかるように、多くの人が犬に対して子どもにするのと同じような言葉遣いをする。脳も同様で、機能MRIを使った研究では、犬と子どもの写真を見たときの母親の脳は、同じ活動パターンを示すことがわかっている。文化的なステレオタイプもまた然り。（誤った）通説として、犬は2歳児とほぼ同じ知能を持つとされるため、若いカップルは子育ての練習に犬を飼ってみようかと考える。[*1]けれど、私たちは乳幼児に対するのとまったく同じように、犬に話しかけているわけではない。もちろん、重なる部分はある。どちらにも赤ちゃん言葉、研究者が「対乳児発話」と称するものを使う（この方が、「赤ちゃん言葉の研究」と言うよりだんぜん学術的に聞こえる）。赤ちゃん言葉では声が高くなり（たとえば第一ソプラノで「は〜い、赤ちゃん！」と発声）、バリエーションはさまざまだ

＊1　思わず学術論文を検索してみたら、特定の構文がいくつも見つかった。「子どもと同様に犬は」の後に、「……を我慢するわけではない」、「……の行動特性をみせる」、「養育者を利用し……」、「環境を探索する」、「信用できないことで知られている」などと続く。

が節回しがつく。高調波で、高齢者より子どもの声に近い。これは犬が相手でも同じになる。[*2] ジェームズ・アール・ジョーンズが[注1]「は〜い、ワンちゃん！」と言うのを想像してほしい。あのままの声ではありえない。いくら彼だって、こういうときは裏声を使うだろう。また、乳幼児に対してはかなり限られた語彙しか使わないが、犬が相手でも同じようになる。私は幼い息子や子犬に、「降雨につき、巡回は差し控えましょう」とは言わない（滑舌の練習にはなるかもしれないけれど）。代わりに言葉を繰り返しゆっくりと伝え、短いフレーズを使うようにし、ｔｈｅのような冠詞などはまず省く。つまり、伝える内容を電報化するのだ。8歳になった息子には、「キャッチボールをするためにボールを探してきてくれない？」と言うが、乳幼児に対してや、うちの10歳の犬には、「ボール取っといで！」と言うだろう。

ただし、子犬（とそれが成長した成犬）への声かけは、ある面で子どもの場合とは異なる。幼児に話すときは母音をことさら強調し、「ほら、**わ**ん**わ**んよ！」と大げさに言うが、犬にはそこまでしない。これは些細なことだけれど、私たち人間の、子どもと犬のとらえ方の違いを際立たせるポイントと言える。母音の強調は、教育的、つまり成長途中の人間に言葉を教えるための手段だと考えられる。対して犬に話しかけるとき、私たちは犬が言葉を操るようになるとは、ゆめゆめ思っていない。[*3] だから、犬の注意を引く、という赤ちゃん言葉の良い効果は使っているが、教育的効果は省略して考えているのだ。

一方、10歳以下の3男性（うち人は1名のみ）と暮らしていて気づいたのだが、犬を大切に思い、犬らしさも最大限尊重していながら、私には息子には言わないのに犬には使う言葉がある。私はフィネガンとアプトンには（後者にはとくに）日常的に「おいで！」と言っていると思うが、息子を急かすときは、「さぁ、のんびり屋さん。一緒に来ていただけませんか。もう行きますよ」と、多少もってまわった言い方をする。目を大きく見開き、甲高い声で「何これ？」と言うのも犬限定だし、おやつをあげる前に「自分のベッドに行って！」と言うのもそうだ。仮に「おすわり！」とどなったとしても、犬に対してであって息子にではない（犬にもなるべく言わないようにしている）。彼らのおしりの置き場所を指定するなんて、何様のつもり、と思ってしまうからだ）。息子が小さいころ、一度だけ犬に対するように「おりこうね《Good boy》」と言ってしまったことがあるが、それが最初で最後だ。[注2]

いったい何してるの。わけがわからないわ。
（女性から、ニオイを嗅いでばかりいる白と黒の犬に。10月22日）

*2　子犬が相手だとさらにそうなり、「対子犬発話」の効果は著しい。子犬は頭上を通り過ぎるほかのどの言葉よりも、高音に積極的に反応する。

*3　当然ながら、第2言語として英語を学ぶ外国人にも、私たちは母音を強調して話す。理由は、上から目線だからでもあり、教育的（だと思って）いるからでもある。

とはいえ、私はうちの犬にかなり頻繁に話しかけている。目を覚ますと、どちらかの脚を温めてくれている2頭が、その日初めて話しかける生きものとなる。「おふたりさん、今朝の調子はどう？」。どんな夢を見たのだろうと思うが、尋ねはしない。代わりにストレッチ中のフィンに、体をひと掻きできるようにこちらに寄ってもらう。フィンは前足の爪をシーツにひっかけ、後ろ脚も伸ばしているので、まるで飛んでいるかのように見える。アプトンには、散歩と朝ごはんのどちらを先にするか尋ねる。こうして犬に話しかける1日が始まる。

もちろん、返事は期待していない。返事をするかどうか気に留めることもない。すると思えば、違うことを言っているだろう。返事をされることのないように、あえて犬に語りかけないという文化もある。カリフォルニア州のユロック族は狩猟犬を大切にし、死んだら埋葬の儀式を執り行うほどだが、犬には名前を付けないし、話しかけない。動物に関する多数の論文があるジェームズ・サーペルは、「犬が返事をすると、自然の秩序が乱れ、厄災が起きると信じているからだ」と言う。返事が返ってきたら、犬と人間との大切な距離が崩れてしまうのだろう。

ひょっとして犬がとんでもない鼻声で、おそろしく賢い（あるいはバカな）発言をするなら、会話せずに済む方がいいのかもしれない。けれど、犬と一緒にいるのにひたすら黙っていると、私は落ち着かない。誰もがみな犬に話しかけるわけではないが、私は話しかけてしまう。もちろん、部屋や森の小道で犬と一緒にいるだけでも幸せだが、犬は話しかける価値のある相手だと思っているのだ。

さてと、やつに聞いてくれよ。あいつのものなんでね。
(知らんぷりを決めこむ犬の飼い主から、ポケットを嗅いでくるほかの犬に。6月7日)

飼い主から犬へのひとり語りにアンテナを張っていると、至る所でこうした語りかけを耳にすることがわかった。朝、通りを歩いていると、朝一番の尿意を処理するために、寝ぼけ眼の犬と飼い主がおぼつかない足取りで出てきて、1ブロックのあいだに会話をふたつみっつ聞かせてくれる。どうやら人が通りかかると、ひとりでうろついているわけではないと強調するために、飼い主が犬に話しかけ始めるようだ。ひとりだなんてとんでもない!ちゃんと連れがいるのはわかっているのに。

私は、こうして聞きかじった会話を書き留めるようになった。[*4] 女性がセーターを着せた2頭の小型犬を連れて歩いていると、1頭が工事現場の足場に後ろ脚を上げた。私は5歩行き過ぎてからバッグの一番上にあった未開封の封筒をひっぱり出し、彼女のセリフを書きつけた。

あなたが先なのね。Excellente《ステキ》!お上手よ!

1分もすれば、内容をまとめるのはおろか、彼女たち一行を思い出せるかどうかもあやしい。外国語まじり[注3]の熱烈な言葉でなければ、記憶に残らないだろう。言われた犬も言った女性自身も、あのセ

*4 Twitter:#ThingsPplSayToTheirDog で紹介している。

リフを気にも留めていない。意識しているのは私だけで、彼女たちはそのまま散歩を続けていく。件のセリフは足場の下の方で中途半端な残響と化し、朝の喧騒にまぎれてしまった。私は封筒をバッグに戻し、彼女を視線で追うと、2頭の小型犬と角を曲がって見えなくなった。

立ち聞きを何百回と書き留めるうちに、あるパターンが見えてきた。私が聞いた犬への語りかけは、複数のカテゴリーのいずれかに該当する。文法上の分類でもなければ、有意義な概念的分類でもなく、まごうことなき「対犬」カテゴリーのいずれかだ。セーター姿の犬の排尿をほめたたえた女性は、第1のカテゴリー、「**ママによる実況**」に属する。ママは犬をしかと観察し、何事も見逃さない。そして、それを言語化せずにはいられない。


あなたは覚えなきゃいけないことがたくさん！ たくさんあるのよ。

（道で女性からダックスフンドの子犬に）

きみ、今朝はやけに葉っぱが好きだね。

（女性が、露をなめている長毛の雑種犬に）

お友達ができたの？

（女性が、しっぽを振っている社交的な犬に）

よそのワンちゃんを見てうれしいのはわかるけど、私も腕が関節におさまってないと困るのよ。

（女性が、リードをぐいぐいひっぱるレトリーバーに）
あらやだ。好きねぇ。
（女性が、腰を動かしている犬に）
お嬢さん、あなたほんとにテストステロンがお好きね。
（女性が、フェンス越しにオスを見つめるメスに）
うちに着いたら好きなだけ座っていられるよ。
（女性が、座り込んで動かない犬に）
ワ《B》・ル《A》・イ《D》子。
（女性から、スペルにこだわるらしい犬に）
あなた、本当に鳩が好きじゃないのね。
（女性から、鳩にまるで無関心なビーグルに）

このカテゴリーにふさわしく、セリフの発信者の大半は女性だ。実際、私のメモでは女性の発信者が男性の6倍にのぼっている。路上でも、犬への語りかけに関する科学的な調査でも、女性の方が頻繁に、間髪入れず、しかも長く話しかける。言葉を何度も繰り返し、愛情を示す言葉も悪びれずに使う。でも、男性に「実況者」がいないわけではない。

良い子にしなさい！ 君は疲れるとたちが悪くなるね。

（男性が、手に負えなくなっている犬に）

おいおい、頼むよ。俺だってば。

（男性が、吠えたてる犬に）

お前さん、道の真ん中では立ち止まれないんだよ。

（男性が、ぐずぐずして動かない犬に）

わかった。聞こえてるって。もうすぐ。あとちょっと。ワクワクするねぇ。

（男性が、おやつが欲しくて遠吠えする犬に）

男女の別なく共通するのは、視覚中心の二足歩行の生きものが、リードの先にいる嗅覚中心の四つ足の生きものを理解することの難しさが、セリフに投影されていることだ。

おいおい。ただの電柱だよ。

（男性から、雨降る夜に嗅覚の悦びを細部まで堪能している犬に）

2頭におしりを嗅がれちゃって！ いいわねぇ。

（女性が、執拗におしりを嗅がれている薄茶色のラブラドールに）

何がそんなにおもしろいのか、さっぱりわからない。
（女性が、鼻を地面にすりつけているペキニーズに）

前述の「マダム Excellente」は、じつは別のカテゴリーにも属している。犬に語りかける「**応援団**」のメンバーで、このカテゴリーの人々は、とにかく犬を励まして持ち上げる。

上手に止まったね。みんな、ほんとにうまかったよ。
（ドッグウォーカー[注4]が、角を曲がるとき、連れの5頭に）
この先までは行ってちょうだい、ベイビー。
（女性が、エンスト中の大きなブルドッグに）
ほうら、ここまで来たんじゃないか。あと1段！
（階段を上がりきった男性から、上から2段目に寝そべる子犬に）
どんどん行くわよ、リーダー！ イェイ！
（小型犬と家を出発した女性）
どうぞ、彼の英知をよく嗅がせてもらいなさい。
（女性から、ほかの犬の白髪交じりの口元を嗅いでいる犬に）

新米の飼い主は、犬に「おすわり」、「待て」、「おいで」、さらに、私には理解しかねる理由で「転がれ《ロールオーバー》」を教え込むように言われるので、「**指示**」のカテゴリーがあるのも納得できる。「おすわり」や「待て」はよく聞くが、ほとんどの指示は完璧にありえないものだ。通常、犬にする指示から大きくはずれている。

オーケー、君たち。シェアしなさいよ。

（男性が、なめるようにとお皿を差し出しながら、2頭の犬に）

ピザはだめ！だめよ！

（女性から、道端に落ちている1切れのピザから目が離せないヨークシャー・テリアに）

行かないつもりなの？よし、行きましょう。

（女性から、あいまいな表現も理解できるらしい犬に）

やめて。あの子たちはあなたたちより大きいでしょう［舌打ち］。

（女性が、2頭の吠えたてるダックスフンドに）

きみたち、朝食前にコヨーテみたいにスキャットするのはやめて。

（女性が、歌わずにはいられない犬たちに）

ちょっと、オシッコしているだけじゃない。いえ、犬が、です。何でもありません。

（犬に説明する女性）

フェンスの端まで行けたらビスケットをあげる。寝転がってるならなしよ。

（女性が、フェンスの端までたどり着きそうにないウェルシュ・コーギー・ペンブロークに）

今はよして。帰りに嗅ぎましょう。

（女性が、歩道のある部分に執着する犬に）

ほら、遊んでおいで！ ちょっと、ぬかるみはだめ！

（女性がムダとは知りつつラブラドールに）

こら！ ほかの犬と遊びなさい。ほら！

（女性が、自分と遊ぼうとするプードルに）

おいで、やるべきことはやるの。

（女性が、縁石を前にした小型犬に）

あなたたち、足並みを揃えてくれないとだめよ。

（女性が、別方向に引っぱる2頭の犬に）

急いで！ 遅刻よ！

（女性が、ぴんときていない様子の犬に）

気をつけて気をつけて。まっすぐ前を見る！

（女性が、私に走り寄ろうとする茶色のラブラドールに）
こっちに行きましょ。草も木もゴミもないけど、わかる？ワンちゃんがいるかも！
（女性が、くねくね歩く子犬に）
ボールを取ってきて！ボールよ！ちょっと……わかった。私が行きますよ。
（女性が、ボールを回収しようとしないレトリーバーに）
お嬢さんたち、ちゃんとしましょう。
（女性が、一群のテリアに）
ちょっと、気を利かせなさい。
（女性が、排便中の犬を執拗に嗅ぐ犬に）
Allez!《行って》 クラレンスが向こうに行ってるの。Allez vous.《あなたも行って》
（女性が、柴犬に[注5]）
きみ、解決に協力したまえ。
（女性が、行儀の悪い犬に）
あなた、変なことしてるよね。やめて。
（女性が、小型犬4頭のうちの1頭に）
どんな気分か言ってちょうだい。便秘なの？

（女性が、悲しげな表情の犬に）

よせよ。うちにもっといいのがあるから。

（男性が、どうしてもテニスボールを探したがる犬に）

行儀良くしなさい。

（男性が、行儀良さそうな犬に）

信じがたい指示に、ありえない指示が加えられることもある。

おい、男らしくしろ《Be a man》。

（野球帽の男性が、ニオイを嗅がれているブルドッグに）

こうした指示は、ほかの会話では考えられないほど繰り返されることが多い。

はいはいはいはいはいはい。行って行って行って。

（女性が、縁石を嗅いでいる犬に）

やめて。やめなさい。やめやめやめやめっ！

（ボールを手にした女性が、ボールを欲しがって吠えるラブラドールに）

やっちゃえ！ やっちゃえやっちゃえやっちゃえやっちゃえ、イェイ！

（女性と犬とぬいぐるみ）

お手！ お手！

（高齢のホームレスの男性が、3本足の犬に）

ひとり語りという会話の性格上、私たちは犬があたかも答えてくれるかのように疑問形で話しかけ、返答を一拍待つ。犬は答えないが、私たちがそれで落ち込むことはまずない。これが「**永遠に未回答の質問**」というカテゴリーの特徴である。

私、まだおもしろい？

（女性が、興味の対象を移した子犬に）

え、うんちし直してるの？

（女性が、なかなか用を足し終わらない犬に）

新しいおもちゃをもらったの？ 新しいおもちゃをもらったの？ **新しいおもちゃをもらったの？**

（女性が、おもちゃを口にして待っている犬に）

ベイビー、お名前は何ですか?
(女性が、スパイクという犬に)
こっちなの? こっちはどう? 本当にあれ? 本当?
(ハチの巣の近くで訓練士が犬に)
公園に行く? それとも僕だけ?
(男性が、耳の長い悲しげな目をした犬に)
あなたたち読書会に参加したいの?
(女性が、ドッグランにいる犬たちに)
あの子が嗅いでいると、どうしていつもそうするんだよ?
(男性が、東に行きたがる犬ともう1頭の地面を嗅いでいる犬に)
ハイ! あなた投票した?
(女性が、投票所の外でうれしそうにしている犬に)

未回答の質問群の背景にあるのは、一緒に暮らしていて、お互いの裸まで見て、何もかも知り尽くしているのだから、答えなど聞くまでもない、という感覚である。だから、飼い主は必ず「前にも言ったでしょう」という態度をとり、犬をそれとなくフルネームで呼び、どうするべきかわからないふりをしている、とあきれ顔をしてみせるのだ。

もう行かなくちゃならないのよ、わかってるでしょ。
（女性が、雪の中で走り回っている犬に）
マジ？
（女性が、延々とオシッコをしている犬に）
言っただろ。道端で見つけたものは食べちゃだめ。
（男性が、食べものを捜索中の犬に）
どうやって協力するか覚えてる？ 良い子ね。
（女性が、無反応な犬に）
こら！ やめなさい（小声で）昨日言ったでしょ。
（女性が、突進をやめない犬に）

‡　‡　‡

飼い主が犬に話しかけるタイミングは、彼らが半ブロック先にいても不思議とわかるようになったのに、私はその注意力を何か月も自分に向けていなかった。そんなある日、自分が無意識のうちに、屈託なく犬に話しかけている言葉が耳に飛び込んできた。すぐに、毎日どころか日に何度も自分が犬に話しかけていることが判明する。私も典型的な「語りかける飼い主」であり、しかも、その内容がひとつのカテゴリーに収まらないのだ。

　ここにずっと住んでる人かな。おかしいね。（エレベーターに乗り込んだら先客がいて、うちの2頭がその人のニオイを嗅ごうとしたときの私）……と、この子たちが思ってるかな……と思いまして。（相手の男性への釈明）

　犬への話し方は、近くに人がいると変わる。私が耳にする語りかけは立ち聞きなので、私に聞かせるためのものではない。でも、人前で犬に話しかける行為は社会の潤滑油になり、会話のきっかけにもなる。犬に投げかけられた「**お名前は？**」という質問に返事がくることは決してないが、飼い主が義理堅く答えてくれる。[*5] 犬は私たち人間の振る舞

＊5　飼い主同士のつきあいは、お互いの犬への話しかけで始まり、自己紹介もないまま進展する。私にも、子犬のころから知っていて、会えば耳元をかいてあげる犬がいる。でも、この子を連れている顔なじみの人の名前を私が知ったのは、何年もたってからである（そして案の定、すぐにその名を忘れた）。

いを反映するだけでなく、社会の橋渡しもしているのだ。

フィネガンは、たいていどんな人にも愛想よくしっぽを振ってあいさつするので、路上で人が近づいてきても、私は気後れせずに済む。相手も私も、互いではなく犬に話しかけることで、気詰まりな居心地の悪さをごまかしていられる。「こんにちは！　お散歩日和ね！」。このように、犬へのあいさつには「！」が付くことが多いが、見ず知らずの人がニューヨーカーにこれをすると、心底イラっとされやすい。ニューヨークでこんな風に数百万人がひしめきあって暮らしていられるのも、互いに見えないふりをしているからこそ、という側面があるのだ。けれども「！」が臆面なく犬に向けられると、その仮定に風穴が開く。犬に対する称賛の共有が、お互いの存在を認識させてくれるのだ。「ほんとにツヤツヤしてるのね！」とフィネガン（私？）はよく言われる。そこで私はこう返す。「どうも。毎日のようにきれいにしてるものね。でしょ、フィン？」。

ドッグランの「新参者」は、古参の犬たちの鼻と、その飼い主たちの注目、という洗礼を受ける。「あなた、だあれ？　なんてかわいいんでしょ。あら、跳びまわるタイプなのね」。犬を眺めながら声をかけていた「常連」たちは、会話の最後でやっと顔を飼い主に向ける。人間同士の会話も、犬への言葉で締めくくられる。「じゃあね、マックス。また明日、おチビさん」。人と人をつなぐ言葉として、犬やそのクセ、欠点の話は、天気の話題よりはるかにいい。よだれまみれではあるけれど。

きみ、きみきみきみきみきみ。

(女性が、見事なぶち犬に。11月11日)

犬への語りかけでつながるのは、他人同士だけではない。私たちは家族(人の家族)にも犬を介して話しかける。西アフリカのバリバ族のコミュニティでは、他人の行いに対する返礼として犬を名付け、話しかけていたのを思い出してほしい。アメリカの言語学者は、パートナーの代わりに犬に向けられる言葉にも、同様のものを認めている。言語学者デボラ・タネンが夫婦ゲンカを観察していると、「男性がいきなりペットの犬に向き直り、高音域の赤ちゃん言葉で言った。〝ママは今夜、すごおく意地悪なんだよ。ここに座って僕を守ってちょうだい〟」。この場合、犬は会話を成立させているだけで、本当に話しかけられているわけではない。

あなた、ちょっと出しゃばりすぎだと思うわ。

(女性が、ひげの見事な飼い犬に。8月5日)

私たちがしゃべり続けているあいだ、犬は黙っている。これを、聞いてくれるが口答えはしない、というコミュニケーションのあり方を巡る「人間の妄想」の表れだ、とする学者もいる。もう少し寛大に言えば、私たちは人間社会の絶え間ない言語生活のなかにあって、犬でひと息つかせてもらっているのだ。それなのに、私たちはすぐに犬の台本まで埋め始める。「私たちがペットの沈黙を歓迎するのは、自分でセリフが作れるからです」と、動物に関する著書があるエリカ・ファッジは言う。ビクトリア朝時代のイギリスの飼い主は、この作業に真摯に取り組み、ショードッグや迷い犬、老犬、逃亡犬の自叙伝を作った。その中身は人間の自叙伝と驚くほど一致し、生い立ちに子犬時代、心躍る出来事や災難、晩年ならではの知恵がこと細かに書かれている。ルイというコリーは、「〝犬に死の何がわかるものか〟と言う人間がいるけれど、そんな輩が想像しているより、よほど死について知っているさ」と述懐する。19世紀の犬は、医者に手紙も書いていたようだ。

「今朝は本当に気分がすぐれないのです……母には知らせないとお約束ください。昨晩夕食を出してもらい、それはおいしく食べたのです……それがこの不調の原因、ということはありえるのでしょうか……感謝に堪えない患者より」

詩作もする。

「ひとり歩きは厭わしい
目がいやに霞む
私は耳も遠くなり
蠅にうち負かされそうなこの弱さ

足どりさえもおぼつかぬ」

さらに犬は、できたばかりのドッグショーの「悪事」や「動物虐待」の告発者でもあった。

インスタグラムに登場する犬は、現代の自叙伝作家だ。飼い主がその思いのたけを、言葉に負けじと画像で表現する。ストライプのパジャマ姿で、ふかふかの枕と届いたばかりの新聞、クロワッサンのお皿と並んでベッドに鎮座するフレンチ・ブルドッグは、「最高のパジャマ・パーティー」というキャプションに、その演出意図が込められている。飼い主が犬の本当の気持ちなどまるで気にしていないのは、前脚のあいだに置かれたおすすめのボトル入り飲料（480ccで8ドル。メーカーのリンクあり）を見れば明らかだ。インスタ犬は服のモデルを務め、洗剤から首輪まで何でも宣伝し、数万のフォロワー数を誇る犬ともなれば、代理人が付いていることも珍しくない。インスタグラムの言葉は、犬に向けられたものというよりは、犬の装飾語か、犬の自然な会話を装ったまったく別のものだ。犬が考えていると思しきことを人間が代弁し、自分は黙っている。こうした、人間が会話に参加しない「ある種の腹話術」も、犬に会話させたいという衝動の表れである。

私たちも時に似たようなことをしている。人同士の相互作用は、たいてい何かしらの、主に言葉によるコミュニケーションを伴う。[*6] でも、相手が生後4か月であるとか、アルツハイマー病を患っているとか、単にほかのことで忙しいなど、話せないときもある。そうした場合、私たちは相手の代わりになって話す。さらに、社会学者によると、権力や権威を持つ人は、その保護下にある人の話を、「場にふさわしい」意味に解釈しがちだという。たとえば、親は子どもの代わりを務め（幼児がほかの子の大切なおもちゃを奪おうとすると、母親が〝使わせてもらいたいみたいなの〟と説明する）、経営者は社員になり代わって発言する（〝つまり、こういうことかね〟）。犬はどちらの場合にもうってつけの対象だ。私たちは、犬の気持ちや経験を解釈し、問いかけの後の空白を代弁で埋める。動物病院で犬が寝そべったら、「ほんとに疲れちゃった。ここに寝転がろうっと」。検査の前なら、「これ、ちっとも好きになれないんだよ」。周囲を見回して「ふうむ、僕じゃないニオイがするぞ」。私たちは犬に代わって頼みごとをし、その気分や要望、恐怖を他人に伝える。いずれの場合も中心、主役は犬で、私たちはその考えを知りたいだけだ。犬の気持ちを代弁するとき、私たちは少なくともその視点を想像しようとしている。そうやって、犬に想像力に富んだ視点を与えているのだ。

考えるだけムダよ
（女性が、思案している犬に）

私たちの犬への語りかけは、いわゆる大人の会話ではなく、子どもに対するそれとも微妙に違い、返事も期待していない。だとしたら、私たちはいったい誰に話しかけているのだろう。私は、自分に、言葉を解する内なる子どもに、だと思う。人に知らせるまでもない発言や、頭の中で交わしていた会話がこぼれ出た感じがするからだ。この独白は取るに足りないものなどではなく、問題解決に貢献し(問題のプロセスをつぶやくと解決が早くなる)、言語習得に欠かせないステップでもある。心理学者レフ・ヴィゴツキーは、子どもの発達理論をまとめたが、子どもには、周囲の人間との会話(社会的会話)を、自らの頭の中の会話に内面化させる段階がある、と言っている。この「内的会話」のおかげで、子どもは言語を使ってものを考え、自分の行動を検討できるようになる。私たちは、年を重ねてもこの自分との対話を続けている。構文の体をなさず、いかにも頭の中で考えている感じのメモ的な走り書きで、まわりの人たちに話しかけるときとは違う。言わば、いかにも頭の中に犬がいて、話しかけているような感じなのである。

言うまでもなく犬は私たちの関心事で、期待を寄せて心配もすれば、大事にも思っている。だからこそ、犬を見つめながら、自分の考えを一緒にいる犬の心情として吐露する。もちろん、頭の中でそうするのが大半で、犬への語りかけは、思わず口に出してしまう人もいる、ということでしかない。

ここにおしりを置いておいてちょうだい、太陽《サンシャイン》さん。

＊6　とはいえ、非言語の場合もある。頷くだけのあいさつ、ドアを押さえてもらったことに対するほほ笑み、地下鉄で近くに愛情表現過多なカップルがいると、他人と顔を見合わせ、互いに眉を上げてしまうこと、など。

（女性が、明るい《サンシャイン》毛色のパグに）

私はもう何年も、人が犬に話しかけていると聞き耳をたて、自分がうちの犬に話しかける言葉も聞いてきた。自分と犬だけになると、私はときどきおしゃべりが止まらなくなる。私たちが犬に伝えたがるのは、犬には望むべくもない、理解力を要するたわごとばかりだ。でも、それを聞けば聞くほど私は温かな気持ちになる。作家ドナルド・マッケイグは、有名なスコットランドの牧羊犬トレーナーについて書いている。犬に話しかけるべきかと尋ねられたとき、そのトレーナーはこう答えた。「もちろん犬のマダムには話しかけてやるべきです。ただし、意味のある話をしなくてはなりませんよ」。私は逆に、くだらない話でかまわないから、犬に話しかけるのは最高に楽しい、と思う。もっとも、私たちは犬も冗談を共有している気になっている。そして、反応しないとわかっていながら、犬を話に巻き込む。

私たち（北米での調査によると、飼い主の3分の2）が犬に日々かける言葉のひとつは、「大好きよ《I love you》」だそうである。言葉の中身にかかわらず、私たちの声色そのものが、愛情を物語る。語りかけて、こちらにぐっと近づいてもらいたいのだ。犬は私たちの心のうちを、誰にも言わない思いを、聞いている。

もう、おわかりですね。道で私とすれ違ったら、あなたと犬の会話に私が聞き耳をたてている可能性があります。夜の散歩中や動物病院の待ち時間に犬と話しているとき、立ち聞きしている人間がいることをお忘れなく。

でも、お願いです。だからといって犬に話しかけるのをやめないでください。

犬と話しているとき、あなたはこの上なく人間味があります。

しかも、とてもしっくりきていますよ。

(犬から、あなたに)

注1　**ジェームズ・アール・ジョーンズ**　アメリカの俳優、声優。映画『スター・ウォーズ』シリーズで、ダース・ベイダーの声を担当したことで知られる。

注2　**Good boy**　軽蔑的な意味が含まれることがあるので、人間にはあまり使わない。

注3　**外国語まじり**　excellente はフランス語。

注4　**ドッグウォーカー**　飼い主が忙しいときに、代わりに犬の散歩や食事の世話をしてくれる人。アメリカの都市部などでは一般的な存在。

注5　**Allez! ～柴犬に**　アメリカに住むこの女性は、日本原産の柴犬にフランス語で話しかけているわけだ。

5章 犬種を巡る問題

「堂々たる体躯に、哀愁ただよう表情。直方体の形をした、やさしく忠実で、愛情豊かな犬。賢く自立心に富む思想家で、作業においては意志の強さと高い目的意識を発揮する。威厳のある犬」

（クランバー・スパニエルのスタンダード[注1]）

犬を1頭、思い描いてみてほしい。おそらく、あなたはある特定の犬種か、それに似た姿を思い描くだろう。人は特定の犬種に親近感を抱き、多くは幼いころに飼っていた犬種を愛する。そして、そのある犬種が持つ独特の表情やわんぱくさ、威厳、人間っぽさ、思いも寄らないところに惹かれるものだ。私たちが「これが犬だ」と認識するもの、つまり犬の理想像は、人間の選択的な繁殖の結果である。犬という同一の「種」なのに、犬種によって大きさや能力、性質が驚くほど違うのは、私たちの遠い祖先が犬を役割で分類し、近年ではブリーダーの視点から犬を多様化させてきたからだ。

道で犬に出会うと、私たちはアマチュア血統学者になって、飼い主にこう尋ねる。「お宅の犬の種類は?」。これはよくある質問なので、飼い主の方も受け答えには慣れている。純血種やデザイナー・ドッグならば犬種名を伝え、その由来やブリーダーの話をするかもしれない。雑種の場合は、少しばかり創造性を発揮するチャンスになる。魅力たっぷりのしっぽ、短い脚に大きな頭、愛嬌ある笑顔が、どんな犬種のコンビネーションによるものかを考えつく能力は、経験豊かな犬派が獲得した、ある種の技能と言えよう。勝手に犬種を作ってしまうこともある。近所に同じような犬がやたらといる上に、このタイプの犬の評判を高めたいとの悪あがきもあり、私の夫はピット・ブル系のゾーイを、「ブルックリン・ショートヘア」と呼んでいた。コスタリカのある保護施設では、譲渡率を上げようと、犬種名の持つご威光にすがりつつ1頭1頭の個性を活かし、雑種の子犬に「バニーテイルド《うさぎのしっぽの》・スコティッシュ・シェップテリア[注2]」、「フレックルド《そばかす》・テリアワワ[注3]」、「ファイヤーテイルド《しっぽが赤毛の》・ボーダー・コッカー」といったオリジナルの犬種名を付け始めた。

シェルターや譲渡施設では、長年、あやしいと承知の上で犬種の見当を付けてきた。わが家に来た3頭もその例にもれず、フィネガンとパンパーニッケルはおなじみの「ラブラドールミックス」、アプトンはプロット・ハウンドとグレート・デーンの雑種とされていた。いずれも明らかに間違いで、犬に経歴、過去を与えるよすがでしかない。

愛犬の種類が知りたいと思うあまり、近年、飼い主はこれまでにない行動に出ている。犬を迎え入れたことによる、想定外の日常の変化（オシッコをさせるために真夜中に起きる、繁みに分け入ってよだれにまみれたお気に入りのテニスボールを喜んで探してやる、理想的なトイレシートに関して驚くべき知識量を蓄える）のなかに、綿棒を犬の歯茎と頬の裏にこすりつけて唾液を採取する、というのが加わったのだ。いや、あなたも予備軍だ。きっとやることになる。[注4] そもそも、私たちを毛むくじゃらのしっぽや、オシッコや、よだれいっぱいの場所に連れてきた、犬の特徴のひとつである犬種というものを通して、あなたは「自分の犬がどんな犬であるのか」というストーリーに執着しているのだから。

成長著しい「遺伝子検査」という一大ビジネスが、あなたのその衝動をくすぐってくる。飼っているのが純血種だろうと雑種だろうと、疑り深い飼い主が唾液を染み込ませたその綿棒を送れば、犬の血統調査会社はこう言ってくる。「これで犬に対する理解とケアが、これまでとは一変します」。こうのたまう企業もある。「その犬の祖先がわかれば、おたくの犬のニーズに合わせた独自の健康プログラムが作成できます」。

となると、検査に手を出す人が増える可能性が出てくる。けれど、こうした犬の祖先調査が提起する問題が取り上げられることは、まずない。遺伝子検査の結果は、私たちにいったい何を教えてくれるのだろうか。

犬を、犬種という切り口で理解しようとすることには、限界がある。それでは狭い範囲の理解しか得られないし、ときに危険でもある。物事を類型的にとらえる考え方の流行が、現在の犬の繁殖に深刻な影響を及ぼしているのは確かだ。ある特定の犬種が悪いのではない。犬全体がその被害者であり、ある意味ではブリーダーもそこに含まれる。

犬に関して言えば、問題は、このまま続けさせるわけにはいかない、異常な変異がもてはやされている、ということだ。限定された「スタンダード」という規格に合うように犬を繁殖させ、とんでもないサンプルを作り出した結果、医学的に危険な問題がいくつも生じている。自然淘汰はやがて人為淘汰（家畜化）に取って代わられたが、さらに今では嘆かわしい見当違いの淘汰、つまり、「閉鎖的な遺伝子プールから、どの犬を繁殖させるかを人間が決定する」事態にまで陥った。繁殖の世界において、何がそんな淘汰を引き起こしているのか。それは、ドッグショーで最高賞のトロフィーを手渡す審査員。彼らがこの淘汰の原動力なのだ。

‡ ‡ ‡

「強健ながらエレガントで、きびきびとした追跡犬。ムダのない体形、脚、筋肉の発達、腰のライン。か弱くはなく、気品と優雅さを兼ね備える。気高く、どことなく超然としたたたずまい。黒い目は穏やかで憂いを帯びている」

（スルーギのスタンダード）

9月のある暖かい日、私はニューヨーク中心部のランチタイムの喧騒に足を踏み入れた。携帯電話で話しつつ、回転ドアから歩道に繰り出す会社員、かたまって足早に行くスーツ姿の銀行員、片手に携帯電話、もう片方の手にサンドイッチを持って歩く人たち。私はマディソン街の地味なオフィスビルに入り、エレベーターに乗り込む。4階で扉が開くと、そこは背の低い柱が並ぶ絨毯敷きの大理石のロビー。柱のひとつひとつに、さまざまな犬種の小さな像が鎮座している。片隅には、アメリカ国旗がプリントされた等身大のジャーマン・シェパード。通路を曲がると、100本はあろうかという杖の握り手の部分についた小さな犬の頭部が、ごほうびか、なでてもらうのを待っているように、のぞき込んでくる。

ある一室にたどり着く。至る所に犬がいるが、聞こえてくるのは空調と、定期的なスライド式本棚のレール音、4階下から届くクラクションの音だけだ。ニオイを嗅いでいる様子のバセット・ハウンドの小像に触れ、油絵に描かれた憂い顔のセターと、警戒心の強そうなスムース・フォックス・テリアに目を合わせてから、1888年に亡くなった、フォックス・テリアの先祖と言われるベルグレイヴ・ジョーと対面する。しっぽをカギ型に固定された彼の骨格標本が、ガラスケースに収められている。私はアメリカンケネルクラブ（AKC）の資料室に到着したのだ。

この資料室には、犬に関心のある人なら、どこを向いてもあっと驚くような本や雑誌ばかりが並んでいる。『ドッグ・ワールド』、『ザ・ドッグ・ファンシアー（愛犬家）』、『ドッグ・ダム（犬の王国）』、

『ケネル・ワールド（犬舎の世界）』、『ケネル・レビュー』、『ウェスタン・ケネル・ワールド』、『ドッグ・クラフト』、『ポピュラー・ドッグス（人気の犬）』、『ドッグ・ニュース』などなど。『季刊ドーベルマン』、『ブルドッガー』、『デーン・ワールド』、『プーリー・ニュース』、『ボストン・バークス　ボストン・テリア特集』。『ザ・バーカー　シャーペイ特集』の隣に、『雑誌シュナウザー』や『スプリンガー・バーク』の製本版が、本物の犬同士ならどう振る舞うかに関係なく、行儀よく平和におすわりしている。つられて腰をおろした私の前に、過去30年分のＡＫＣの血統台帳があった。

クラブ創設と同時に、この血統台帳は、所属する犬の優越性を保証する大切な本となった。登録された純血種の犬は1頭残らず（21世紀を迎えた時点で、全米で５０００万頭以上）、指数関数的に拡大する系図によって、犬種別の血統が示されている。この台帳は、すぐに「閉鎖性」を帯びていく。つまり、純血種から生まれた犬だけをメンバーにすることが、主な特徴だからだ。こうして各犬種は、文字どおり会員限定のクラブと化した。過去と現在の会員の子孫以外の新規の犬は受け入れない。初期には、ブルドッグらしさを薄めるためにテリアと交配させる、といった多少の異種交配《クロスブリード》が認められていた。初期のアメリカのドッグショーには、「異種交配《クロスブリード》」したセターも、公式カテゴリーで出場していた。それがやがて、会員になるには、その犬種の始祖となった犬の子孫であることが条件になった。つまり、両親、祖父母、曾祖父母までが、始祖犬の血を引いている必要があるのだ。となると、方法はただひとつ。近親交配《インブリード》か、閉鎖的な遺伝子プールのなかで交配させるしかない。

家禽、家畜と同じように、純血種の犬も固定された特徴を持つことが良しとされるようになった。それまでも、まったく無計画に交配していたわけではない。少なくとも作業犬の飼い主は、酪農家が良質な肉を大量に生み出す家畜を求めるように、たまたま出会った優秀な犬と交配させようとしてきた。「広大な領地を持つ紳士は、フォックスハウンドを何頭も飼っているものだった。よその狩猟グループに良い犬を連れている人を見かけたら、『うちにもうすぐ発情期を迎えるメスがいるんだが、君のところの立派な犬と、つがわせてもらえないだろうか』と持ちかけた」。そう、スティーブン・ザウィストウスキーは言っていた。彼は、アメリカ動物虐待防止協会（ASPCA）のサイエンス・アドバイザーを長年務めた応用動物行動学者で、犬の行動と飼育の歴史について幅広く執筆してきた。フォックスハウンドは鋭い嗅覚と集中力、持久力を備え（週に160㎞走る必要があった）、吠え声も良いと高く評価されていたので、みなその血統を残すべく交配相手を探していたのだ。優秀な犬同士をつがわせた記録も残っている。とはいえ、そうした繁殖は場当たり的で、完全に管理されているわけではなく（子犬が生まれるのは、犬が犬らしく行動した賜物である）、飼育者の目的に沿った相手でありさえすればよかった。必ずしも血統の良い犬同士というわけではなく、フォックスハウンドでなくてもいいことさえあった。活躍の場が異なるほかの犬種とつがわせれば、子犬には新たな特徴が備わる、とザウィストウスキーは言う。「ケンタッキー州でクーンハウンドとビーグルを繁殖させている人が、飼っているビーグルの足を強くしたい（より速くウサギを追えるようにしたい）と思えば、クーンハウンドと交配させた後で、ビーグルとの交配に戻すだろう」。ブロンウェン・ディッキーは著書『ピット・ブル　アメリカの象徴を巡る争い』で、19世紀に闘犬や害獣駆除に使われたブルドッグは、作業にふさわしい敏捷性を身につけるため、テリアとかけ合わされることもあった、と記している。

こんなおおらかな姿勢も、純血種の繁殖、というかけ声の登場で一変する。繁殖の目的は、その犬の役割をより良く果たせるようにすることではなく、最高の姿形にある。つまり、現在の姿形により磨きをかけ、この上なく美しい純血種に見せることに力点が置かれるようになったのだ。何をもって「最高の姿形」とするかは、見てわかることもあるが、気まぐれな場合も多い。役割より形を優先させた犬種は、いったい何のためになるのだろうか。チワワ愛好家のクララ・L・デービスは、1927年のAKC会誌にこう投稿している。「くだらない質問だわ。美しいことに目的なんてあります?」。

‡　‡　‡

「ちょうど良い大きさの魅力ある犬。粗野なところのない存在感」

（ウェルシュ・スプリンガー・スパニエルのスタンダード）

純血種の繁殖は、19世紀末のヴィクトリア朝イギリスで始まり、ものすごい勢いで拡大した。あなたのジャーマン・シェパードがAKC登録の純血種であれば、その起源は1889年にマックス・フォン・ステファニッツ氏の目に宿ったきらめきにまで遡る。ただの牧羊犬を完璧なものにしようと、彼が白羽の矢を立てたのが、ホラント・フォン・グラフラス（元の名をヘクトール・リンクスライン）という高貴な名前の犬だった。ホラントこそジャーマン・シェパード第1号である。フォン・ステファニッツの説明には、繁殖させた犬への賞賛の念が表れている。ホラントは「ラインが美しく」、「非の打ちどころのないたくましい体形をし」「精力的」だった。加えて、「生への尽きせぬ熱意に満ちた、紳士の実直さ」があった。太陽の下で撮ったホラントの写真には、きりりとたくましく、ふさふさとしたしっぽをナチュラルにたらした壮健な姿が写っている。ややみすぼらしい感じはするものの、体長は長すぎず背中もまっすぐで、ジャーマン・シェパードだとわかるが、現在のドッグショーで最高賞は取れそうにない。

純血種の繁殖が流行ったのは、当時初めて開催されたドッグショーのおかげだ。まずは、ロンドン動物園でスパニエルだけの展示会が、続いて1859年にポインターとセターの正式なドッグショーが、ニューカッスル・アポン・タインで開催された。後者は家禽ショーに便乗したもので、なるほど、ドッグショーは歴史の古い家畜ショーをお手本にしていたのがわかる。貴族階級にとって、家畜の繁殖は、最も良い家畜の血統を生み出す手段だった。血統にこだわった馬の繁殖は、その1世紀前から始まっている。

先ほどのニューカッスルで優勝したポインターは、「ダービー卿所有ドーラの子バング」と呼ばれていた。セターは、ダンディーというゴードン・セターが勝利した。セターの優勝者がポインターの審査員の飼い犬で、ポインターの優勝者がセターの審査員の飼い犬だったのは、偶然ではないだろう。いずれの犬も、スポンサーであるW・R・ペイプ社製の「その名も高き二連銃」を授与されている。

黎明期のブリーダーには一目で美がわかったのかもしれないが、当初はどの犬が「最高」なのか、とにかくあいまいだった。あるスポーツ記者は、「採点方法がまったくもって恣意的なことが多い」と書いている。ある犬種では評価されるところが、別の犬種では欠点となった。そこで、ドッグショーの勝者を決めるだけでなく、ショーの出場犬を、美しさで劣る一般の犬と区別するためにも、犬種クラブは「スタンダード」を作り始めた。歴史家のハリエット・リトボは、「名前あるところに犬種あり、犬種あるところにスタンダードあり」と記している。かつて、雄牛いじめ（犬に雄牛を追いかけたり咬みつかせたりして、牛の肉をやわらかくする〝スポーツ〟）に使われていたブルドッグは、その変容の元となったスタンダードによって評判を取り戻していく。1892年のスタンダードには、「表情から意志、強さ、活発さが伝わってくる」とある。突き出た大きな下顎、「著しく大きな」頭、「この上なくつぶれた」顔、皮膚には「深くびっしりとしわが寄り」、繁殖マニアが「見事なブロークンアップ・フェイス」と称するものが好まれる酷いありさまで、頭骸は「大きければ大きいほど良い」とされた。「広く厚みのある傾斜した」肩で、広い胸部とたっぷりした胸の肉を支えるが、あまりの肩幅の広さに犬が動けなくなるほどだった。クラブでは「こうした奇形が有用かどうか」ではなく、「色素の薄い〝ダドリー・ノーズ〟[注5]が認められるべきか否か」が議論されている（結論はノーだ）。コリーは毛むくじゃらの牧羊犬から、つややかな長毛と過度に長い鼻を持つ美形の映画スターへと変貌した。ドッグショーの批評家は、「コリーは顔が長すぎて脳が収まる場所がほとんどない」とコメントしている。

スタンダードには、犬の大きさが記されていることが多いが、理想体重だけでなく、細部の長さも盛り込まれている。サセックス・スパニエルの鼻は7・5〜8・9㎝、ゴードン・セターは「目頭から鼻の先端まで」が10〜11・4㎝とされている。初期のドッグショーの結果を記した文献に、ベルモントというゴードン・セターのチャンピオンの写真が添えられている。そこには、ゴードン・セター・クラブ創設者で、ベルモントを繁殖したハリー・マルコムの経歴も載っている。彼が定めた最初のスタンダードには、目は「活発さにあふれ」、「イタリアミツバチの卵巣のような」色をしているべき、とある。ベルモントの白黒写真では、目がミツバチの卵巣の色をしているかはわかりかねるが、すらりとして自信に満ち、何かを心待ちにしているように眉を上げている。マルコムの写真のキャプションには、ベルモントは「屈強で活発、持久力に優れる」とある。飼い主、犬ともに鼻のあたりに剛そうな毛をたくわえている。

多くのスタンダードでは、体形の特徴として「均整」が強く望まれ、[*1]なかには厳密な比率を求めているものもある。クランバー・スパニエルの体長は体高の2・5倍、イングリッシュ・コッカー・スパニエルは「鼻先から尾の付け根まで」が肩の高さの2倍、マスティフは胴回りが肩の高さの1・3倍、頭の幅は奥行きのちょうど3分の2とされる。イギリスのパグのスタンダードは、「multum《ムルトゥム》 in《イン》 parvo《パルヴォ》（小さくても中身は充実）」[注6]、小さな方形のマズルに丸い頭、脚はまっすぐで強靭、体はずんぐりしている、と断定している。毛はつややかで長く、深いしわが寄り、しっぽは「二重巻きなら完璧」。『1889年の犬のファッション』と題された風刺画には、ヴィクトリア朝イギリスの長いスカートにスカーフを巻いた女性が、爬虫類のようなダックスフンドと地を這うテリアらしき犬、頭が巨大で受け口のブルドッグ、しっぽがとぐろを巻いたパグ、ライオンを思わせる巨大なアイリッシュ・ウルフハウンドを連れた姿で描かれている。風刺はさておき、この絵の犬のなかには、現在の犬種クラブでも優良メンバーとして通りそうなものがいる。

ドッグショーはあっという間に普及し、数年で国際大会や、1000頭もの犬が参加するショーが開かれるようになった。その結果、無理な繁殖や犬を見せびらかす行為が「愛犬」、そういうことをする飼い主が「愛好家」となっていく。競争の激化や賞金の登場で、飼い主は犬の毛を染め、耳やしっぽをハサミで「正しく」整え、ライバルに毒を盛る、といった行為に手を出し始めた。そこで1873年、不正対策としてロンドンに正式なケネルクラブが設立される。リトボの引用では、純血種とその飼い主の確認方法を確立し、「栄冠のために繁殖し、金銭などまったく意に介さない」層を庶民と区別するのが目的だった。時をおかず、1884年にはフィラデルフィアでAKCが設立されている。[*2] その構成や規約、細則には、会員制（登録名と血統の正統性が必要）を前提とし、特定の競技クラスへの参加が義務で、「疥癬」の犬は完全に排除すると明記されている。

初期の愛好家が扱ったのは、「スポーティング」（野外を走り、獲物の回収作業に従事する）タイプで、誉れ高き血統の数犬種、セター、スパニエル、ポインター、レトリーバーのみだった。すぐにバセット・ハウンド、ブラッドハウンド、ディアハウンド、ダックスフンド、フォックスハウンド、グレーハウンドといった獣猟犬、10年も経たずにブルドッグやパグ、グレート・デーン、マスティフの仲間、ベドリントン・テリア、アイリッシュ・テリア、スカイ・テリア、ヨークシャー・テリアのテリア類が加わった。1900年までにはさらに30種近くが（とくにテリアは変わり種が増殖）、今やおなじみのチワワ、ダルメシアン、チャウ・チャウ、プードルと一緒に仲間入りしている。

19世紀半ばには1頭もいなかった血統書付きの犬は、今やAKC公認で200種近く、全世界では

＊1　ただし、アイリッシュ・ウォーター・スパニエルは、「この犬はあまり均整がとれていない」と、例外扱いに甘んじている。
＊2　アメリカはドッグショーの開催でイギリスにはるかに遅れたことになっているが、偉大な興行師フィニアス・テイラー・バーナムが、1862年5月にドッグショーを行った証拠を私は発見した。それは「調教犬のコンテスト」で「40種以上の選び抜かれた400頭」が出場した。イギリスのケネルクラブのドッグショー「クラフツ」は、19世紀末、バーナムのショーにならって始まっている。

350種近くにまで増加した。AKCには定期的に新犬種が加わり、登録や血統の認定が済んでいない犬種もシーズンごとに数多く誕生している。プードルの血を引くゴールデン・マウンテンバードゥードルといった様々な〇〇ードル、特大サイズのアメリカン・ピット・ブル・テリア（以後ピット・ブルと表記）、キャバリア・キング・チャールズ・スパニエルを、ビション・フリーゼやプードルと掛け合わせたキャバションやキャバプーなどだ。[*3] 思いきってキャバプーをオンラインで購入すると、「おくすり」セットと特注の首輪、「子犬用特製おしゃぶり」と一緒に届けられる。

野生の王国から引っぱり出されて家畜にされ、寛容にも人間に協力したばかりに、取り返しがつかないほど変えられてしまった犬たちは、こうして第2の氷河期を迎える。この1世紀半で、犬は動物から見せ物になったのだ。犬を飼うかどうかという問題が、いつのまにかどの犬種にするかにすり替わった。犬種はステータスシンボルに、そして飼い主が細やかな神経の持ち主か、威厳があるかを示すものになった。ニューヨークの人気犬種には、各地区の住人が他人にどう見られたがっているか、が反映されている。ピット・ブルがどこで人気かおわかりだろうか。名高きメトロポリタン美術館、信じがたく清潔な歩道、年間保育費3万2000ドルの名門幼稚園で知られるアッパー・イーストサイドではない。このところの高級住宅地化で、社会・経済的混合に拍車がかかった中心地、ブルックリンのベドフォード=スタイブサントで好まれるのだ。アッパー・イーストサイドで人気のシー・ズーは、その犬種クラブによると、「きわめて貴重な伴侶にして、中国の宮廷で飼われていた高貴な祖先の名に恥じず、非常に気位の高い態度をとる」とされている。よりリベラルなアッパー・ウェストサイドで好まれるのは、よだれは多いが愛すべきラブラドール・レトリーバー（「気どりのない振る舞いと個性、鈍さを感じさせない存在感」）だ。*4

この1世紀半でさらに変化が進んだのは、犬が家庭で崇めたてまつられる存在になっただけでなく、奇形はかわいい、むしろ望ましいと正常視するようになったことだ。繁殖が後者を招き、前者についても関知はしていた。高潔で立派なジャーマン・シェパードなくして『名犬リンチンチン』[注7]が成立するだろうか。見た目が平凡な101匹わんちゃん、小さな雑種を連れた『オズの魔法使』のドロシー[注8]、『ちびっこギャング』の目立たないピーティー[注9]もしかりだ。これまでのスター犬の多くが純血種だったのは、偶然ではないだろう。上映後10年たっても、彼らのおかげでその犬種の人気は持続した（『ボク

＊3　血統の観点からすると、異種交配（2種の純血種を交配した）犬は、じつは純血種とは言えない。ゴールデンドゥードル（やその他）の飼い主にはお気の毒だが、異種交配を2回以上させていれば、「雑種」か「混血種」とするのが適当だ。私たちの犬種に対する評価のいいかげんさは、こうした点に表れている。「犬種」が何を意味するかもよく知らないまま、他人任せにしているのだ。

＊4　由緒正しき血統の犬を購入するエリート意識と同じく、あえて保護犬を飼おうとする人々に、若干の自負心が透けて見えるのも確かである（ちなみに私も保護犬派のひとり）。

はむく犬』のオールド・イングリッシュ・シープドッグ、『三匹荒野を行く』のラブラドール・レトリーバー、[注10]『101匹わんちゃん大行進』のダルメシアンは言わずもがな）。犬種が明確でカリスマ性があり、人間のような個性を持つスター犬たちは、犬の個別化に一役買ってきた。ただしそれは、土曜の午後に新聞で「コリーの子犬。血統最高」、「トイ・フレンチ・プードルの子犬。純白、絹のような長毛、長い耳、黒々とした目」といった広告を見つけ、どこかのだだっ広い州の田舎町にあるキュートな名前の犬舎に車を走らせれば、広告そのままの耳と目と毛をした犬の複製が手に入る、という意味で個別化された存在である。

それこそが問題なのだ。

‡　‡　‡

「欠点　重すぎる頭部、幅が狭く小さな頭蓋、キツネのような容貌、明瞭なストップ（マズルと頭の接続部）、鼻・目の周囲・口唇の色素不足、まぶたが丸い、三角、小さいかゆるんでいる、不正咬合の歪んだ口」

（グレート・ピレニーズのスタンダード）

犬種は、科学的に決められたものというよりは、人間による外見のとらえ方である。似ても似つかない2頭（鼻が長く背の高いグレート・デーンと、極小で脚も華奢なチワワ）は同じ「種」だが、犬種は異なる。この2種の遺伝子上の違いは無視できないものの、共通点の方が圧倒的に多い。現在「犬種」といえば「純血種」を指す。見栄えの良い犬を（たいていは男性が）つがわせ、「ビーグル」とか「ブラッドハウンド」と命名したときから脈々と続く歴史を持つ、純血種である。

そんな「犬種」だが、今までずっと純血種だったわけではない。といっても、独特の見た目の犬が存在しなかったとか、グレーハウンドやマスティフ、スパニエルといった現在純血種に使われている名前の犬がいなかった、ということではない。19世紀までにも、犬種はしばしば話題にされ、ビーグルらしき犬がブラッドハウンドの類と間違われることはなかった。シェークスピアは『リア王』で、「マスティフ、グレーハウンド、モングレル《雑種犬》はグリム《獰猛》　ハウンドにスパニエル、メスのブラッシュ《猟犬》にリム《革紐》」と韻を踏んで、16世紀末から17世紀初頭にも、おなじみの犬種がいた証拠を残している。つまり、「雑種犬」も犬種として数えられていたわけだ（現代のショードッグが聞いたら青くなりそうな位置づけである）。18世紀の犬の歴史には、シベリアやラップランド、アイルランドといった地域色豊かな犬が加わっただけでなく、「トルコの雑種犬」、「オオカミのような毛を持つグレーハウンド」、「でぶ犬」、「パグ犬」、「小型の毛むくじゃら犬」、「ブルドッグとマスティフのミックス」のように、雑種犬の中での分類も進んでいた。

では、どれが最古の犬種なのか。嘘いつわりなくその資格を主張できる血統の犬はいない。自分の扱っている犬種が「最も歴史が古い」と言いきる純血種のブリーダーがいるが、それは犬種の持つある意味（独特な外見）を忘れ、別の意味（純血種で血統書付きであること）にのみ依存しているからだ。純血種が登場する数千年前から、姿や役割の異なるさまざまな犬が存在していた。これらの「在来種」は、犬集団の地理的な分離（これにより、各地の気候に適応した犬が誕生した）と、遺伝的浮動[注11]によって生まれた。古代人は、自分たちが狙った鹿を追いかけ、仕留めたキジを見つけ、よそ者が小屋に近づけば激しく吠えたててくれる犬を選んだ。それは特定の体つき、つまり、ほかの犬より上手に狩りや番のできる足の速さ、大きさ、被毛、視覚や嗅覚の鋭さなどを、無意識に選択した結果だ。

これに対して、現在の犬種のほとんどは、「それほど昔とは言えない時代（200年以内）にでっち上げたか、それに近い形で生み出された」とリトボは書いている。現在の犬種は昔のそれと同じく、独特のわかりやすい特徴を備えている。違っているのは、近親交配という特殊な選択によって生まれた点だけだ。

それでも、純血種信奉者は、最近の純血種と大昔の犬の似ているところを膨らまし、お気に入りの犬種に抱く優越感を確かなものにしたがる。純血種のために創作された逸話には、アフガン・ハウンド（当時はバルグジー・ハウンドと呼ばれた）がノアの箱舟に乗っていた、といった明らかにばかげたものもある（この役回りを踏まえ、堂々たるアフガン・ハウンドのスタンダードには、この「犬の王者」の「目は、太古に思いをはせるかのように遠くを見つめている」とある)。耳の大きなほぼ無毛の小型犬ショロイツクインツレについて、ＡＫＣと犬種クラブのホームページは、ＡＫＣがこの犬を認定したのは２０１１年だとしつつ、「人類が初めてベーリング海峡を渡ったときに連れていた犬」だと主張している。ケネルクラブへの登録がその犬種の成立条件ではないものの、登録に際して、犬種の入念な選別はある。それは19世紀に始まった。ノアの箱舟の話はさておき、古代種の考古学上の記録と、現犬種のゲノムは一致しない。彼ら「最古の犬」は、最も古い遺跡でみつかった犬とは遺伝子的に異なっている。

私たちは、初期の犬種らしきものがどんな外見をしていたか、古代の遺物から何となく知っている。ニューヨークのメトロポリタン美術館の入口から続く、長い廊下の途中で、私はいつも古代エジプトの化粧品入れとされる小ぶりな骨器を見に行く。神妙な顔つきで横たわる犬の、腹部がくりぬかれたものだ。垂れ耳で、とりすました淑女のように前脚を重ねている。それは３５００年前に歩いていた犬の表情を伝えるもので、私には栄養状態の良いラブラドール・レトリーバーに見える。場所は変わって、ポンペイで火山灰に埋もれていた遺物、２０００年前に荒れ狂うヴェスヴィオス山の犠牲になった犬は、家につながれた姿で見つかったことからすると、小型でも番犬だったのだろう。「Cave Canem《カヴェ カネム》」*5

*5 ラテン語で「犬に注意」の意。

と説明のついたモザイク画に描かれた犬たちは、その従兄弟だったのかもしれない。筋肉質だがやせて鼻が長く、耳をぴんと立てて唸っている。

美術品には、歴史に名を残す芸術家のアトリエをうろついていた犬の様子が残されている。中世のタペストリーや絵画には、パンサーのようにほっそりした犬が、狩りや旅の場面で馬とともに描かれている。1434年にヤン・ファン・エイクが描いた婚姻のシーンでは、頭がポメラニアン、胴体はテリアの犬が暗がりにたたずんでいるが、これは猟犬ではなく愛玩犬だろう。ジャン・フェイトの狩りの場面には、これでもかと掲げられた死んだウサギやクジャクと一緒に、セター、スパニエル、グレーハウンド、ビーグル、はてはダルメシアンのそっくりさんまでが描かれている。17世紀のレンブラントのエッチング『善きサマリア人』で目を惹くのは、かがんでウンチをしている、ひもじそうな硬毛のポインターもどきだ。中世やルネサンスの犬は、肖像画になる栄誉に浴すことはおろか、絵の中に登場することさえ稀だった。犬は、人間の指示でなにがしかの作業をさせられるか、邪魔者扱いされるかのどちらかだったのだ。

1486年に出された最初の犬種一覧とされるものには、グレーハウンドやマスティフ、スパニエルといったおなじみの猟犬数種に加え、モングレル《雑種犬》、ミディングドッグ《ゴミあさり犬》、トリンドルテイル《巻き尾》、プリクリッドカリー《長毛の雑種犬》、スモールレディースパピー《婦人用の子犬》など、姿を消したか名前が変わった種類も載っている。人間がそばにおいて、気に入ればエサをやり、そうでなければ殺したり追いやったりしているうちに、ほぼ自然にでき上がった犬種だったのだろう。それから1世紀近くたった、初の「イギリスの犬」全覧には、役割別に17種が載っている。キツネやアナグマを追跡するテリア、傷ついた獲物の血を嗅ぎつけるブラッドハウンドのような猟犬類、「優雅な貴婦人を満足させ、はしゃぐ相手になる」スパニエル・ジェントル、別名コンフォータードッグ（癒やし犬）などだ。猟以外の役割を持つ犬には、鍛冶屋の修理道具を運ぶティンケラ・カーレ、滑車のなかで走って串刺し肉を回し続けるターンスピット、「楽器の音に合わせて踊るように調教され、身ぶりで芸をする」ダンサーがいた。月に「ボウワウ」と吠えるムーナー《Mooners》*6、「身体をくねらせて転げまわる」タンブラー、スティーラー《盗っ人》もいる。15世紀の紳士向け指南書『ブック・オブ・セントオールバンズ』には、「ノミを駆除する」小型犬部門がある。博物学者リンネは、一覧にした35種すべてを「カニス《イエ》 ファミリアリス《イヌ》」と呼び、別の「種」ではないので異種交配が可能で、実践もされている、と指摘した。

いずれにせよ、犬には人間のためになる、という目的が与えられていた。それは、19世紀にケネルクラブとドッグショー向けの繁殖、という娯楽ができても変わらない。違ったのは、狩りや家畜の移動、見張りといった役割を果たすのに加え、人とその社会的立場を、完璧な姿の犬に投影するのが目的となった点だ。少しばかり余暇と金銭的余裕のできた社会は、そういう方向に推移していったのである。

＊6　ルネサンス期には、遠吠えがこのように聞こえたのだろう。

‡ ‡ ‡

「鼻梁の高い鼻も、横から見たときに凹んだ顔も望ましくない。鼻が黒いと失格。2色またはまだらの鼻はペナルティになるおそれあり。よだれは大いに不利」

（ブリタニー・スパニエルのスタンダード）

人間が思いどおりの犬を作り出そうとする流れの背後で、さらに嫌な騒音が鳴り響き始めた。ブリーダーが、売りものの名にふさわしい純血性を犬に求めだしたのである。「不潔な生きものはいらない。無産階級の動物もいらない。純血種が欲しかったわけです」。コペンハーゲン大学の生命倫理学教授ピーター・サンドーは、インタビューでそう言い表している。犬種の認定制限からもわかるように、愛好家は繁殖を形式化し、正真正銘の立派な犬を、汚れた駄犬と分け始めた。19世紀のブリーダーの手引きには、「父犬と母犬の血統がまぎれもなく純粋でなければ、どんな犬でも優勝できない」とある。[*7] 純血種の犬に対する証明書の発行は、人間の移民の継続を疑問視する声に同調したものだった。さらに、純血種支持派の発言は、えてして優生学の話題にそれていく。キャサリン・グリアーは総合的な著書『アメリカのペット』に、20世紀初頭のある獣医師の言葉を引用している。「育ちの悪い多くの〝雑種犬〟は浮浪者と同様、持ち前の力でとても賢く魅力的な存在に育っていきます。ですが、血筋が確かで自然な発達をみせる（なにかしらの期待ができる）のは血統の良い犬です。というのも、脈々と血筋を守ってきた真の純血種と、雑種犬が肩を並べることなど決してないからです」。当時人気だったブリーダー向け雑誌『ドッグ・ファンシアー』の販売・繁殖犬の紹介欄に、1905年の次期アメリカ骨相学会[*8]のお知らせがあるのも、おそらく偶然ではない。

「純粋性」を達成する手段はひとつ、遺伝子的にきわめて近い犬同士、つまりきょうだいや親子の間での近親交配だ。生物の授業をうっすらとでも覚えている人ならおわかりだと思うが、近親者間の生殖は、潜性遺伝子がほかの潜性遺伝子と結びつき、本人や次の世代に先天的な異常が現れる可能性が出てくる。チャールズ・ダーウィンは、異系交配か異種交配（遺伝子が近くないものとの交配）の方が、健康な子孫をもたらすことを示した。彼が「雑種強勢」と名付けたものだ。けれど、ひとたびトロフィーが手渡され、スタンダードができ上がると、生物の教訓など忘れ、繁殖の目的は近親交配でそっくりな犬を作り出すことになっていく。

ジャーマン・シェパードの生みの親、フォン・ステファニッツはその成果にご満悦で、「正しい繁

＊7　19世紀末には、牛乳の生産や扱い方といった面でも「純粋性」が重視され始めた。いわゆる衛生の専門家が、生乳の細菌汚染対策のために牛乳を加熱処理し始めている。

＊8　頭蓋の形を調べて外見から性格を判断する骨相学は、形とそれがもたらす長所の関連性も手伝って、優生学と結びつくことがままあった。

殖でばらつきをなくした純血種は、どの雑種とも比べものにならない」と述べ、あげくこう失言している。「ダーウィンは決定的な具体例を列挙し、異種交配が劣化につながり、血縁関係にない犬種や正反対の性質を持つ犬種同士の繁殖がゆるぎのない退化をもたらすことを示した。彼はこう言っている。『異種交配は親の犬種の美点をどちらも消し去り、特徴がないのが主な特徴という真の雑種を生むだけである』」。見事に遺伝の法則、ダーウィンの見解や引用を曲解している。引用部分は民族純化の提唱者、アルフレッド・P・シュルツの著書『血統か混血か』から引いてきたようだ。[*9] ダーウィンの『種の起源』は、初のドッグショーと同じ年に発行されているが、雑種犬の性質や特徴のなさには一切触れていない。さらに、フォン・ステファニッツは畳みかける。「我らがシェパード犬種は、誇張ぬきで人類に匹敵する。ゆえに、この犬は主人の映し鏡たるのだ」。

これで問題がはっきりした。外見の良い犬を望むことが、人種的な非寛容のしるしになるわけではもちろんない。ただ、昔の愛犬家の共通点は、非の打ちどころのないコリーや究極のスパニエルといった、理想の犬を追求する願望を持っていることだった。犬に関する非現実的な伝承や、現存する犬と古代種がすっきりと結びつかないことなど、彼らには何の歯止めにもならなかった。そして「マット」「モングレル」「カー」と呼ばれる雑種犬[*10]への嫌悪は、賛同者を集めていく。

雑種犬について、初期のAKC会誌が『飼うべからざる犬』という記事を掲載している。また『どうして雑種犬がこれほど話題になるのか』という記事では、作家で繁殖家のアルバート・ペイソン・ターヒューンの言葉として、登録犬は「質が保証され」、血統書付きであれば「子犬の価値がぐんと上がる」と紹介している。よく雑種犬の特徴とされる「勇敢さ、戦場での有用さ、性格の良さ、健康、賢さ、忠誠心」について、ターヒューンは一顧だにしていない。あっと驚く曲芸を披露する「サーカスの調教師」が雑種犬を選ぶとしたら、それはなんと純血種を買う金がないからだ、とほのめかしてさえいる。

愛犬家に言わせれば、「犬の悪行の9割は」雑種犬によるものだった。雑種犬は不潔で役に立たず、「がらくた」で「堕落」しており、純血種を「汚す」とされた。もともと混血種の動物に使われていた「モングレル」という言葉は、時をおかず人種や社会的背景が混在する人を指すようになるが、間違っても善意からではない（マトンヘッド《羊の頭》を短くした「マット」もしかりで、羊や人間の頭脳に敬意を表す意図はない）。この呼称は、すぐさま雑種犬を貶めることになった。「いかにも正真正銘の雑種犬らし

＊9　その本の副題は寛大にも、書店に来る人々に、何を読むことになるかを教えてくれている。「地球の古代種族の栄枯盛衰の略史。異なる種族との通婚で国が滅びるとの学説。国の強さは種族の純粋さによるとの論証。移民を徹底的に制限しなければ、アメリカは早期に衰退するとの予言」。

＊10　本当は「雑種犬」は誤称である。前述のとおり、2種の純血種を「かけあわせた」ものは純血種ではない。それでもこの呼称は、血統書付きの犬が台頭する以前も、それ以降も、生まれがはっきりしない犬に広く使われている。

く噛んだり吠えたりしないのは、あなたが背を向けているときだけだ」。

19世紀半ばの犬が、いずれも文字どおりの雑種犬だった事実はさておき、ある犬種の系統が、雑種犬から始まったことを認めざるを得ない、という点は受け入れられていた。雑種犬は路上にいるので、浮浪者、弱々しく下を向いた貧困層と同一視された。1890年のドッグオーナー年鑑は、「ひとかどの人物は、雑種犬に関わっている余裕などない」と断じている。19世紀のある愛犬家はこう記した。「雑種犬の価値など、それを吊るし首にするのに買う縄の値段にもならない、ちっぽけなものだ」。

こうした態度は、現在もいくぶんかは引き継がれている。イギリスのケネルクラブのホームページには、「シェルターで里親を待つ雑種犬」の婉曲表現、〝保護犬〟を探している人向けにリンクが貼ってある。クリックすると、「お探しの犬種」を入力させられる。すると、ケネルクラブ登録の犬種一覧になり、犬種別の保護団体ではなく、犬種クラブのページに移動するのだ。犬種別の保護団体や、純血種以外の犬、つまり家が必要な大半の犬のための数千か所にのぼるシェルターにはつながらない。

仮に探している犬が純血種だとしても、保護犬に里親を探しても登録料には結びつかない、とケネルクラブはふんでいるのだろう。私が2018年にホームページを見たときは、保護犬を受け入れる際に参照する「インフォメーションガイド」が、なぜか受け入れを思いとどまらせようと、わけのわからない受動的攻撃[注12]を示している。「毎日忙しく、幼児がいる方は、保護犬の受け入れは検討しないでください。何が起きても大丈夫、という覚悟があれば別ですが。保護犬には特殊なケアが必要で、苦労話なら山ほどあります」。そして、保護犬にみられるかもしれない行動、感情、身体的な問題や、厳正な手続きの可能性、〝トラウマ〟(「寒さと飢えをかかえて街をさまよっていた犬もいるでしょう」と言うが、あくまでも推定)を克服してから、「もう一度人間を信頼できるようになるまでの」困難が列挙されている。「分離不安や音への恐怖心、逃走を試みることは当たり前です」。

おっと、飼い主の義務を忘れていた。ここまで傷ついた犬を飼うことにあなたは耐えられますか、とのご忠告の後だ。「日に少なくとも2回の散歩とウンチの始末をさせられると思ってください。本当に犬を飼う時間的、経済的余裕がありますか?」。彼らが太鼓判を押す純血種は、奇跡的に自ら散歩に行ってウンチの始末もする、保護犬とはかけ離れた存在らしい。こうした姿勢の根本にあるのは、自己保全だろう。純血種を購入して登録してもらわなければ、ケネルクラブが成立しなくなるからだ。[*11]

‡ ‡ ‡

＊11　2018年1月にこの事実を公表したところ、ケネルクラブはホームページを多少模様替えして、「雑種」に言及するようになった。けれども、相変わらず里親に興味のある人をシェルターではなく、犬種別の保護団体に誘導している。件のインフォメーションガイドは、「少なくとも一度、場合によっては何度も捨てられた」犬にみられる「問題行動」の、おざなりな解説に差し替えられた。

「この犬の勇敢さは広く知られている」
（アメリカン・スタッフォードシャー・テリアのスタンダード）

犬と暮らしていると、その個性やユニークな行動を見つけて、心のノートに書き記す練習をしている気分になることがある。フィネガンの自然な垂れ耳、アプトンの左巻きのしっぽ、パンプの脚のやわらかな房毛を、私はそれぞれ記憶している。試しに、いかにもアプトンらしい今日の行動を数えてみたら、びっくりした。ひと晩、見事なまでに幾何学的に動いて、私をベッドの端っこに追いやる寝相。朝起きた私があいさつするのを見て、しっぽを打ちつける姿。廊下を歩くときのアンバランスな小走り。にかっと笑ってしっぽを回しながら、キッチンの私に近づいてくる様子。朝ごはんを置いてもらうとき、小刻みに跳ねてしまう40kg近い体。箱の中で丸まっている猫への、ぎこちないあいさつ。外のどんな物音にも気づくこと。悲しげなとき、左の歯に唇がひっかかること……朝の8時まででこれだけある。

犬が期待どおりに行動してくれるとうれしいものだ。何を隠そう、私たちが犬にさせる「芸」は、予見可能性[注13]の実践である。「おすわり」と言えば犬は座り、「お手」と言えば前脚を上げる。犬がわがままで言うことを聞かないと私たちがむっとするのは、じつは予見可能性が台なしにされたことへの不満なのだ。犬はこうするだろう、という予測に基づく支配心が裏切られると、私たちは魔法が効かなくなってたじろぐ。

犬種の広告や解説は、予見可能性を求める人間の心理に強く働きかけてくる。あらゆる場所で目にするものだから、あるレトリーバーはほかのレトリーバーとほぼ同じ、という間違った類型的な考え方に陥るのだ。ぺたりと伏せて丸く重なり合い、外界を探っている生後数週間の子犬たちは、確かにみな同じに見える。きぃきぃくんくん言ってはうごめいている、毛のかたまりだ。やがて、1頭がそこから離れ、あなたが伸ばした指に近づく。もう1頭は垂れ下がった靴紐に気づいて、じゃれ始める。3頭目は母犬のお腹にもぐり込み、4頭目がその上に乗っかる。鼻がピンク色のものもいれば、眉が深く刻まれたものもいる。彼らにはすでに個性があり、刻一刻と自分らしくなっていくのだ。

倦まずたゆまず犬種を話題にし、類型化を繰り返したおかげで、私たちは犬の個性を見失ってしまった。犬はそれぞれ「種」や犬種（雑種も含む）に属してはいるが、何よりもまずひとつの「個」である。違いをはかる単位として、犬ではなく犬種を重視するのが禍いの元なのだ。特定の犬種を飼えば、予見可能性が保たれるように思えるが、そうではない。生活の中で、人間が問題視する行動をする傾向があるかどうかをテストすると、犬種別の違いと同じくらい、同一犬種でも差が出ることが少なくない。もう一度言っておこう。犬の訓練しやすさや人への反応には差があるが、それは犬種ごとではなく、1頭ごとに違うのである。

犬種は、ある面では確かに独特の特徴を持つように見えるが、残念ながら多くの人が先ほどの点を見逃している。もちろん「反応性」、つまり刺激に対する興奮度には、犬種の違いが関係している。どの犬もネズミを感知する嗅覚と視覚を持っているが、そのネズミを隠れている穴から狩り出さずにはいられない犬（セターやテリア）は限られる。うちの犬も、羊を見れば近づいて不思議そうにし、夢中になってニオイを嗅ぐ。でも、羊に遭遇したボーダー・コリーがするように、羊に目をつけ、（視線を羊からそらさずに）忍び寄って、囲いへと追い立てはしない。このように、ある犬種がほかの犬種よりもしがちな行動というものは、実際にある。撃ち落された鳥だろうと、投げてもらった毛羽立ったボールだろうと、ハウンドは追い回し、ポインターはありかを示し、レトリーバーは回収してくる。

　遺伝子は、性質の規定や感受性の多寡に大きく影響する。にもかかわらず、犬種に対する一般的な見方は、ひどく恣意的だ。ピット・ブル反対派は、ピット・ブルはピット・ブルであり、彼らの持つ傾向は決して変わらない、と言う。なのに、ボーダー・コリーを狭いマンションに連れてきたら、自然に静かになってくれると信じて疑わない。奇妙なことに、多くの人は、その犬種の歴史のなかでは有用だったが、コンパニオン・ドッグとしての新たな役目には不要な遺伝的傾向を、どういうわけか黙殺するのである。狭い空間にボーダー・コリーを迎え、「子どもを追い立てたり、スケートボーダーに付きまとったりするんです」と残念がる家族に、思い当たらないドッグトレーナーはいないだろう。かつて望ましいとされた犬の行動が、今や「問題行動」呼ばわりされているのだ。

　いずれにしても、私たちが犬に寄せる期待は間違いだらけである。スタンダードの解説が、犬の行動を保証してくれると思ったら、がっかりさせられることになる。ほとんどのスタンダードが、「忠実」「超然とした」「独立心が強い」といった気性や性格に触れている。でも、そうした気性はその犬種固有のものではなく、せいぜい一般化された犬の特徴か、最悪の場合とんでもない理想像だ。「賢さ」をその犬種の売りにしているスタンダードは多いが、ただの「知的に聞こえる表現」として使っている場合も少なくない。そして、頭の回転が速くない犬の場合、まず「勇敢で」「気品があり」、「威厳」や「優雅さ」を体現し、「献身的」で「愛情豊か」とされる。どれもこれもすばらしい特性だが、犬種を識別する決め手にはならない。

ゴールデン・レトリーバーのスタンダードは、「友好的で頼りがいがあり、信頼できる。ふつうの状況で人やほかの犬と争う、敵意を持つ、理由もなく臆病・神経質になることは、この犬の性格上ありえない」と断言する。AKCもホームページで「子どもの相手になってくれる」と言い切っている。確かに、並外れて人懐こいレトリーバーは多く、これでもかとまとわりついてあいさつをしてくれる。つねに笑顔を浮かべている、といってもいいくらいだ。けれど、よちよち歩きの子どもが、犬の大好きなぬいぐるみに近づいたり、ポニーの大きさほどもあるこの犬に跨がろうとしたりすれば、子ども好きなレトリーバーといえども子どもの顔に噛みつく。そういうことは多々あるのだ。危険とされる犬種（ドーベルマンやロットワイラー、ピット・ブル系）と、レトリーバーとの、攻撃行動の比較研究では、犬種による違いはまったく認められていない。

‡　‡　‡

「威厳と超然としたたたずまいを全身に漂わせる貴族。平凡で粗野なところはみじんもない」

（アフガン・ハウンドのスタンダード）

法律には、それぞれの「種」を私たちがどうとらえているかが反映される。犬の場合、さまざまな場所への立ち入りを制限されるか、完全に禁止されるかしてきた。それは今も変わらない。ふつうは「種」として禁止され、「レストランでは犬お断り（21世紀のニューヨーク）」とか、「街ぐるみで禁止（20世紀のアイスランド、レイキャビク）」となっている。同じように、特定の犬種が禁止されることもある。これまで、あらゆる犬種が嫌われ役をつとめてきた。1876年にはスピッツ（ポメラニアンのように鼻が突き出た、バッグに収まってしまうほどの小型犬）が迫害された。「道徳的に言って、スピッツはまったくもって救いようがない」と『ニューヨーク・タイムズ』紙が書いている。「疲れを知らない恥知らずな盗人で、立入禁止の貯蔵庫に入り込むし、おとなしくて気のいい犬がとっておいた骨をくすねる。こんなとんでもない特技を持つとは、まさにキツネそのものだ」と、キツネの「ずる賢い顔」にそっくりだと言って非難している。この攻撃は、スピッツがアメリカに入ってきたばかりで、しかも、それがニューヨークにおける恐水病（現在の狂犬病）の流行時期と重なったせいだ。

今では人気のセント・バーナードも、19世紀には化けもの扱いされたし、卑劣なダックスフンドや身の毛もよだつキューバン・ブラッドハウンド[注14]も同様だった（ただし、後者は現在のブラッドハウンドではない。「黒、赤茶、クリーム色のまだら、もしくはぶち、それ以外の色の短毛種。頭、胸、四肢、肩は小ぶりのマスティフを思わせる。グレーハウンドらしき長めの鼻で耳は直立」とある）。フロリダ州がこの犬種を輸入したのは、当時の新聞によると「駆逐すべき憎きインディアンを狩り出すため」だった。

1991年に、「嫌われ犬種」に選ばれる基準が変わる。その2年前、イギリスで11歳の女児が2頭のロットワイラーに殺され、動物研究者ジェームズ・サーペルのいう「ヒステリーのうねり」が起きたのだ。ロットワイラーの飼い主は、散歩をさせているといきなり嫌がらせをされるようになった。犬の方もマスコミに叩かれる。この「悪魔の犬」には、「四つ足のテロリスト」との見出しが付けられた。これを受けてイギリスでは、危険犬種法のもと、特定犬種規制法（Breed-specific legislation、今やおなじみで、頭文字のBSLで通じる）が作られた。それにより4犬種（土佐犬、フィラ・ブラジレイロ、ドゴ・アルヘンティーノ[注15]、ピット・ブル）の所有禁止が示され、ピット・ブル以外はイギリスには存在しなくなった。[*12] なぜかロットワイラーは除外されている。

---

*12 例外的に1頭だけ土佐犬がいる。

ＢＳＬは注目を集め、オーストラリア、中国、ヨーロッパ諸国がこれにならった。その結果、ドーベルマン、ジャーマン・シェパード、チャウ・チャウといった多くの犬種が禁止された。禁止された犬は、押収されて殺処分されるか、犬の履歴にかかわらず入れ墨と不妊手術をして登録し、つねにリードと口輪を付けて寿命を全うさせるか、になった。アメリカでは犬への対応が相変わらずごちゃついているが、さまざまな規制が局地的に採用された。マイアミ・デイド郡とコロラド州デンバーでは、危険犬種法に先立つ１９８０年代にピット・ブル系の犬を禁止し、ニューヨークの公営住宅では現在、25ポンド（約11kg）以上の犬は飼育できない。*[13]

ほかの犬に比べ、犬種の性質がどうしようもなく悪い、と決めつけられている犬がいる。いわゆるピット・ブルだ。もちろん、つねにそうだったわけではない。悪者だからではなく、愛嬌があるという理由で、『ライフ』誌の表紙を3回も飾っている。アメリカの第26代大統領セオドア・テディ・ルーズベルトは、ホワイトハウスでピートというブル・テリアを飼っていた。この犬はフランス大使を樹上に追い詰め、海軍省の職員に噛みついたあげく、ほかの犬に殺された、と新聞が同情的に伝えている。けれども、前出のブロンウェン・ディッキーの言うとおり、彼らは人気者からしぶとい敵役へと転落する。ピット・ブルによる数件の襲撃事件に、子どもの殺害事件（悲劇だが統計上珍しくはない）が含まれていたために、マスコミが大騒ぎし、事件のさまざまな背景（幼児に誰も付き添っていなかった、虐待されて飢えていた、飼い主が怠慢だった、など）を無視して、この犬を悪魔に仕立てたのだ。

犬種限定の法律は、すべての犬種はスタンダードのとおりに行動する（遺伝子が犬の行動を司る）、というおかしな考え方からきている。どのピット・ブルも「ピット・ブルのように振る舞い」、ダックスフンドのようには振る舞わない、というのである。ピット・ブルこそ、この主張の無意味さを示す好例だ。ピット・ブルの場合、「純血種ではないからだ。そら見たことか」、とはならない。アメリカン・ピット・ブル・テリア、アメリカン・スタッフォードシャー・テリア、スタッフォードシャー・ブル・テリア、アメリカン・ブリー。法律では、これらの犬種の血が「一滴でも」入っているすべての犬（その配分は採血ではなく見た目で決まる）は、ピット・ブルになる。[*14] ピット・ブルは特定の犬種を表す言葉というより、犬の「社会カースト」に悪用されている、とディッキーは言う。「短毛という以外は具体的特徴のない犬」で、頭が四角くがっちりした体形、まだらで「胸に白い斑点が出ることもある雑種犬なら、何でもいいのだ。「〝かつてプリンスとして知られたアーティスト〟[注16] と同じだ」とディッキー。かつてはアメリカン・ピット・ブル・テリアとして知られたが、今では悪口を言いたいどの犬にも使われる。カナダのモントリオールは2016年に、ピット・ブル系の犬だけでなく、

＊13　その副次的な影響が、小型犬の飼育の特殊性への自治体の対応だ。小型犬の飼いにくさは、はた目にはわかりにくい。愛玩犬はよく吠えるため、散歩やほかの犬と遊ばせるのを避ける飼い主もいる。

＊14　1924年の人種保全法が思い出される。これはバージニア州が人種間結婚を禁じた法律で、「白人」とは非白人の血が一滴も流れていない人、と定義された。

その「特徴」を備えたすべての犬を禁止した。女性が犬に殺された悲劇を受けたもので、このときはボクサーだった。

ピット・ブルとされる犬のほとんどが、実際にはまったく違っている。専門家がピット・ブルだとする犬の半数は、ピット・ブル系とされる犬種と遺伝子上のつながりを持たない。ある有力な研究では、頭が四角く、立ち耳の先が折れた黒い犬の写真を見せると、保護施設の職員や獣医師は一様に「ピット・ブル系」だと答えた。その写真の犬は、遺伝子的にはアイリッシュ・ウォーター・スパニエルとシベリアン・ハスキーの子孫であるにもかかわらず、である。逆に、ピット・ブルではないとされる犬の中に、じつはピット・ブル系の一部が含まれていることもあった。ピット・ブルを巡るレトリックが激烈というべき域に達しているアメリカの専門家は、イギリスの専門家よりも「ピット・ブル」と分類する傾向が強い。

犬種規制でもうひとつ問題なのは、雑種犬は、見ただけではどの犬種が混じっているかまったく判断できないことだ。（シェルターの雑種のように）生まれがわからないと、経験豊富な専門家でさえ、外見だけでは犬種を特定できない。シェルターが決めた犬種の9割近くが誤りだ、ということも判明している。犬の専門家（シェルター職員や獣医師、動物行動学者）のあいだで、ある雑種の祖先に関する意見が一致しないばかりか、DNA鑑定で判明した祖先の犬種が、ひとつとして当てられない、などということも珍しくない。

こうした間違いは、犬というよりも遺伝の仕組みへの理解不足からきている。ふたつの異なる純血種から生まれた第1世代は、予想に反して親きょうだいと似ても似つかないことが多い。ジョン・スコットとジョン・フラーによる、犬の行動に対する遺伝の影響をみる著名な研究では、外観と性質が異なる犬種を交配し、その結果を子孫（F1世代）とそのまた子孫（F2世代）で調べた。バセンジーとコッカー・スパニエルのあいだに生まれたF1世代は、耳の垂れたハウンドやラブラドール系の外観になるが、その遺伝子を引き継ぐF2世代には、コッカーやバセンジーの面影がなくなる。F2世代の写真には、黒や褐色の犬、黒っぽいしっぽで先だけが白い犬、黒に白のぶちや白に黒のぶち、頭の幅が広い犬や頭部が小さい犬などが並んでいる。親や祖父母とそっくりな犬は1頭としてなく、それぞれが独特の姿形だ。

犬種規制には、犬による襲撃事件を減らす効果もない。デンマークで行われた入念な調査では、「危険犬種」法で13犬種が禁止される*15以前と、3年後の事件数を調べたところ、施行後のほうがわずかに増加していた。イギリス、アイルランド、スペインの最近の調査結果も同様なので、つまりは理由もなく禁止対象になっている犬種がいる、ということだ。歯が生えていれば、どの犬だって噛む可能性はある。そしてジェームズ・サーペルと同僚が明らかにしているが、攻撃行動の報告数が最も多い犬

*15 すでに飼っている犬には口輪が義務付けられた。

は……なんとダックスフンドである。自宅のエレベーターでダックスフンドと乗り合わせたとき、吠えながら人間の膝より高く跳ぼうと空しく奮闘している彼らに、私はそう伝えてやる。飼い主はなだめながら犬を引っぱり、犬はかたくなにふんばるものの、爪が滑って引きずられていく。

‡ ‡ ‡

「臀部と大腿部が発達。下半身全体に力強さと活力がみなぎっている」
(ボイキン・スパニエルのスタンダード)

犬は類型化できる、というおかしな考え方の最もばかばかしい帰結が、愛犬のクローンを高額な料金で作り出すサービスの登場だ。ペットをクローン化したいという欲求は、表面的には頷ける。ペットを亡くした経験のある人なら、あの悲しみがわかる。うちの犬が「戻ってくる」なら何だってしたいと私たちは思う。なるほど、と件のビジネスモデルが言ってくる。戻せるとしたら、どうします？現実に、遺伝的クローンは作り出せる。犬の毛を剃り、ペトリ皿数枚と代理母をつとめる犬1頭、あとは5万ドルあれば準備は万端。けれど、クローンが元の犬と瓜二つになるわけではない。異なる環境下では、遺伝子の発現率も異なる。クローンが同じように振る舞うわけではない。行動は、貰い遺伝子群が、扉の外へと躍り出て初めて発現するものだからだ。犬が生きて経験すること――ほかの犬や人間、リス、蝶、ニオイ、音、目にするもの、味、安心や危険、恐怖、興味、とまどい、喜びなどは再現できない。あなたはクローンもまた独自の（しかも間違いなくかけがえのない）犬だと知るだろう。犬は良い子に育っていく。ただし、前の犬の生まれ変わりにはならない。

　クローンが前提とするのは、犬種に関する予見可能性が前提にしているのと同じ誤りである。つまり、知らず知らずのうちに、犬を「個」ではなく、「もの」として扱う誤りだ。「もの」は購入して複製し、捨ててしまえる。そして残念ながら、犬もそうなのだ。特定の遺伝子タイプ（を持つ完璧な犬種）が登録商標となり、大量生産され、ネット販売で翌日配送される日は遥か先だ、と言えるだろうか。クローン技術は、そんな犬のディストピアのほんの一歩手前まで来ている。

　犬をクローン化したいという気持ちを分析すると、それが理性的ではなく、不条理なものであることがわかってくる。犬とのつきあいの本質は、犬とともに成長する関係だ、ということろにある。犬がお仕着せでやってきて、その性格や行動をこちらが楽しませてもらうだけのものではない。お互いに作用しあって絆ができていく。だからこそ、どんな犬でもかなえられない期待を人間に持たせ、犬を生きものではなく商品として扱い、犬を亡くした悲しみにつけいるクローン・ビジネスは擁護できない。

「目と目が近いのは短所となる。チャイナ・アイ[注17]やウォール・アイ[注18]は失格。とがった鼻は望ましくない。反り返った鼻は欠点。額にしわが寄りすぎているのは短所。鼻の斑点は好ましくない。クリーム色の鼻は失格」

（ジャーマン・ショートヘアード・ポインターのスタンダード）

‡ ‡ ‡

幅広い診療を行う獣医師のエイミー・アタスに、外見のせいで最も苦しんでいる犬種を尋ねると、ずばり「ブルドッグ」という答えが返ってきた。間違いなく、人間による選択的な繁殖の影響が最もひどい犬種のひとつだ。1866年当時と現在のイングリッシュ・ブルドッグを比べると、とんでもない事故に遭ってしまったように見える。スティーブン・ザウィストウスキー曰く、「昔のウェストミンスターやクラフツ[注19]の写真を見ると、ブルドッグに顔がある」。つまり、これとわかるマズルがあるけれど、今は違う。現在、このすばらしい犬のマズルは、猛スピードの車に轢かれて動けなくなった何かをほうふつとさせる。徹底的に打ちのめされ、鼻は押しつぶれて後退し、顎はアッパーカットをくらったように突き出ている。たるんだ皮膚が顔に押し込まれ、ひだとなって眼を覆い、顎の下でだらりとぶらさがっている。

ブルドッグなどの純血種は、遺伝性疾患の増加という問題に直面しているが、その多くは近親交配が原因だ。しかも、スタンダードがさらに極端な外見にすることを奨励し、犬に害を与えている。多くの犬が深刻な状況に置かれているのだ。たとえば、1892年のブルドッグのスタンダードでは、頭蓋は「巨大で、大きければ大きいほど良い」とされている。現在、ブルドッグの子犬は頭が大きすぎて母犬の産道を通れず、帝王切開で生まれるのがふつうになっている。それ以外にも、ブルドッグは遺伝的な健康問題をいろいろと抱えているが、その多くは何が原因か一目瞭然だ。皮膚のたるみのせいで、慢性的な感染症やそれが元の苦痛が生じやすい。眼球突出で、まぶたが内反したり外反したりする。角膜が傷ついて長く続く刺激を与える。ずんぐりして短足な体は、痛みや移動に伴う問題を引き起こしやすい。

ブルドッグのように鼻の短い犬をさす英単語は長ったらしく、「brachycephalic（短頭種）」という。鼻をより短くする繁殖[*16]によって、頭蓋の形と、その内側で守られているやわらかい部分がすっかり変わってしまった。逆にオオカミは長頭種で、昔ながらのイヌ科らしい横顔をしている。人間もいわば短頭種だ。平面的な顔の犬が数多く繁殖されてきたのは、そのせいなのかもしれない。自己愛を持つ唯一の「種」と思しき私たち人間は、自分たちに似た動物が好きなのである。短い鼻を追求した人為

＊16　1892年のブルドッグのスタンダード「鼻は短く幅広で、上を向いているべきである」。

的な淘汰は、悲しいかな、副鼻腔や硬口蓋といった組織を狭い空間に納めようとする進化のスピードをはるかに凌いでいた。だから、ブルドッグをはじめとする短頭種はみな、暑さやほんの少しの運動(散歩を含む)で息苦しくなる。アタスは言う。「フレンチ・ブルドッグも問題だらけです。短頭種ならではの問題が山積み」。彼女は3歳で初めてパグ(これまた鼻ぺちゃの短頭種)に出会って以来、この犬種にはまり、3歳のパグを譲り受けたばかりだ。「シカゴにあの子を引き取りに行った日は暑くなかったのに、とにかく、ちゃんと息ができていませんでした。犬がぜいぜい喘ぐということは、息が吸いづらいのです。呼吸がしっかりできないと、体温調節ができないので、機内でも扇いで涼しい風を送ってやりました」。鼻腔を拡げるために、すぐに外科手術をしたが、鼻翼(鼻孔をとりまく組織)を切って空気の通り道を確保し、軟口蓋を切除し(呼吸を通すために喉を塞いでいる軟組織を除去する)、小嚢(喉頭にある扁桃腺のような嚢)を取り除く必要があった。「パグのようにがんばって呼吸していると、小嚢がめくれ上がってしまうのです」。裏返しになった小嚢が気道をさらに狭めている状態は、次の言葉が見事に言い表している。「まるでストローを使って呼吸しているようなものです」。軟口蓋切除は、いまや短頭種では当たり前の手術になっている。

それでも、ブルドッグはAKC登録種で5番目に人気の犬種で、ほかの3つの短頭種(ボクサー、フレンチ・ブルドッグ、ヨークシャー・テリア)も数年間10位以内に入っている。「誰も『目に問題を抱えて息も絶え絶えの犬が飼いたい』とは思いません。『こういうタイプの犬ってかわいい』と思うだけなのです」と語るのは、人と犬の関係について数多く執筆しているザジー・トッドだ。確かに、現在最も人気が高いのは、行儀が良くておおらか、長生きで健康な犬……ではない。人気犬種はどういうわけか、それ以外の犬よりも多くの遺伝性疾患を抱えている。さらに問題なのは、本当の意味で病気なのではなく、私たちが病気にしている点だ。私たち人間は健忘症か、ずばり残酷なのである。

社会の意識も近年、目に見えて変わってきているので、ここは「健忘症」説を採用しておこう。短頭種の問題が注目されてから、航空各社は20数種の犬を通常の預け荷物として搭乗させないことにした（アメリカン航空はホームページで、「鼻が上を向いた全雑種」と妙に回りくどい表現をしている）。鼻の形いかんで犬を（機内にいると思われる）家族の一員ではなく、預け荷物のように扱う是非はともかく*[17]、空気のよどんだ暑くストレスの多い環境では、短頭種が窒息する可能性が高いことに理解を示した方針ではある。*[18]

血統書付きの犬のほとんどが遺伝性疾患を抱えているが、外見からはわからないものもある。ローデシアン・リッジバックの「尾根《リッジ》のように隆起した背中《バック》」を作りだす遺伝子は、類皮腫洞（致命的な神経障害を引きおこす神経管疾患）の誘因にもなる。ジャーマン・シェパードのとんでもない脊椎《スウェイ》

＊17　それはおかしいと私は思っている（ので、棚上げにはしていない。3章「人は犬をどう「所有」したら良いのか」参照）。

＊18　こうした方針は、搭乗中に死亡する犬の大半が鼻ぺちゃであることを受けたもので、犬の福祉の充実、あるいは優れたビジネスセンス（またはその両方）の反映と言えよう。

湾曲《バック》と、広がった短い「フロッグフィート（カエルの足）」は、筋骨格系の障害や、犬の衰弱を早める股関節形成不全につながる。キャバリア・キング・チャールズ・スパニエルは、頭蓋骨が小さすぎて脳が収まりきらずに腫れ、脊髄空洞症と呼ばれる激痛を伴う症状が出やすい。極端に大きかったり小さかったりするだけで（巨大なグレート・デーンや、近ごろ流行りのお皿にのりそうな〝ティーカップ〟サイズの犬を思い浮かべてほしい）、股関節形成不全や膝蓋骨脱臼など、さまざまな整形外科的な問題が生じる。眼球突出したパグは角膜潰瘍、バセット・ハウンドは椎間板疾患、ダルメシアンは難聴が多い。

こうした遺伝子災害とも言うべき疾患の原因は近親交配《インブリーディング》であり、その責任は近親交配をしている人、いわゆるブリーダーにある。ブリーダーの善し悪しの話ではない。血統書付きの犬は近親交配させねばならない、という考え方への固執と、病気や奇形を美化するスタンダードが問題なのである。スタンダードのなかには、時代とともに改悪されてきたものもある。１８８９年には体重54kg程度とされていたオスのグレート・デーンが、ＡＫＣのリストでは63〜79kgとされた。この増加分の体重が骨の負担になる。背中に尾根のないリッジバックも認定するようにスタンダードを変えるとか、たまには異系交配《アウトブリーディング》で近親交配の負の効果を弱める、などしてはどうだろう。けれど、血統書付きの犬の世界は、スタンダードと閉鎖的な血統の上に成り立っている（ブリーダーが血統の中でもとくに慎重につがわせる「系統繁殖《ラインブリーディング》」も同様で、生物学者のパトリック・ベイトソンは「差異なき区別」と呼んでいる）。

とはいえ、つねにそうではなかったことを思い出してほしい。閉鎖的な血統台帳ができる以前、優れた繁殖とは多くの異種交配を伴っていた。「スタンダードに抵抗する動きもある」と、スティーブン・ザウィストウスキーは、ダルメシアンの例を教えてくれた。この犬種には遺伝性尿路疾患があり、黒い斑点模様がきれいな、標準的な犬が発症する。当然ながら、ある愛好家が改良してやりたいと考えた。彼は、疾患を抑えるために新しい血統を入れてみたのだ。「ポインターと交配させてから何度もダルメシアンと交配させ」、交雑種を純血種とかけ合わせていった。そうして生まれた健康なダルメシアンは、当初AKCに登録が認められたものの、「ある時点で登録不可と言われてしまった」。発病の可能性は低まっても、規定の血統以外の交雑種に証明書は出せない、というわけだ。[*19]「汚い野良犬と交配させているわけではなかったんだが」とザウィストウスキーはくやしそうだ。

ひたすらスタンダードに従う真面目なブリーダーは、知らず知らずのうちに犬を疾患の危険にさらしていることになる。犬の繁殖を調査するなかで、ベイトソンは近親交配の帰結を率直に記している。それは「子犬の大きさと精子生存率にみられる生殖能力の低下、発達障害、出産率の低下、乳飲み子のあいだの死亡率の上昇、寿命の短縮、遺伝性疾患の発症増、そして免疫システムの減退」というも

＊19　ブリーダーの申請から30年後の２０１１年、交雑種ダルメシアンの子孫はようやくＡＫＣに登録された。そのあいだ、こうした健康なダルメシアンが遺伝子プールを穢すことは一切許されなかった。

のだ。性的不全にさまざまな異常、健康障害に死亡。とても胸を張れたものではない。

ベイトソンの調査は、近親交配の危険性に光をあてたイギリス・BBCのドキュメンタリー番組『血統書付きの犬の真実』[注20]の放送後、イギリスの動物愛護団体ドッグ・トラストとケネルクラブが後ろ盾となって行われた。その反響は劇的だった。BBCは長年放送してきたドッグショー「クラフツ」との契約を打ち切り、スポンサーを降りる企業も相次いだ。近親交配がそれぞれの犬に与える影響の告発が、先ほどの番組の狙いだったのだ。王立動物虐待防止協会（RSPCA）の獣医師、マーク・エヴァンスは歯に衣着せない。番組でこう吐き捨てている。「私たちは、突然変異や奇形、障害、病気を持つ動物を賛美しているのだ」。番組の、見るに堪えない忌まわしい映像には、脳が腫れて痛みにけいれんするキャバリアや、てんかんの発作をおこしたボクサー、犬に害を与える意図はないと言ってのける多くのブリーダーやドッグショーのジャッジが映し出される。私はダニーというペキニーズの場面から思わず目を背けた。ブローされた毛で顔はほぼ見えないが、2003年のクラフツの会場を何度も走らされている。舌は巻き上がり、大きく見開いた眼を必死に白黒させて。短頭種につきものの気道閉塞で、ひどく体温が上がり、まだリングの中で品評中だというのにアイスパックにのせられていた。ダニーはその年、優勝に輝いている（2016年には、血筋の証のように相変わらず舌を垂らして喘ぐダニーの孫が、トイ・グループの優勝者となった）。ダニーは2008年までに18回ほど親になっているので、その子孫はみな、氷による冷却が必要なほどひどい呼吸困難に苦しむ可能性がある。

「今にも鳥を追い立てそうなたたずまい。比較的小さなアーモンド型の目に、引き締まったまぶた。毛色は温かみのあるミディアムからダークブラウン、ダークアンバーだが、イエローではない。警戒感をとぎらせることなく、賢くひたむきで、物問いたげな表情をみせる」
（アイリッシュ・ウォーター・スパニエルのスタンダード）

‡ ‡ ‡

解剖学的なパロディーが「最高」の犬とは……私たちはもうすっかり道を踏み外してしまったのではないだろうか。けれど、犬種にこれだけ問題があると知りながら、現状のまま放ってはおけない。私たちの文化における犬の重要性からして、犬の福祉が自分たちの自己満足に過ぎないとあっては、とても心穏やかではいられない。ところが、奇跡的なことに、異種交配（デザイナー・ドッグ人気が皮肉にも、意図せずに実現してくれた行為）させるだけで犬の健康は取り戻せるのだ。[*20] それでOKではないか？

＊20　ただし、デザイナー・ドッグの方が健康とは言い切れない。不適切に繁殖され、第1世代が近親交配で生まれていれば大差はない。それでも、世代ごとに異種交配していけば、まずまずの滑り出しになるだろう。コッカプーがゴールデンドゥードルに恋をして子孫が多様化すれば、素敵な犬が増えるではないか。

イギリスで『血統書付きの犬の真実』が放送されると、ケネルクラブは父娘では交配させないなどの規約の変更を行った。それでも十分ではない。ケネルクラブや犬種クラブは、何年も前から犬の健康には留意してきた。イギリス獣医師会も、50年も前に、犬をスタンダードに合わせたことによる10の遺伝性疾患を指摘している。けれど、見た目や純血性、ショーでの優勝などではなく、健康が優先されないかぎり、近親交配による最悪の事態はなくならない。なぜ健康第一にしないのだろうか。誰だって愛犬には長生きしてほしいし、現在のように苦しむのを見たくはない。単に病的なだけの動物（遺伝子操作で頭をなくした鶏や超巨大な豚）が農業分野で開発されれば、社会が止めに入るだろう。同じことをペットにするのは（私たちが犬にしているのはまさにそれだ）倫理的に認められるのか。研究者たちはすでに気づいている。

　純血種を愛するみなさん、ご心配なく。異種交配した犬もすばらしさは変わらない。何回か異種交配を繰り返した、というだけの雑種を見てやってほしい。愛らしくて個性的だ。「賢く」「忠実で」「愛情豊か」という、私たちが犬に求める特性も備えている。わが家の犬で言えば、それぞれ（少々まぬけなところはあっても）この上なく「上品」だ。

　まずは犬種の非商品化から始めてはどうだろう。犬は愛情の対象であると同時に、ビジネスの道具にもなっている。近親交配の犬や不健康な犬を売り、その帰結を予想だにしない人たちに、犬の将来像をいいかげんに伝えて稼ぐ輩がいるのだ。誰もが「パピー・ミル《繁殖工場》」や大規模商業ブリーダーには憤慨している。そうした場所では、子犬や親犬が不衛生な状態で飼われていることが多い。母犬は出産できなくなると殺され、子犬は隔離されて、人間やほかの犬との共存に欠かせない社会化が経験できず、食事も水も不十分でろくな治療も受けられない。「田舎のおんぼろパピー・ミルだろうと、科学的に管理された犬の生産工場だろうと、大規模な繁殖施設はどこも犬を家畜として扱っている」とグリアーは記している。それでも、アメリカ動物虐待防止協会（ASPCA）の推定では、パピー・ミルは1000か所ほど現存する。そこから子犬を買う客がいるからだ。直接や意図的ではない場合もあるが、どのペットショップも（そう、お宅の近所のあの感じの良い店も）、パピー・ミルから犬を仕入れていることは広く知られている。[*21] 農業と同様、犬の繁殖産業もあまりにも巨大化し、経費節減志向も手伝って、生産物（犬たち）の生活状態を整えたりはしない。この点に関して、AKCは「純血種を育て、競わせることを保護し、その存続を保障するために必要な、あらゆる行動をとる」という使命を再確認し、パピー・ミルやいわゆる「量産ブリーダー」の問題に注意を促した。けれど、AKCの調査委員会が出した最終提言には、「パピー・ミルの廃絶」は含まれていなかった。代わりに、「額装にふさわしい見栄えの良い登録証」というインセンティブを、登録ブリーダーに提供してはどうか、

＊21　親犬をその目で見ていない限り、その「証明書」付きの子犬はパピー・ミル出身だと思ったほうが良い。そう、農場で犬が遊んでいる、ほのぼのした写真のサイトで見つけたあの犬も、である。オーナーは自宅キッチンで繁殖させたと言っている（でも、親犬には会わせてくれない）。

と全会一致で提案している。はい、ぜひそうしてください。

シェルターやシェルター職員の訴えは、「保護犬を飼え。購入するな」と端的だ。廊下に犬の鳴き声が響き渡るシェルターに足を踏み入れると、そのスローガンの切実さがわかる。こちらをのぞき込んでくるどの顔も、訴えかけるような目をしている。丸くうずくまった犬や、互いに重なり合う子犬たちに胸が締めつけられ、たまらなくなる。その1頭1頭が新しい家に引き取られるまで、繁殖を制限したらどうだろう。けれど、結局のところ「繁殖はせざるをえない」とピーター・サンドーは言う。「好むと好まざるとにかかわらず、飼育動物の未来は私たちが握っているのです」。私たちが犬と暮らしたいと思うかぎり、繁殖は否定できない。犬が恋愛の条件を自ら選べるのは、放し飼いの場合だけだ。飼い犬の相手は、リードを握る私たちの考えひとつで決まる。スティーブン・ザウィストウスキーも同意見だ。「人類が現在のスピードで増加すると」、犬の需要を満たすには「毎年800万～1000万頭の犬が必要になる。でも、シェルターが受け入れているのは400万～500万頭だけ。残りをどこから連れてくるかが問題になる」。

ザウィストウスキーには一案がある。「〝バックヤード《素人》・ブリーダー〟は蔑称になり」、パピー・ミルと同じ悪いイメージが付いてしまったが、それは違うと考える。年に2、3回、「地下室やキッチンで」出産させ、手ずから世話をして社会化も経験させる小規模ブリーダーは、高く評価されるべきだ、と言うのだ。彼は、家族でビーグルを育てていたころを思い返す。「生まれたばかりのビーグルの子犬たちと妻を撮った写真があるんだ。本当に一生懸命世話をしたものだよ」。それなら血統ではなく、動物の健康が大事にされるだろう。自分たちのようなブリーダーは「素人だが職人」だとザウィストウスキーは言う。「犬のことがわかっていて知識も備えた」職人なのだ。

この章を執筆中、カリフォルニア州は、ペットショップは保護犬かシェルターにいた犬しか販売できない、という法律を通過させた。ショップオーナー側は気が気でない。ティーカップ・サイズのヨークシャー・テリアやマルプーの専門店「パピー・ヘヴン《わんわん天国》」は、手のひらに小さな新しい家族をのせた俳優や歌手といったセレブがホームページを飾っているだけに、ショップオーナーはこの知らせに歯噛みする。「犬を飼う人の選択の自由を奪っています」。AKCは「さらなる規制は、飼い主の所有権の侵害にあたる」として、かねてから商業繁殖の規制に反対してきた、とグリアーは書いている。「パピー・ヘヴン」は顧客の声も代弁する。「お客さまは他人が欲しがらないとか、そういった性質の犬は求めていらっしゃいません」。

ほうらきた。シェルターにいる犬、犬種のはっきりした犬とそうでない犬にどんな差があるのか、完全に誤解している。そういった性質。雑種犬の性質は何だというのだろう。純粋ならざる性質？　いや、動物の性質だ。彼らの観点では、犬は動物ではなく、ある種の商品なのである。シェルターの犬を、「他人が欲しがらない犬」呼ばわりするのも見当違いで、その多くは純血種だ。ペットショップがセレブ感たっぷりの画像で売り込む純血種に対し、こちらは飼い主が対処しきれなくなってシェルターにいるだけである。

カリフォルニア州法は、つまずくかもしれない。みな子犬を欲しがるが、シェルターにいる子犬は、当然パピー・ミルが送り出す数よりも少ない。望まれない犬を管理する人たちは、同情的だ。誰だって欲しいと思う犬が飼いたいのだから。私もそう思う。100頭から1頭選べと言われたら、見た目や振る舞いが自分の心に最も響く犬を選ぶだろう。けれど、つねにそうでなければならないと考えるのは、問題のある考え方だし、子どものころ飼っていた犬や、はまっている犬種、「一番かわいい」と感じる犬を引き取ったり購入したりできなければ、私たちは苦しむことにもなる。100頭の犬でなくても、似ているようで違う10頭を私に見せてほしい。その中からでも、片耳を立てて、私が見たとたんにしっぽを振るような犬を見つけることができるだろう。あるいは、偶然出会った、家を必要としている犬を引き取るのでもいい。私はそうした犬も大好きになるだろう。そんな風に巡り合った犬も自分の犬だ。そうするうちに、ふと自分というものに気づくのかもしれない。

‡ ‡ ‡

「首　たっぷりとしたしなやかな皮膚。しっぽ　折れずにまっすぐでしなやか。足　前指は引き締まり、爪は丈夫でカーブを描き、足裏はよく発達してしなやかなのが良い。足取りは非常にしなやか」

（ボルドー・マスティフのスタンダード）

人間とオオカミが見えない一線を越え、お互いをそれまでとは違うまなざしで見始めて1万年以上になる。その「一線を越えた瞬間」に立ち会っていると想像しよう。1万4000年ほど前、オオカミ（原始犬）が集落のまわりをうろつき、人間が食べ残したイノシシの残骸を嗅ぎ始める。私たちはしばらく黙認し、オオカミの方もこちらを見て唸り声を飲み込む。やがてオオカミに子どもが生まれ、人間が1頭抱き上げてみる。わあ、やわらかい。喉を鳴らしてくんくん言っているし、むこうもまん丸のブドウのような目でこちらを見るのに慣れてきたようだ。よし、コイツを飼うことにしよう。

産業革命前のアメリカやイギリスに、ひとっ飛びしてみてもいい。かつてのオオカミの子は犬になって久しく、そこらじゅうにいる。そして、フォン・ステファニッツが、最高の牧羊犬から新しい「犬種」をドイツにもたらそうと思いつき、ダドリー・クーツ・マージョリバンクス（初代ツイードマス男爵）が、のちのゴールデン・レトリーバーの繁殖に着手するところに居合わせたとしよう。

1万4000年前の人間は、最初のオオカミの子が、現在アメリカに9000万頭、世界に7億頭いるとされる犬になると想像できただろうか。ステファニッツだって、ジャーマン・シェパードの血統が作られ、その後純血種とされる犬種が何10種も加わって、現在多くの犬籍登録団体に登録されている数百万頭の犬に至るとは、知る由もなかったはずだ。その登録種が、近親交配により、平均32以上もの遺伝性疾患を抱えてしまうことも。

だが、あなたはその場にいるのだ。一からやり直せるとしたら？ 原点に、人為的な選択が常軌を逸する前に戻れるとしたら？ 私は自分に、そして犬のために心を砕いている人たちに、そう問いかけてみた。

自然淘汰にまかせる、という手がある。進化は「非常にうまく犬を作り出してきたと思いますよ」とエイミー・アタス。「垂れ耳で鼻が利き、薄茶色でしっぽの巻いた13～18キロの中型犬。どちらかといえば気立てがよく、健康。まんざら捨てたものではないでしょう」。

純血種の繁殖をやめることも考えられる。ブロンウェン・ディッキーは最初のドッグショーを念頭にこう言う。「1859年以降をナシにするでしょうね。それ以前、犬はそれぞれの体形に見合ったことをして、誰も姿形をとやかく言ったりしていなかったんですから。それから、1950年代に一気に拡大したAKCと、完璧なアイリッシュ・セターを必要とする郊外生活者たちも。おかげで犬たちがどんな目にあってきたことか」。

繁殖はしても良いがましなやり方で、とスティーブン・ザウィストウスキーは提案する。「私なら全犬種を調査する。各犬種の抱える問題を洗い出してから、（遺伝学者として）犬種の特徴をできるだけ損なわずに維持する方法を考え、ラブラドゥードルのような雑種を意図的に作っていく」。

まったく同じ道をたどることもできる。フロリダ大学のマディーズ・シェルター・メディシン・プログラムの獣医師とスタッフに、この「家畜化のやり直し」プロジェクトを自分ならどう進めるかを聞いてみた。繁殖をやめますか？ 満場一致で「ノー」。「みんな飼いたい犬を飼うべきです」。では、苦痛を味わっている短頭種のパグをなくしては？ 獣医師の中にパグの飼い主がいて、笑いが起きる。では、パグは認めましょう。「みんながみんな、中型で薄茶色の野良犬を飼いたいわけじゃないだろう？」と彼らは言う。**どんな犬であっても、そこにいる犬で満足することはできませんか？** みんな渋々ながら「できる」と答える。もしやり直せるとしても、みなさんはこれまでと同じように繁殖と選択を行うのではありませんか？ 歴史は繰り返す。となると行きつく先は一緒で、四苦八苦しながらも、みんなに選択肢のある状況になりますよね。すると、全員が笑顔になった。

‡ ‡ ‡

「骨太でがっしりとした、堂々たる犬。全身を覆うたるんだ皮膚が特徴で、頭部にはたっぷりとしわとひだが寄り、のど袋となって重く垂れさがる。その本質は、野獣のような外観、驚嘆すべき頭部、力強く立派なサイズと振る舞いにある。あまりに大きく、体を揺らしながらのっそり動くので、優雅さや華麗さはない。大きさが足りないのは厳しい罰則対象で、失格となる」

（ナポリタン・マスティフのスタンダード）

もちろん、やり直しはきかない。けれど、思慮深く、私たちがこれまでにたどってきた道と、犬にしてきた仕打ちを踏まえ、改善していくことは可能だ。最初に犬を家畜化した人々には、数年先の未来が見通せなかっただろうが、私たちにはできる。未来の犬。その理想像はどんなものになるのだろうか。

理想の犬と聞かれても、人は突拍子もないことは言い出さない。想像の域を出ないので、今飼っている犬に近いか、それを少し美化したものになる。よく挙げられるのが「忠実さ」で、ある程度の反応の良さと表情も同じく候補に挙がる(目の上部にある眉毛が上がる犬は、シェルターから引き取られるのが早い[注21]と言われている)。2009年に、研究者のタミー・キングがオーストラリアで実施した「理想の犬」に関する大規模調査では、中型で不妊・去勢手術を施した若い短毛種で、呼んだら来る、子どもを噛まない、室内でオシッコをしない、脱走しない犬、となった。ウンチを食べなければなお良い、とも。まあ妥当なところだが、同じ回答者が「日に1時間以上犬と屋外で過ごしたくない」と言っているのは、気になるところだ。

けれど、犬という「種」にとっての理想像、となるとどうだろう。過去のブリーダーが「純血性」を頼みの綱にしたのに負けないくらい、科学的な裏付けがあり、犬の概念に一致した犬、だろうか。それなら、私たちがこれまで理解を進めてきた犬らしさも保たれる(そうあるべきだ)。

私たちが気をつけていても、特定の犬種の存在理由は、知らぬ間に役割ではなくファッションになってしまった。人間のためや、特殊な作業に従事する犬（羊を移動させる牧羊犬や、警察のために働くジャーマン・シェパードなど）は、健康ですばらしい犬たちだ。けれど、アメリカの大多数の犬は、まず献身的な伴侶としての「役割」を果たすためにいる。にもかかわらず、それにふさわしい姿をしていないために、苦しんでいるのである。

現状を見れば、将来的には、多くの飼い主が望む伴侶向きの犬を繁殖させていこう、と言っても乱暴ではないだろう。非常に忠実で、あなたの帰宅を喜ぶだけでなく、仕事で10時間家をあけても時間を持て余さず、日に1度しか排泄する必要がなく、刺激が少なかったり食べすぎたりしても問題のない犬。「そんなバカな！　そんな犬いる？」という条件だが、多くの人が犬にそうしたことを期待する一方、犬の方ではほとんどそれに応じられる態勢ができていないのだ。膀胱を鍛えた忍者にして、誰かが犬と遊びたいと思った10分間だけ目を覚ます冬眠動物。たぶん、それが社会の求めている犬だ。

道はほかにも開けている。自然とともに人間が形作ってきた現代の犬、インドの野犬やエチオピアの村々の犬を認める、という道がそのひとつ。こうした雑種の寿命は短いが、それは遺伝子ではなく巡り合わせのせいである。犬の将来像としてこういうスタイルを受け入れ、かなり自由に繁殖させてみてはどうだろう。自然淘汰の戦略にまかせ、ブリーダーではなく、犬に相手を選ばせて繁殖させることだってできるのだ。ひょっとしたら純血種と呼べる犬になるかもしれないが、「純血」重視ではなく「健康」重視にしていく。

健康第一に繁殖された犬。そこに浮かび上がるのは、欲しいタイプの犬を飼いたがる私たちの欲望と、犬という「種」の最大利益とのせめぎあいだ。私はその葛藤を怖れない。私は犬を選ぶだけだ。人間が関わる以上、商品の代価を受け取るのではなく、特権の代償を支払うべきだ。コントロールと予見可能性を求める気持ち。そもそも正当な理由のないそんな欲求は、手放してしまえばいい。出会う前の犬を「知る」のをやめてもいいではないか。犬のすべてを把握していなければどうなるというのだろう。犬は人間とともに暮らし、自ら選択する「個」だが、家族の一員であることに変わりはない。外見（見た目）や役割（存在理由）を超えた、ただあるがままの存在なのだ。犬は想定外のことをするかもしれない。でも、私たちだってそうだ。おそらく、犬は私たち人間と同じなのだ。

犬派のみなさん、今後犬がどうなるかは私たち次第です。私たちは犬をどうしてあげたいのだろう。繁殖の歴史に真摯に向き合ってみると、犬に対する現在の人間の姿勢は、とうてい擁護できるものではない。友達ヅラをしながら伴侶として滋養物にする、という矛盾した利用法から、ほかの動物や人間を脅したり捕獲したりするために犬を使う、といった道徳的に胸の張れない利用法など、犬は私たちの気まずく厄介で残念な行いを耐え忍びながら、一緒に過ごしてきた。いいかげん、態度を改めよう。

注1　**スタンダード**　「犬種標準」とも呼ばれる。繁殖の指針とするために、ＡＫＣや国際畜犬連盟（ＦＣＩ）などが、各犬種の理想的な姿形を書き表したもの。

注2　**シェップテリア**　シェパードとテリアのミックス。

注3　**テリアワワ**　テリアとチワワのミックス。

注4　**きっとやることになる**　遺伝子検査の先進国、アメリカではすでに12人に1人が遺伝子検査を受けているという。ただし、日本ではまだまったくその水準に達していない。ましてや、犬の遺伝子検査をする飼い主は、日本にどの程度いるだろうか？

注5　**ダドリー・ノーズ**　色素が乏しい肉色の鼻。赤鼻などとも呼ばれ、犬種によってはスタンダードにおいて重大欠点とされる。

注6　**multum in parvo**　パグ愛好家のあいだでは、このラテン語がパグのモットーとして使われているそう。

注7　**名犬リンチンチン**　1950年代にアメリカで大好評だったテレビドラマ。リンチンチンは実在の犬で、元はドイツの軍用犬だった。アメリカの軍人に救出されて訓練され、たくさんのハリウッド映画に出演してスターになった。彼の子孫たちが同じ名前でこの番組に出演し、日本でも放映された。

注8　**小さな雑種を連れた～ドロシー**　1930年代のアメリカ映画『オズの魔法使』で、ドロシーが連れていた犬、トトはケアーン・テリアだった。

注9　**『ちびっこギャング』の目立たないピーティー**　1960年代にアメリカで人気だったテレビドラマ。いつも目のまわりに○を書かれている犬のピーティーが出てくる。

注10　**『ボクはむく犬』『三匹荒野を行く』**　1950年代、60年代のアメリカ映画。

注11　**遺伝的浮動**　生物の繁殖の過程では、多くの遺伝的組み合わせのうちの1組がランダムに選ばれる。このため、ある遺伝子が偶然に何回も選ばれることがあり、遺伝子頻度に変化をもたらす。集団が小さいときほどこの変動が大きくなる。

注12　**受動的攻撃**　直接攻撃をせずに、消極的で否定的な態度を示して相手を困らせたり、反抗したりする行動のこと。

注13　**予見可能性**　（危険性のある）事態や被害が起きる前に、それが起きる可能性がある、と事前に察知できたかどうか、ということ。

注14　**キューバン・ブラッドハウンド**　ドゴ、クバノ、キューバン・マスティフとも呼ばれ、現在は絶滅している。

注15　**ドゴ・アルヘンティーノ**　アルゼンチン原産で、マスティフ、ブルドッグなどを交配し、闘犬用に作られた。ジャガーなどにも対峙できる「最強の狩猟犬」として知られ、攻撃性が高く、噛む力も強い。

注16　**かつてプリンスとして知られたアーティスト**　２０１６年に若くして死去したが、いまだカリスマ的人気を誇る黒人アーティスト。プリンスは１９８３年に自らの名前を捨て去って、♂と♀などを組み合わせたシンボルマークに改名してしまう。困ったマスコミは彼を「元プリンス」とか「かつてプリンスとして知られたアーティスト」と呼んだが、２０００年にまた名前をプリンスに戻した。

注17　**チャイナ・アイ**　シベリアン・ハスキーに見られるような、明るいブルーの目色。

注18　**ウォール・アイ**　青灰色の目色、または青のまだらがある目色。パールアイ、フィッシュアイなどとも言う。

注19　**ウェストミンスターやクラフツ**　アメリカのニューヨークで開催される「ウェストミンスターケネルクラブ・ドッグショー」と、イギリスのバーミンガムで開催される「クラフツ・ドッグショー」は、世界3大ドッグショーに数えられる。もうひとつはＦＣＩ加盟国が順に開催する「ワールド・ドッグショー」。

注20　**『血統書付きの犬の真実』**　２００８年にＢＢＣで放送（原題『Pedigree Dogs Exposed』）。日本でも２００９年にＮＨＫ　ＢＳ放送で『犬たちの悲鳴～ブリーディングが引き起こす遺伝病～』というタイトルで放映された。また、ＢＢＣは２０１２年にその後の３年を追った『Pedigree Dogs Exposed, Three Years On』を放送。同年、ＮＨＫ　ＢＳ放送で『続・犬たちの悲鳴　告発から3年』として放映された。

注21　**目の上部にある眉毛が上がる～引き取られるのが早い**　目の内側の上部にある硬い眉毛が上がると、目が大きく見えるため子どもっぽい顔になり、ちょっと悲しげにも見える。つまり「子犬のような目」になるから、と言われている。

6章

木曜日の夜、家で犬を観察しながら実践する科学的プロセス

科学的プロセスとは、仮説の設定とその検証のことである。仮説を意味する「Hypothesis」という英単語は、「下においておく」という意味のギリシャ語に由来するらしい。つまり、秘密にしておくか、書類の下に隠しておいて誰にも教えない推測、ということだ。だがしかし、科学者は性格的にそれができない。

科学的プロセスの始まりは、いたって単純だ。家の中で忙しく動き回っているとき、車窓から外を眺めているとき、一連のデータをなんとなく見ているとき、突如としてすばらしい理論を思いつく。日中、室内が暑くなると犬は時間の経過を感じとる……犬が何かを見つめているようなときは、主にその対象のニオイを嗅いでいる……空の鳥は、犬のことを毛の生えた足のないミサイルだと思っている……犬が目を細めるのは感覚を鼻に集中させるためである……これらは、少なくともひらめいた瞬間は、すばらしい考えに思える。書きとめる手段があったなら――うっかり屋には重要なことだ（頭

に浮かんだアイデアを、レシートの裏に書いておけなかったために失われた科学的直観は、決して少なくないだろう）――次なる段階は、アイデアの検証方法を考えること、になる。

私がふだん仮説を思いつくのは、犬と家の中を動き回っているとき、車窓から外の犬を眺めているとき、一連の犬のデータをなんとなく見ているときである。だから、その大半は犬に関するものになる。業務時間としてきっちりと賃金を請求するわけにはいかないが、犬との散歩の時間は、犬の認知行動学者にとって最も大切な研究タイムである。お気に入りの仮説のなかには、このときに検証から確認まで至ったものもある。たとえば、犬の「うしろめたい表情」は、飼い主に対する反応で、何か悪いことをしたという認識の表れではない。犬が近寄る相手を選ぶ決め手となるのは、おやつを以前「公平に」分配してくれたかどうかではなく、今たくさん持っているかどうかである。犬は自らのニオイの変化に気づくので、ある種の嗅覚的自意識[注1]があると言える。このうち、「犬は飼い主のニオイの減少によって時間を認識できる」という仮説は、科学番組となって放送された。

思いもよらぬ発見に導いてくれる仮説もある。たとえば、犬は量の違いを嗅ぎ分けられる。人間は一般的に、目が大きく、笑ったような口元をした犬の顔を好むが、「動物好き」を自認していない人には、犬の顔の違いはどうでも良い。犬とじゃれて大騒ぎする人は、投げたものを取って来させて遊ぶ人よりも自己肯定感が強い。

どんな研究であれ、仮説に磨きをかけて検証方法を考え出すのが、私には最も厄介にして楽しい部分である。なぜか、わかりやすい仮説であればあるほど、検証はややこしくなるようだ。けれど、地道な観察が功を奏し、ばかげた考えがぎりぎりのところですばらしい仮説になることも多い。根っからの科学者は、仮説がだめになっても気にしない。一歩引いて修正し、さらに追究する。

こうした科学的なプロセスが実践されるのは、たとえば木曜日の夜に自宅でほっと一息ついて、犬を見ているときだ。そのプロセスを今回初めて公開するが、みなさんにとって有益なのはもちろん、まさに刮目すべき説もあると思うのだが、どうだろう？

‡ ‡ ‡

仮説　犬は動物である

出だしは上々。犬のあらゆる身体的証拠（食物摂取、排泄、睡眠と覚醒、目、耳、口としっぽ）がそれを示している。これにはかなり自信がある。

とはいっても、「動物」の飼育の場と定義される動物園に犬がいたら、これほど衝撃的なことはないだろう。それに今朝、コーヒーショップでキルトジャケットを着たラブラドゥードルがイスに座り、隣の男性の目をしげしげとのぞき込んでいた。飼い主はカプチーノのミルクフォームをその犬になめさせていた。

修正　犬は人間である

前出のキルトジャケット参照。私の友人は、クリスマスに素敵な手袋を編んでくれた。そして飼い犬には、アンゴラ毛糸で完璧なケーブル編みのセーターを編んだ。ということは、その犬は人間であるばかりか、私よりも価値のある人間である、ということになる。

一方、犬はこれといった仕事をしなくてもいいらしい。カクテルパーティでの私の会話が尺度になるとすれば、人間にとって仕事は最大の関心事である。犬は学校にも行かず、「仕事」と呼べることをしているものもごくわずかだ。かといって、ぐうたらな人間がするように、ひたすらテレビを観て、ネットサーフィンをするわけでもない。仕事、通学、テレビ鑑賞をしないかわりに、地面に鼻をつけて散歩し、暇なときはあやしい人がいないか耳をそばだてている。

第2の修正　犬はオオカミである

この仮説に関しては、考古学的な証拠や遺伝子の証拠が揃っている。けれど、考古学の証拠はとんでもなく古く、塵あくたに等しい。偽装も可能だ。また、遺伝子の「証拠」は、もれなく暗号化されている。

結論　犬は諜報員である

なんと、先日、「ソファで寝ている」風に見えたフィネガンが、じつは横目で私を見ているのがわかった。今朝は、起きてみるとベッド脇におすわりして、私を見つめていた。そして、私がベッドサイドに置いていたノートはずたずたになっていた。

‡ ‡ ‡

仮説　幸せをもたらすのは、温かい子犬

公平を期すと、この仮説はチャールズ・シュルツが連載漫画『ピーナッツ』に、「裏付けのない意見」として示したものである。新しく子犬を飼った友達の家に行って、自分の膝の上で子犬が眠ってしまうと、選ばれた膝の持ち主であることのすばらしい充足感とともに、幸せホルモンが全身を駆け巡る。子犬の両目は、か細い線になって閉じ、真新しい毛で縁取られている。私の膝は完璧。子犬は完璧。この世は完璧。

修正　憂鬱なのは、リスの死骸に夢中になった温かい子犬

近くで何かのニオイがする。ごく近くだ。このあいだ子犬が表に出て、野生のタカが食事に来る庭の一角に、いやに興味を示していたのを思い出す。子犬のやわらかな毛をなでていると、むむ、すっかり絡まってべたついた部分がある。私の充足感はやや下方修正される。

第2の修正　あたふたするのは、生温かい感じがする膝の上の温かい子犬

膝が相当温かくなってきている。心地良さが全身を駆け巡るだけでなく、膝だけがほかの部分、とくに長時間床にあぐらをかいていたために血流が滞り、痺れてきた両脚より5℃は高い。この温かさは尋常ではない。これって……湿ってない？ 温かいだけ？ 私、汗かいてる？ すやすや眠る子犬を起こさないように手を滑り込ませる。残念ながら汗ではない。

第3の修正　たまりかねるのは、暖かい夏の夜に、胸にはりついた温かい子犬

この子犬を起こしてはいけない。一日中走り回り、目にしたものに片っぱしから噛みつき、私がいるあいだだけでも子どもの図工の作品ふたつをダメにし、私の靴紐を噛みちぎっている。眠ってくれて、飼い主は明らかに喜んでいる。起こすわけにはいかない。私はヨガよろしく体を後ろに傾けながら、片腕で子犬の頭を、もう片方でおしりを支え、自分の頭を壁に鋭角にもたせかけた。重さ7kg弱で、大きさ45cmにも満たないのに、ほんの少し動かしただけで、子犬は文字どおり私の体を覆ってしまった。かなり暖かい夜だ。口の中に毛が入っている。でも、子犬を起こしてはいけない。

結論　子犬は温かい幸せ

‡　‡　‡

仮説　犬は噛むおもちゃが大好きである

その証拠に、噛みちぎったボールの残骸や、丸裸にされたテニスボール、ぬいぐるみのふわふわの詰め物などが、わが家の居間に散乱している。アプトンは、キュッキュッと音の出るゴム製の生きものを前脚で挟み、そのずんぐりした脚をかじっている。やる気満々で、すっかりこのプロジェクトに没頭している。私がそのおもちゃを持ってきたとき、彼は目の色を変え、しっぽをぶんぶん回し、うれしさのあまり小躍りした。

とは言ったものの。相手をしてくれる犬や人間がいるのに、噛むおもちゃにご執心、という犬に、私はお目にかかったことがない。おもちゃが活躍するのはたいてい、犬が退屈なときか、人間が子犬に噛みつかれた腕を、ロープのおもちゃや棒切れにすり替えるときである。また、犬がおもちゃ好きといっても、それは頭をもいで内臓を引きずり出し、徹底的に破壊するような愛着である。犬の愛着は人のそれとは違うようだが、じつは大差ないのかもしれない。

修正　犬は、我々がうっかり置いておいた噛むおもちゃという侵略者を、破壊する責任を感じている

うちの犬がおもちゃを分解する周到さからすると、愛着ではなく、解体する義務を感じているような気がする。「うわっ、また来たな」と思いながら、解体作業に取りかかっているのだ。わが家の犬の一方は、私が帰宅し、自分にしっかり注目してくれるのを待ってから、これ見よがしにぬいぐるみの「付属器官」をじっくりと「切除」し始める。

他方、噛むおもちゃを噛まない犬もいて、ソファのクッションの下に念入りに隠したり、子どもがお気に入りのおもちゃにそうするように、険しい面持ちで肌身離さず持ち歩いたりする。

第2の修正　犬は噛むおもちゃを実物だと思っている

ドナルド・トランプを模したおもちゃの頭部がもがれ、内臓が引きずり出されたときの勢いが、声を大にしてそれを物語っている。もちろん、犬はアメリカの政治状況を踏まえた上で、自らの口で政治的な主張を試みているのだ(日中、公共ラジオ放送をつけたままにしない方がいいのかもしれない)。バッファロー、ハリネズミ、ぬいぐるみの豚の主要な部分は、命拾いして大事にされている。

結論　犬は口で投票する

‡　‡　‡

仮説　犬は人間の最良の友である

と、言われて久しい。広げた脚のあいだに、2頭の完璧な犬がおすわりしている私には、そう思える。1頭は私がなくした手帳を見つけてくれたし、もう1頭は私を見てほほえんでくれる。どちらも残忍なところがなく、私たち家族の喜びの源になるし、私の変なところや短所を黙って我慢し、言葉は発しないけれど雄弁である。

けれど、ソファで2頭に少し場所を空けてやるときは、ちゃっかりしているな、と思わずにはいられない。なぜなら、私は犬のためだけにベーグルを買ってくるし、彼らのために自分より高い医療費を払い、ポケットというポケットが一杯になるほどサーモンジャーキーを保有している。うちの家族は、犬を連れていけないのでめったに遠出をしない。さらに、見るからに貴重な排泄物をたちどころに処理し、空中を漂う犬の毛のかすみの中で暮らしているのだ。

修正　犬は、善意につけこむ友のふりをした敵である

猫を飼い始めてから、犬と猫の行動にはかなり重なる部分があるとわかってきた。ただ、猫は家族が帰宅してもしっぽを激しく振らないし、愛情たっぷりに見つめてこないし、話しかけられてもすぐに反応しない。過度な人懐さがない分、猫の行動は額面どおりに受け止めやすい。要は、猫の行動とは目的のための手段なのである。もちろん、猫も来客があればすり寄って膝にとび乗り、たえず喉をゴロゴロいわせて体を擦りつける。けれど、その様子を何回も見ていると、あの行動は客への愛着の表現ではなく、家の中で最も暖かくてやわらかな居場所を確保するための方法に思えてくる。

そう言われてみれば、フィネガンも耳元を掻いてやると、猫まがいのゴロゴロ音を出していた。

第2の修正　犬は猫である

これは無理がある。犬は決してあんな風に私たちを裏切らない。

結論　猫は、じつは親友資格コンテストの予選を突破しない犬である

‡　‡　‡

仮説　犬はあなたがいつ帰宅するかわかっている

と、報告されている。こうしたことは、習慣、ニオイ、まだ発見されていない何らかの感覚で可能なのかもしれない。

けれど、本当に帰ってくることがわかっているなら、あなたが地下室に3分間行くだけで、あんなに不安そうにするだろうか。

修正　犬は、あなたが万が一帰宅したときに備え、とにかく玄関付近にいる

楽天主義者の犬は、とりあえず「玄関」に手持ちのカードをすべて賭けておこうと考える。

だが、うちの犬は玄関にいないことがある。あるいは、1頭はいるのにもう1頭はいないことがある。

第2の修正　1頭が私をやたらと歓迎して攪乱しているあいだに、もう1頭が意中のおもちゃのオンライン購入を済ませている

そういえば、アマゾンの私のアカウントは、深夜の謎の注文が目立つ。そのほとんどがサーモン関連だ。

結論　ネット上では誰もが犬である

‡　‡　‡

仮説　犬は自分の大きさを把握している

犬の遊びの研究中、飼い主やほかの犬との素早いさまざまなやりとりを、ひとコマ30分の1秒にして見ていると、大型犬は遊び相手が自分より小さいことを認識しているように見える。力を加減し、仰向けに寝転がり、脚の短い小型犬が追いつけるように速度を落としている。

同様に、小型犬が大型犬よりもよく声を出すことも、研究でわかっている。ポメラニアンやダックスフンドは、激しく吠えたてることで体の小ささをカバーしているつもりのようだ。

でも、私の膝には今、犬が1頭乗っている。体重は40kgに近く、私は彼の1・5倍の大きさしかない。

仮説に適合せず。

修正　犬は自分の大きさを把握していない

膝に乗った犬、で検索してみてほしい。以下も同様。ソファの5cmの隙間に入り込もうとする犬。フェンスの格子のあいだに頭を入れて、出られなくなった犬。7kg弱だったかつての自分のベッドに、何とか収まろうとする40kg近い犬。自分と同サイズの、七面鳥の丸焼きを盗み出そうとする小型犬。あらゆるラブラドール・レトリーバー（ラブラドール・レトリーバーを飼っていないみなさん、支点とすべき位置を間違えて木をくわえ、そのまま走って逃げられるかどうか考えてみてください。レトリーバーが棒切れでそうしている姿が、目に浮かびますよね）。

第2の修正　問題は、犬が自分の大きさを把握していないのではなく、世の中のものの大きさを把握

していない

犬の名誉のために言っておくが、世の中のものの大きさはすべからく把握しがたい。うちの息子は今年になって10cm近く背が伸び、私の銀行口座は突如として残高が減り、地球の極地では氷河が急速に減少している。

結論　形あるものはうつろうが、犬は違う

‡
‡
‡

仮説　犬は喋らない

自明のことに思われる。私たちがひたすら犬に話しかけて証明しているように、私たちは確かに犬に話しかけているのに、向こうは返答せずにのほほんとしている。ところが、じつは私は生まれてこのかた、ずっと犬から言葉をかけられてきたのだ。うちの犬がちょくちょく私に話しかけているのは、疑いようもない。出かけたいかと尋ねれば肯定の返事があるし、おやつが欲しいかと聞けば、もう答えは明らかだ。お腹が空いているか、疲れているか、散歩に行くか、サンドイッチを分けてもらいたいかと尋ねても、答えはイエスである。

修正　犬はイエスの言い方は知っているが、ノーの言い方は知らない

ただし、お風呂は例外。

あ、犬が私に話しかけてきている。何か話があるらしい。犬は、あなたがいつも向いている方向の反対側にさりげなく座ってくる。私たちがいきなり喋り出す犬は苦手だと承知しているので、こちらが振り向くまで「ねぇ、ねぇ、ねぇ」と大声で繰り返す。私たちは本当に鈍感なのだ。おっと、彼が何か言っている……。

「もう止めて」と言ってきた。

科学とは、かくも活気にあふれ、賑やかなものである。

注1　**自意識**　自己意識ともいう。自分自身についての意識、つまり「自分と他者は区別された存在である」として自分を意識すること。

7章

犬グッズの華麗なる歴史

彼に前を横切られたのは、5月のひんやりした朝だった。向こうはしゃれっ気たっぷりで脇目もふらず、雑踏でいきなり大きく進路変更し、曲がり角からとある店に向かった。女性が3歩遅れて追いかける。当人は頭を突き出しながら、建物の中へと突進していく。

私は彼を尾行した。リボンで縁取られた3色のアーガイルセーターを着ている。ルビー色の石が点々とついた革の首輪が見える。足の爪で床をひっかきつつ、床から天井へと流れる見えない気流に導かれ、視線を移した先では、棚から猫がシャーッと威嚇の声をあげていた。ジャック・ラッセル・テリアがペットショップにご到着されたのだ。

犬には地理感覚がないと言う人がいたら、反証には事欠かない。おたくの犬も、ビスケットやおやつをくれるカフェや銀行だけでなく、近所のペットショップ数軒くらいなら、車や徒歩での行き方を知っている。都会の犬にとって、ペットショップのニオイは、動物病院から漂うじっとりしたストレス臭と同じく、遠くからでも嗅ぎとれるものなのだ。とはいえ、ペットショップの本当の存在理由は、リードを握る私たちが、犬をダシにして自分が欲しいものを買うことにある。

私は前述のテリアの空間探査を観察した。猫を一瞬チェックしてから、豚耳のコーナーで律義によだれをたらし、ゴムボールをくわえてみたかと思うとカウンターに走り寄り、後ろ脚でツーステップを踏みだした。すると、店員からごほうびが放り投げられる。テリアが鑑札をじゃらつかせてひょいと前方に跳ぶと、伸縮式リードがワイヤーの罠よろしくグンと伸びるが、別の小さなコリータイプの犬はあっさりとそれを跳び越えた。2頭とも床に並んだケースをくまなく調べ出すが、そこには各種ガムやゴム製の噛むおもちゃ、ドッグフードのサンプルがこれでもかと詰め込まれ、飼い主の方は目線の先にあるピンク、赤、青、緑のおもちゃを品定めしている。ふたりの飼い主は、いかれた表情のリスらしきぬいぐるみに揃って手を伸ばした。

あの利口そうなテリアなら、オンラインで買い物しても大丈夫そうだ。「犬のライフスタイル　春です！ショッピングしましょう」と呼びかけるのは、「世界クラスのグルーミング用品と厳選の品揃え。ニューヨーク最古の犬の高級専門店」というふれこみの、ケイナイン《犬の》・スタイルズ《ファッション》のホームページ。「四つ足用のピンクのフリース製トレーニングウェアが、シー・ズーのジョーイに届きました。こんなに素敵なトレーニングウェアは、12年飼ってきて初めて！」と、顧客が大満足の声を寄せている。ジョーイはトレーニングウェアを何着もお持ちらしい。

ケイナイン・スタイルズのアパレル・セクションは見物だ。ポーラーフリース素材[注1]のトレーニングウェア以外にも、カシミアのケーブル編みのニットは赤、ホットピンク、ヘリンボーン柄の3種。ダウン素材の膨れたコートに、合成ゴム素材・ネオプレンや、タータンチェック柄のレインコート。フード付きスウェット、テニスウェア、タンクトップ、アロハ風「バカンス用シャツ」。フリルスカートにタンクトップでキメた犬なら、骨形ランチョンマット、チェックの蝶ネクタイ、つつましく「Good Dog」と書かれた布張りのおもちゃ入れも購入したがるだろう。

インターネットという広大な商品の広場では、首輪に下げるレオナルド・デルフォーコ[注2]のクロコダイル製「ミニバッグ」が（飼い主のバッグとお揃いで）6000ドル弱で見つかる。小型犬のおしゃれな飼い主がこのバッグを開けると、同じバッグを首輪につけた犬が顔を出す、というわけだ。犬用のコロン、香水、ボディースプレーは何百種類もあり、中には耳の洗浄剤として使えるものもある。しかし、「スタイルと高揚感、男らしさを力強くミックスしたクォリティー・ライフ・オブ・ドッグス®のエッセンスを表現した、エキサイティングな犬のフレグランス」マスキオ《Maschio》（男の中の男）が目指しているのは、犬のフレグランスに必要な完璧な説得力である。「一家の主」のために作られたマスキオは、「さりげない洗練と上質な贅沢さ」を醸し出す。ただし、犬のお父様お母様はご注意あれ。「顔は避けてキ甲[注3]にスプレーしてください」とある。

香水を物色中ならば、メスには「セクシーな犬用赤いマニキュア」、そしてコットン100%の犬用バスローブ」34ドルと、お揃いで「コットン100％ 犬のママ用バスローブ」94ドルも追加購入可能だ。

私たちは、洞穴に住む原始人から、犬用バスローブの購入者へとどうやって進化を遂げたのだろう。なぜこうしたおもちゃや食べもの、アクセサリーを犬に買ってしまうのだろうか。

‡ ‡ ‡

犬自身は人間の所有物で、法的には自身の所有者になれないという事実にもかかわらず、犬は確実にものを所有している。たとえば、あそこにある青とオレンジ色のボール（そっちじゃなくて小さい方。そう、でこぼこで泥だらけのやつ）は間違いなくフィネガンのものだ。少なくとも（そのボールを見ている犬には唸るので）、彼自身は明らかに自分のものだと思っている。[*1]

犬にピンクのトレーニングウェアを着せたことがない飼い主でも、家にはあらゆる種類の犬グッズがあるはずだ。先ほどのフィネガンのボールは、かつて脚やキューッと鳴る部品がついていた複数のゴム製ボール、腹部の切開状態がめいめい異なるぬいぐるみ、お気に入りになれなかったロープや噛むおもちゃと一緒に転がっている。寝室には犬用ベッドが、ダイニングには犬の食器が、玄関には犬

用のリード、ベスト、タオルがある。こうした品々が登場したのは最近のことのように思えるが、じつはペット犬の「マストアイテム一覧」は、前世紀から驚くほど変わっていない。

ふたつの世界大戦の狭間の時代、禁酒法まっただ中のアメリカでは、変わった純血種の犬の輸入は比較的珍しかった。けれど、フラッパー[注4]が流行し、女性にとって初めて性革命が進むなど、カルチャー面の変化は進行した。改革の旗手には女性も多かった。犬をかわいがることがペット産業へと変貌するにつれ、新たな経営者に活躍の場が生まれる。そうした場に（とくに裕福な）女性がどっと流れ込み、ブリーダーや輸入業者、販売元として社会進出を果たした。この新たな経営者たちが、今も続く犬の飼い方に大きな影響を与えたわけだ。

犬業界では、いつだって愛情と金銭、そして金銭への愛情がない混ぜになっている。新しい犬種の輸入業者が「（犬を）完璧なコンディションにする」ことの大切さを説けば、どうしても金銭が絡み、純血種の繁殖での儲け話になる。1880年代に登場した初期のペットショップ群は、ある卸販売業者が「うちの犬にもったいないものなどない」という飼い主の心情を「利用することができる」と強調したことで、その商機をものにした。主要都市の書店街と同じように、フィラデルフィアの九番街

＊1 法の制定者は、犬は「骨など特定の個人所有物に対する占有権」を有する、と認めているが（特定の青とオレンジ色のボールも可）、法律はこれを所有権とは認めていない。

といった地区では、多くのペットショップがしのぎを削った。進歩的な時代の品質への強い関心が、フィラデルフィアのカグリー&マレンやJ・C・ロン&カンパニー、ニューヨークのドクター・ガードナーズといった薬局を思わせる店名に表れている。

歴史家のキャサリン・グリアーは、19世紀のペットショップは「世界中から集まったニオイがさらし粉[注5]と硫黄でいっそう強調され」、悪臭を放っていた、と書いている。当時のペンシルバニア州ピッツバーグの新聞にも、「壁という壁、そしてカウンターやショーウィンドウを埋め尽くす、ありとあらゆる形状と大きさの箱や檻の中で、羽や毛の生えた連中が、朝に太陽が昇って黄昏どきにその姿を消すまで、吠え、叫び、歌って不協和音を奏でている」とある。そういう店は、「かわいがる対象」を求める子どもや上流婦人にアピールするようにできていた。また、ペットショップの動物には冷蔵庫のように保証が付いていて、カナリアが歌わず、犬が番をしなければ、すぐに交換してもらえた。店主は、生命を扱っているとの認識は持ちながらも、現実的だった。業界誌では、「輸送中の動物の許容できる死亡率」や、子犬が「誰も欲しがらない、やせた若い犬」になる前に売りさばく必要性が記事になっている。

ペットショップの誕生で、「犬」の存在理由に対する認識がしっかりと形作られ、商品化されていく。同じように、良い飼い主が（衣服の形で）買うべきものと、（サービスの形で）するべきことも作り出された。20世紀初頭の雑誌『ペット・ディーラー』の掲げたモットー、「どの家庭にもペットを」が、この新興ビジネスの狙いをずばり表している。「アバクロンビー&フィッチ」[注6]といったスポーツ用品店が犬用品を大々的に宣伝し、革製品を扱う店も犬の関連商品に手を広げた。すぐに、フィラデルフィアのジョン・ワナメイカーやブルックリンのフレデリック・ローザー&カンパニーといった百貨店も追随する。犬は商品になると同時に、「消費する側にもなった」とグリアーは書いている。

消費者となった犬は、服を着て、アクセサリーを身につけた。今、フィネガンが自分の好きにできるものは、すべて20世紀初頭には何らかの形で誕生している。このころ、飼い犬の数の増加とともに、首輪やベッド、おもちゃ、衣服といったペット関連グッズを売る業界も急成長した。さらに、犬の食品業界も装備品業界と同じ時期に生まれている。どの商品も、犬の口と家庭を目がけて攻勢をかけてきただけあって、現在の犬の飼い方について、そのなりたちを垣間見せてくれる。

首輪

「首輪」はいかにも犬らしい。あって当たり前であり、犬そのものの象徴にもなった。机から目を上げると、私が長年ともに過ごしたパンパーニッケルの写真がある。前脚を伸ばして座り、なつかしい半笑いの顔で喘ぎながらこちらを見ている。耳元のベルベットのようなやわらかい毛の感触すら甦ってくるようだ。1か所だけ手ざわりが違うのは、喉のもつれ毛。赤いコーデュロイの首輪からはみ出していた。ただの布と金属でできた首輪は、彼女亡きあとも残っている。私はときどき触れては顔に近づけ、彼女のニオイを思い出す。それでも、首輪がパンプ[注7]というすばらしい存在の代役になってしまったことに心が疼く。私は彼女に首輪をするのが嫌いだった。犬の「法的所有」のまぎれもない証である首輪は、家族のような私たちの関係にはそぐわなかったからだ。古代の犬に初めて首輪がつけられて以来、それは所有と支配の象徴となってきた。人と犬をつなぐこの道具は、少なくとも数千年前から存在する。現存する最古の

犬の絵には、８０００年前に砂岩崖に彫られたものや、３０００年前のレリーフがあるが、縄や金属の首輪もしっかりと描かれている。２５００年以上昔に、古代エジプトでミイラにされた犬の首元をよく見ると、麻布のあいだから札が突き出ている。ポンペイで火山灰に埋もれた犬は、太い革の首輪をつけているが、その姿は侵入者に番犬の存在を知らせるタイル絵にも描かれている。

首輪はしかし、単に支配の道具だったわけでもない。最初から美しく装飾されていたし、貴石が付けられることもあった。メソポタミアの石灰岩に永遠の姿を残す犬は、鈴のついた首輪をしている。エジプトの墓所で見つかった首輪には金箔が張られ、「Ta-en-nût《タアンヌット》（「町の犬」の意）」と刻まれたものもある。古代の美術品には、装飾された首輪をつけた番犬も登場する。エジプトの白い革の首輪には「ピンクと緑の象嵌《ぞうがん》が施され、疾走する馬がぐるりと描かれ」ていたし、野生動物やほかの犬の攻撃に備えて、鋲や突起の付いたものもあった。

首輪はふつう革製で、富裕層のものは真鍮《ちゅう》でできていた。身につけている犬より価値があることも多く、神聖ローマ帝国皇帝カール5世の犬は、ベルベットと革、銀の首輪を付けていた。当時の首輪は特定の犬に合わせるのではなく、飼うことになった犬に代々引き継がれた。18世紀のある首輪には、「ジェリー・ステビン殿の犬W・スプリングフィールド、どの犬であろうと」と刻まれている。

戦前のアメリカではファッション熱が昂じ、郵便で注文できるペット用品のカタログなども登場した。初期のカタログには、首輪、リード、口輪が目立つ。スパイクカラー[注8]をご所望ですか？承知しました。鈴が付いた平首輪《フラットカラー》？了解です。鋲がついた平首輪、革製の鋲がない丸首輪、丸型のトレーニング用スリップカラー[注9]、重い鋲が付いた丸首輪、丸型のスリップカラー、スパイクが取り外せる丸型のスリップカラー、鋲付きの革製胴輪（ボストン、イングリッシュ、フレンチの各ブルドッグ用）、しゃれた四角い鋲付きなどもございます。それとも、お客様は貴石で飾ったタイプがお好き？お任せください！フランス製カーフレザーで鋲付きの丸首輪は、「最高級の犬にふさわしい精巧な首輪」で、ブル用は「スタイリッシュにして上品」。どちらも「犬より長持ち」する、とカタログは請け合っている。

多くは（首輪が）盗まれないようにできている。[*2] 1922年の『Q‐Wドッグ・リメディーズ《治療薬》・アンド・サプライズ《必需品》』のカタログには、「おなじみトングバックル[注10]が首輪（とおそらく犬）の紛失を防ぎます」とある。首輪用の南京錠とともに売られているのは、鈴やホイッスルだ。丸い鈴、野外作業用の鈴（「猟

犬の首輪に付ければ居場所がわかり、ストリートドッグ[注11]に付けるのも流行っています」）、有名なイギリスのホイッスルブランド・アクメ社のサンダラー・ホイッスル、角の型のホイッスル、身元確認カプセル、鑑札の前身である「足輪《バングル》」などもある。

さまざまな純血種の輸入が進むと、犬の種類に見合った首輪を、ということになり、装備品メーカーも発達していった。初期のあるカタログは、「首輪は犬種に合わせるべき」と断言している。「長毛種には丸首輪がふさわしく、短毛種は平首輪の方が見栄えがします」。ポメラニアンとトイ・プードルには華奢な首輪を、ブルドッグには目立つ首輪をつけるものとされた。別のカタログには、コッカー・スパニエルやアイリッシュ・テリア、ジャーマン・シェパードといった人気犬種の首輪と胴輪のサイズはもちろん、ジャストサイズの櫛、ブラシ、皿、（寝床用）バスケット、レインコート、セーターまで掲載されている。

なかにはアバクロンビー&フィッチの「ブラックアウト《真っ暗闇》」のように、「夜になるとラジウム製スタッズが光る」などという的外れなコンセプトの首輪もあった。幸いチョークタイプ《締めつけ》の全盛期は過ぎたが、以前はチョークタイプの首輪は、言うことをきかない、臆病、愚鈍、手に負えない、はしゃぎすぎる、嫉妬深い、意地が悪いなど、とにかくあらゆる犬の問題を解決するもの、とされていた。犬用の鞭や2本のリードのような二重になった鞭も、初期のカタログや店舗ではふつうに見かけるものだった。当時の衛生条例では、公共の場では口輪の装着が義務付けられていたため、金属や革でできたものが当たり前だった。犬にとって唯一の救いは、ハピドッグというブランドの口輪が、マズルの長さに合わせて調節できるようになっていたことだ。

ラジウムがLEDに代わっても、首輪が何ものかという本質は変わらない。装飾品である。21世紀のカタログにも、シルクやナイロン、チェーン、ロープ、革などが使われ、パールが付いていたりいなかったりする首輪が、相変わらず紹介されている。首輪はまた、支配の道具でもある。気になる問題行動を何でも解決してくれる胴輪があるかと思えば、とんでもない電子式のショック首輪も開発されている。「eカラー」というこの首輪は、飼い主の思惑ひとつで犬にショックが与えられる。要は鞭が技術的に進歩しただけであり、考え方としては同じである。現在の私たちの目には、犬が首輪をしていないと、裸同然に――あるがままの姿というよりも、迷子に見えてしまう。

家具

犬は（「家に所属する」という意味で）飼われているが、現在では家の方がますます犬の支配下に置かれている。私たちは犬に合わせて家をしつらえる。わが家の家具の選び方やラグの色が、犬の立

＊2　現在、アメリカ全州では、公共の場（ドッグランを除く）でのリード装着が義務化されており、大半の飼い主は順守しているようだ。首輪と胴輪はリードの延長である。「攻撃的」とされる犬は口輪が必要な場合もある。

場が人より上であることを示しているのはもちろん（数々の犬のおもちゃは言うまでもない）、空間そのものが、犬とどう過ごしたいかを物語っている。しかも、うちの犬は装備品だけでなく、実際に家具も持っているのだ。

　犬が主人のベッドで寝ていた証拠が、14世紀の文献に残っている。ランカスター家のヘンリーは、マスという名のグレーハウンドを寝床に入れていたとされる。[*3] 19世紀末から20世紀初頭までには、ペット用品のカタログに、人間のものをまねた犬の家具、つまり犬小屋とベッドが登場している。犬小屋は何百年も前からあった。切妻屋根で入口が1か所ついた、スヌーピーがその上で第一次世界大戦の戦闘機を操縦する[注12]ような小屋である。犬のプライベート空間というより、悪天候をしのぐ場所であり、親やパートナーを怒らせてまずい状況《in the doghouse》になったことがある人にはおわかりだと思うが、おしおきの場[注13]でもあった。1920年代までには、進歩的な飼い主であれば、「完璧な犬小屋。居心地がよく、科学に基づくじめじめしていない小屋」で、傾斜した屋根と通用口、安全な玄関のついたものを購入できるようになった。ハリケーン程度の天気には耐えられる構造で、「犬《he》が家を買うとしたら選ぶ家」という触れ込みだった。[*4] 35ドル（現在の金額に直すと500ドル超）というから、それだけの財力のある犬がいたかどうかはあやしいが。

　寝具類は、犬小屋に敷くものでも外で使うものでも、初めは家畜用の寝床、つまりきれいな敷きわらやおがくずを圧縮したものだった。やがてわらが杉の削りくずになり、さらにメーカー側は、費用よりも衛生面（ノミなどの厄介ものを近づけないこと）や美容面（毛につやが出る効果）を強調するようになる。そのうち犬小屋が室内に移動し、寝床はフレームにセットしたり床に置いたりするマットレスになった。スプリングを布で覆ったものもあれば、箱に脚をつけただけのものもある。柳や籐のバスケットにクッションを敷けば小型犬にうってつけだし、背もたれのついた長イスは中型犬にぴったりだ。バスケットは風通しを良くするためにフードが付いていたり、クッションが空気式になっていたりする。アバクロンビー&フィッチの二段ベッドは、クッション敷きの下段が「昼間のくつろぎ用」、上段が「寝心地の良い寝床用」になっていた。1940年代までには個性化が始まり、飼い主のタオルにイニシャルを入れるのと同じように、犬の毛布やクッション、ベッドにも名前が刺繍できるようになった。これでタオルやベッドが誰のものなのか、という犬同士のもめごとも解決というわけだが、それも犬に字が読めれば、の話である。ちなみに、副次的に「パップ・プラフ」という犬撃退薬も誕生し、説明書きで「シミにならず、あなたのイスから犬を遠ざけます」と請け合っている。

＊3　普遍的なことだったわけではまったくない。たとえば、イングランド王ヘンリー8世は宮廷から犬を一掃している。

＊4　もうひとつ注目すべきは、当時「それ《it》」と表記されるのが常だった犬が、「彼《he》」と表記され始めた点である。もっとも「彼女《she》」はまったく見当たらない。

服飾品

犬の服は驚くほど昔から存在した。飼い主（人）が気軽に既製服が買えるようになった時期と一緒くらいかもしれない。1910年代から20年代にかけて、『ヴォーグ』などの雑誌は、おしゃれな女性向けの最新コート、毛皮、ドレス、部屋着、乗馬服、帽子、上着、下着の宣伝に埋め尽くされていた。表紙を飾るのは、贅沢に装った典型的なアール・デコ・スタイル[注14]の女性で、ひなびた田舎や日常生活を舞台に日傘を持ち、しゃれた帽子をかぶっている。たまに恋人らしき男性や子どもも登場するが、こうした女性は犬を連れている場合が多い。護衛よろしく遠くを見つめる完璧な姿のボルゾイは、女性のコートの裏地と毛色がお揃いだ。圧巻は1922年のヴォーグの表紙で、女性が物憂げになでている脚の長いグレーハウンドは、彼女の幅広のサッシュに合わせて、宝石が付いた太い首輪をしている。

同じ年の雑誌販売店では、『ヴォーグ』の近くにペット会社のパンフレットが並んでいたのかもしれない。チュチュを着せられて当惑顔の白黒の犬が、後ろ脚で立っている写真のものだ。犬はファッション革命の脇役を務めるだけでなく、いつのまにか当事者にもなっていた。イタリアン・グレーハウンド用の、19世紀の鉤編みタッセル・ジャケットの編み図は、「極細のウーステッドヤーン（高品質のウール糸）で編んだ」タートルネック・セーターやスエードでできた防水レインコートなど、その後数十年間、おしゃれなグレーハウンドのためのさまざまなファッションの選択肢の先駆けとなった。ひとたび扉が開かれるや、犬の洋服の製造は爆発的に広がった。全犬種対応のブランケット・コート（お腹できちんとホック留めするタイプ）は、タータンチェック、スエード、オイルシルク、そして、リネンのダスター[注15]コートスタイルから選べる。アバクロンビー＆フィッチは、犬のツイード製アルスター[注16]コートに「当店の男性用スポーツジャケットと同じ船来物のツイード」を使っている、とわざわざ強調している。セーターにはアンゴラ、トレンチコートにはギャバジンが使われた。海軍の記章のついた服は、漁用犬のためのものだろうか。

おめかしした犬の足元もぬかりはない。メーカーはカーフスキンのブーツや、現在の全天候型の犬靴とは違うゴムの短靴を売り出している。初期のものは、きわめておとなしい犬でも我慢できそうにない、複雑な作りになっていた。膝上まで長い靴紐を編み上げるため、脛用のコルセットを思わせ、エドワード朝時代の女性用ブーツと大差ない。

犬の装身具をあれこれ売り込みたい店の店主向けに、オハイオ州の熱心なメーカー、クラフツマンは、ディスプレー用の犬をサービスした。このきりっとしたパイボールド[注17]柄のテリアは、「実際の犬をモデルにした張り子」だ。けれど、目はガラス製で、大事な部分は毛で隠され、断尾も施されていて、「類まれな魅力」と「すばらしいプロポーション」を備えている、とカタログに太字で書かれている。このディスプレーはモデルとなった犬と同様に、「『ドッグ・ハバーダシュリィ《よそおい》』掲載商品の、ほぼすべての服を着こなしてくれます」。

箱入り犬は、服の下も最大限にお手入れしてもらった。20世紀初頭には、早くも個別のグルーミングサービスの提供が始まり、床屋のイスにケープ姿で座った犬が広告塔になった。ニューヨーク州シラキュースのペットショップ「ハイ・ボール」の「ペットのための完璧なお手入れ」には、シャンプー、カット、爪の手入れ、そして「ストリッピング[注18]」が含まれる。アバクロンビー&フィッチは、マジソン街と45丁目の角の旗艦店での、専属ハンドラーによるプラッキング[注19]とグルーミングを宣伝した。犬をよそに連れ去られる心配ならご無用だ。「殺菌効果のあるシャンプー、爪切り、歯石取りとトリミングを、ご自宅で行います」。

おもちゃ

現在最も一般的な犬の所有物、おもちゃが勢いづいたのは最後だった。ペット用品が出回る以前、犬は使い古しのボールや用済みになった紐で我慢していたのだろう。繁殖させ、自宅で飼ってかわいがるようになるまで、犬にも何かしら楽しみが必要だと、誰も思いつかなかったらしい。初期のおもちゃには妙なものがある割に、今やペットショップの定番商品であるボールやロープ、噛むおもちゃ(音が出るのが理想)は、カタログの残り数ページに申し訳程度に載っていることが多かった。フィネガンのお気に入りのボールが紛れ込んでもわからなかっただろう。犬を楽しませるという考え自体が珍しかったようで、この上なく単純なおもちゃにも説明が必要であり、飼い主におもちゃの目的や仕組みを懇切丁寧に示さなくてはならなかった。ウォルター・B・スティーブンス&サンズの「クラックル・ボーン」には、「犬がこのおもちゃを曲げると、骨が折れたようなぽきっという音がします」との生物学的説明がつけられた。アバクロンビー&フィッチのロープ状おもちゃには、「あなたが一方の端を持ち、犬が反対側を引っぱります。ご主人様にも犬にも運動になります」と書かれている。1920年代にはすでに、買ってもらう犬より、買う人間の方が喜ぶ代物もあった。チョコレートの香りがする「香りつきボール」、骨、ゴム製の輪っかなどだ。犬用のクリスマス・ストッキング[注20]があったのは言うまでもない。

黎明期のおもちゃには、少なくとも理論上は、犬のために作られていると思えるものもある。捕食動物である犬が追い回したくなる獲物（ウサギやハツカネズミ、ラット、猫）を模した、ゴムや毛皮のおもちゃがすぐに登場し、噛まれるとチュウと鳴いたり、振り回すとニャーといったりした。サルの顔や、何ともおぞましいことに犬の頭部（スコティッシュ・テリアのような小型犬が多い）をかたどったゴムのおもちゃもあり、つぶれると内部の笛が悲鳴をあげた。お買い上げになった家庭に、もしスコティッシュ・テリアがいたら……との想像は、はばかられる。

その他もろもろ

初期のグッズがひとつ残らず、その後巨大化したペット産業でも幅をきかせたわけではない。カタログには、子犬の乳歯を抜く「歯科用鉗子」など、現在の飼い主ならまず手に取らないような代物もあった。「テイルシールド」と呼ばれる、後ろ脚につけるエリザベスカラーに似た形をしたものも、多くの家庭では持っていないだろう。これはグレート・デーンなどの犬が、犬舎の壁にしっぽを叩きつけても、しっぽが傷つかないよう保護するために必要だったらしい。20世紀初頭のグレート・デーンの暮らしぶりが、現在とはかけ離れていたことを示す物的証拠だ。

グレート・デーンがテイルシールドに尻込みしていたころ、仲間のブルドッグはもっとひどい目にあっていた。保護ではなく、体を傷つけることに特化した商品があったのだ。「ブルドッグ・スプレッダー」は、この犬種の流行に合わせて、前脚の間隔をさらに広げるために作られた。両脇に装着する胴輪で、肩を常時上に引っぱり上げ、通常の足幅を異常なまでに広げたのである。

スプレッダーは幸い、穿頭器[*5]と同じ運命をたどった。「オートストップ」とか「ストップチェイス」とかさまざまに名付けられた、首輪にクリップ留めする器具も、現在では見かけない。これはクリップから垂れ下がる革紐の先に、大きくて重いふたつのゴムボールが付いているもので、犬が走っている車（都会の犬の場合）や鶏（田舎の犬の場合）を追いかけないように訓練する道具だ。地面を引きずるボールは、囚人がつける鉄球と鎖の役割を果たした。「犬が走るとボールが弾んで、わき腹に当たるか前脚に絡まるかします」。

犬の解剖学的な構造をいじるのは獣医師に任せるようになったことや、犬の福祉に関する常識が少しずつ浸透してきたおかげで、こうした商品は姿を消した。「車好きな犬」のためのゴーグル、といった罪のない商品も人気がなくなっていった。オープンカーに乗らなければならない犬のための、操縦士がかぶるようなスポーティーなヘッドギアは、「目の痛み」を防いでくれた。けれど、鼻は風にさらされ、無防備なままだったらしい。

ドッグフード

新しく犬を飼って、あらゆる装備品（首輪、おもちゃ各種、ベッド）を揃えるとなると大変だ。けれど、大半のペット関連商品は、いきあたりばったりで生まれたもので、その必要性はまやかしである。アメリカの消費社会化とともに、如才ない企業は、家庭の生きとし生けるもののすべてを対象に商品を拡大していった。犬にベッドやセーターが必要か、おもちゃが犬にふさわしく楽しいものかは、ペットショップには関係ない。この偽りの必要性が最も巧妙に作り出されたのが、犬の食事である。

今朝、あなたは犬に食事を出した。おそらく、水の容器と並んで置いてある食器に入れたのではないだろうか。出した食事は、犬の飼育にどれだけ熱心かによって、同じ形をしたドライのドッグフード、形状ははっきりしないがニオイの良い缶詰、血のしたたる生肉に冷凍野菜を添えたもの、のいず

＊5　穿頭器とは、人間の頭蓋骨に穴をあけて邪気を出すのに使われた道具。

れかだったと思う。人間の残り物も足したかもしれないが、アメリカで暮らす犬の食器には、おおかた「ドッグフード」と明記された商品が投入される。

よくわからない原材料からできた犬専用のこの食べもの（たいていは小さく固められた謎の食品）について、少し考えてみよう。首輪と違って古代にはなかったので、まずはいつ誕生したのか、ということから始めてみたい。「犬限定の食べもの＝ドッグフード」という発想、そしてフード用の「食器」という思いつきは、どこから来たのか。これもまた、装備品が牽引して爆発的に成長したペット産業の一端から、である。カウハイドレザー[注21]を二重に使った高級な首輪、訓練用のダンベル、杉材の犬用マットを紹介しているカタログに、しっかりと「食べもの」のコーナーがある。これらの「食べもの」は、最初は様子をみながら、やがて堂々と、しつけも身なりもきちんとした犬が何を食べるべきか、を主張し始めた。

数千年前の原始犬は、人間の食べ残しである噛みきれない肉の筋や、繊維が多くて消化できない植物の茎などをあさっていた。中世の飼い犬は、主にパンをもらい、痩せすぎとみなされるとバターが「たっぷりと」与えられた。こうした間に合わせの食事の歴史が、19世紀に入って根本的に変化する。当時の新聞広告を見ると、エサを与えられる「家畜」と犬が一緒にされているのだ。１８１９年の広告には、「犬と家禽用の安いエサ」、１８１０年のものには「犬と豚のための信頼できるビスケット」とある。これは、小麦やカラスムギ、トウモロコシで作った硬いクラッカーで、割れたものも一緒にトン単位で売られていた。そのうちビスケット会社が犬に的を絞り、ビスケットを「犬の」食べものと呼び始める。ただし、このごちそうを犬に与える際には、注意書きが必要だった。スミス・ドッグ・ビスケッツは、1825年に「温かいスープに約1時間浸けておくこと」と呼びかけているが、こうしたタイプのビスケットを見て期待によだれを垂らす犬はいなかったことだろう。

1860年、ドッグフード業界は大きく躍進する。アメリカの紳士ジェームズ・スプラッツが、イギリスの波止場で乾パン、つまり、味より携行性と保存性を重視して水兵に支給されたビスケットを、犬が食べているのを目撃したのだ。商才があり、犬に最適なものを知らなかったスプラッツは、ほぼ同じものを陸上の犬のために生産する会社をすぐさま立ち上げた。

彼は汎用性の高いひとつの種類だけでなく、さらに踏み込んで犬種や役割、年齢に合わせたビスケットも作り、急成長するケネルクラブや愛犬家・狩猟愛好家のための雑誌に、ここぞとばかりに広告を打った。需要が存在しない商品だったにもかかわらず、スプラッツをはじめとするビスケット会社の奮闘の甲斐あって、大当たりする。大昔の犬が人間のゴミをリサイクルしてくれていたのに対し、現代は飼い主である人間が、年間売上げ数十億ドルにものぼる犬専用の食品産業を支えているのだ。

スプラッツが特許を持つ「X印ビスケット」は、オースチンズ・ドッグ・ブレッドやヤングス・インプルーブド・ドッグ・ビスケットといった新興の競合他社との差別化をはかり、業界は宣伝を使って「きれいな息とつややかな毛、規則正しい習慣」を求める飼い主に働きかけた。スプラッツの主力商品は、「ミートフィブリン《肉の繊維》・ドッグケーキ（ビートルート[注22]という誰も聞いたことのない野菜も使用）」と「チャコール・オーバル《木炭入りの楕円形》」だ。これにグレーハウンドケーキ、オートミールケーキ、特許を取った肝油入りオールド・ドッグケーキ、子犬用ペプシン[注23]増強ミールが加わる。さらに「あらゆる犬種にぴったりなビスケットの手引き」という冊子を付け、老犬や子犬、都会の犬、猟犬、小型の愛玩犬、大型犬向けに食事を差別化した。

　これが見事に功を奏する。20〜30年でオールド・グリスト・ミル、残念なネーミングのパード《仲間》、ミラーズ・A1レーション、ドクター・オールディング、オールド・トラスティ・オールテリア、モラサインといった同業他社の広告が新聞を埋め尽くした。スターディ《頑強》・アンド・ピュリティ《まじりけなし》は、買い手である飼い主が求める犬らしさの体現に務めた。

　今では当たり前の「おやつ」は遅れをとったものの、30年代までにはチェイペンのドッグクッキーやバウワウ《ワンワン》・ボンボン、さまざまな「クラッカー」が登場する。子どもが描いた骨のような形をした「マルトイド・ミルクボーン」は、当初は食事として売り出され、おやつになったのはかなりあとのことだ。同社のおいしいフードを使って「愛犬にごほうびをあげよう」という広告から、単におやつと呼ぶようになったのである。

　どうして飼い主はこういう食事を買ってしまうのだろうか。スプラッツのビスケットは、1876年に45kg入り、7ドルで売られていたが、これはどう考えても重すぎるし高すぎる。けれど会社側は、くだらない買い物でも贅沢品でもなく、必需品だと必死に訴えている。ほとんどのドッグフードは人間が食べるには不適格だし、食料庫に買い置きしておくものでもない。このことは皮肉にも、犬に人間の残りもの、人間に不要なものを与えてきた歴史と、完全に一致している。唯一違うのは、犬が労働者としてではなく、伴侶やショードッグとして大切にされ始めた時代に、犬のために特別に作られたもの、として販売されたことである。科学的裏付けが介入する間もなく、大量の宣伝がなされた。ケネルクラブの品評会のチャンピオンと提携し、その栄誉にあずかるメーカーも出てきた（モラサイン社は、「特許をとった特別な製法。優れた健康状態を保って〝審査員をあっと言わせ〟〝上位入賞〟間違いなし、とうたっている）。巷で話題になり始めた、「バランスのとれた」栄養の大切さを反映させるところもあった。その多くは、食べ続けることで犬の健康状態が具体的にどう改善するかを訴えた。「フィッシュ・ビスケッツ」の宣伝文句は、「吸収がよく、疥癬、皮膚炎、ジステンパーを予防する」で、胃腸のガスを吸収して犬の「嫌なニオイ」を軽減する、という商品もあった。マルトイド・ミルクボーンは、腸の働きを整え、毛並みを良くし、虫歯を予防し、筋肉をつけるとされた。スプラッツは、とりわけ「問題児」、つまり消化に問題があってフードを食べたがらない犬に効果的、と宣伝した。子犬用の特別なフードは、早くに母犬から離乳させることができるので、より早く、多くの子犬を販売することができるため、当時新たに始まった犬の繁殖という娯楽にメリットがあった。

利便性もセールスポイントだった。ビスケットはスープと一緒に食器に浸しておけば良い。

1880年代までには、子犬や病気の犬の飼い主は、ビスケットを砕いた粒状のドッグフードや、「粗挽きビスケット」[*6]の原型も買えるようになった。ふたつの大戦のあいだに缶詰が普及すると、犬用の缶詰も一般的になった。ドッグフードを砕いたり、缶詰に加工したりするのは新機軸ではなかったが、この時期の普及が、現在ドッグフードといえば固形のドライタイプか、缶詰のウェットタイプを指すことにつながっている。

やがて、セレブ犬によるお墨付きが始まった。「ケネル・レーション（同シリーズのパピー・クランブルとリブエル・ビスケット）」は、名犬リンチンチンが食べていることが売りで、名犬ラッシーのラジオや映画には「レッドハート・3フレーバー」の宣伝が流された。こうしたドッグフードにはもちろん販促品が必要で、そこで犬専用の食器が誕生する。たまに「Good Dog」と刻まれているところまで現在のものとほぼ一緒だが、私のお気に入りのスパニエル用は違う。長い耳が垂れてフードに付かないように、皿の上部がすぼまっているのだ。私が見たカタログの中では、非常に有意義と思われる唯一の商品だが、エナメル加工の食器や鯨皮を使った首輪の掲載ページで、こぢんまりと紹介されている。

こうした犬用食器に入れられる商品は、家畜用の「エサ」ではなく「フード」と呼ばれるが、どっちもどっちではないだろうか。ドッグフードには、小麦粉、オーツ麦、ミドリング粉[*7]、各種野菜、骨粉、詳細不明の肉が含まれている。初期のドッグフードの多くは、堂々と馬肉を用い、「ブルックリンズ・ピュリティ」などは「しっかり煮込んだ馬肉！」とうたっているが、これはどの動物を食べるべきか、[注24]という近代的配慮（とその大儀名分）が生まれる以前のことである（ビートルートを使ったビスケットを擁するスプラッツは、馬肉を食べると犬が「不快なニオイになる」と異を唱えた）。やがて、食肉処理場の大規模化に伴い、メーカーはそこから出るどろっとした粥状の残り物を利用するようになった。

アメリカでは、ほとんどのドッグフードが馬肉を使わなくなっている。けれど、捕食動物としての犬や、飼い主のような美食家としての犬など、文化的にとても狭い範囲の考え方は反映されている（ゆえにバイソンは食べさせるし、パッケージに肉や魚の上質な切り身が描かれる）。2018年には、ドッグフード会社ワイソングが、ライバル各社がラムチョップなど原材料に含まれていないものをパッケージに載せているのは詐欺だと訴訟を起こした。裁判所の裁定はこうだ。「常識的に考えて、合理的消費者は、人間が食べているのと同じ肉でドッグフードが作られているとは考えないと思われる」。裁判所は、一般常識を買いかぶっていたのではないだろうか。初期のドッグフード・メーカーは違う。

＊6　人間用シリアルの原型でもある。

＊7　ミドリングスまたはミッズは食事の簡易表現で、小麦粉の中級品（上質な部分を挽いた残り）や、製粉で出る副産物を指す場合もある。現在はフロア・スイーピングス《床に落ちた屑》と称されることもあるが、実際は製粉所の残りくずと同様の栄養価がある。レッド・ドッグと呼ばれる最下級の小麦粉は、ふつう犬には与えない。

買い手は無知だと知っていた。だから無料で与え方を指導したのだ。メーカーが言い出すまで問題だと思われていなかった給餌法について、カタログを何ページも割いて説明している。スプラッツの冊子にはこうある。「残念ながら、体に良いものと好きなものが犬に区別できるとは限りません。きちんとした食事で犬の健康と寿命が守れるかどうかは、ひとえに飼い主であるあなた次第です」。そこで、食事の回数（通常は1日2〜3回だが、場合によっては6回）と、1回の必要量が指定された。犬には適当に骨を放り投げるだけでよかったのに、わざわざ食事が複雑化され、それをもう一度ドッグフード・メーカーが簡略化してくれる、という構図がここにできあがる。「どうしてあれこれ手間をかけるのですか。ピュリナ・ドッグチャウなら簡単かつ手頃です」。そして、食卓から犬に「ごちそう」をあげて甘やかすと、太りすぎやえり好みといった問題を引き起こす、と訴える。解決法？ドッグ・ビスケットです。「健康を考えると、ほかの食べものは犬には必要ありません」。スプラッツは1886年に解説している。「目先を変えたければ、羊の頭や臓物などと一緒に、キャベツも少し加えて煮ればいいのです」。ビスケットが気に入らないときも、「例外的に頑固な犬も飢えさせれば」食べるようになる、と勧めている。私なら、このアドバイスを目にしただけで犬のビスケット売り場には近寄らなくなる。変化をつけるのに良い食材は、ブロッコリー、ケール、カブ、ニンジンに似たパースニップ、（ジャガイモ以外の）よく加熱したほぼすべての野菜、果物、スープ、グレイビーソース、牛乳、バターミルク、カッテージチーズ、タマネギ[注25]、レタス、イラクサ。つまり、ほぼ何でも可である。

飼い主はドッグフードだけでなく、もれなく授けられる助言の方も歓迎した。その道の権威ぶって商品の確かさに箔をつけるビジネスモデルは、犬グッズ業界で大いに威力を発揮した。初期のメーカーの多くは、犬の手入れやしつけ用品、薬も提供し、とくに薬は喜び勇んで売り出した。「犬の専門家」らしき人物や、資格のあやしい医者、匿名の「その筋の権威」、科学的な言い回し（「近代的な犬舎で」「生物学的なテスト済み」などなど）を総動員して宣伝したのは、ドッグフードだけではない。便秘薬、「発作」や赤痢のための錠剤、ノミ退治や活力増進のパウダー、口唇潰瘍や疥癬に効くローション、痒がる犬のための調合薬、どんな用途にも使える膏《こう》薬に塗り薬、増毛剤、貧血改善薬など、あらゆる治療薬や調整剤が売り込まれた。リューマチの錠剤や塗り薬は数えきれないほどで、この症状に悩まされている犬が多かったようだ。ノミや寄生虫対策のためのトニックやパウダーも同様。さわやかな息のための洗口液もあった。話題の塗布薬「キューピッド・チェイサー」は、レモングラスや柑橘系オイルが原料で、発情期の犬にたっぷり塗ってしつこいオスを撃退した。逆に「セックスアピールを刺激・増強する」媚薬もあった（「人間の使用は違法」との但し書きあり）。

自分でも思いもよらなかったが、私も「オン・ザ・ノーズ」という咳やしわがれ声の薬（「犬の鼻に少量塗っておけばなめてくれます」）とか、「ワウ」というパインオイル・シャンプーなら試してみたい気がする。実際、薬やせっけんの多くは、人間に使っても問題ないとされていた。Q‐Wドッグ・カタログには、滋養強壮に富む犬たちに混じって、同社の疥癬ローションを頭にふりかける男性が載っている。彼は毛は抜けていないように見えるのだが。

勢いづいた犬グッズ業界は、トレーニングの助言をし、家庭でのマナーやしつけにも口を出すようになった。21世紀の飼い主が、犬の「行儀の良さ」について話し始めると、私はそうした考え方をでっち上げた1世紀前のドッグフードの冊子を思い起こす。トレーニングの助言といっても、犬が悪さをしたら、顔をぴしゃりと叩くかしっぽを引っぱるかしなさい、ゴミ箱やイスに近づかせないためには、ネズミ捕り器をしかけておきましょう、といった程度だ。当時のピュリナ・ドッグケアの冊子には、犬を庭から出さない方法が載っている。「ベネチアンブラインドの細めの紐を持ってきて、やわらかくなるまでよじれを伸ばします。一方を犬の首輪に結び付けます。火傷をしないように手袋をつけてください。そして、庭の外から誰かに犬を呼んでもらいます。犬が庭の端まで行ったら、〝こらっ〟と叫び、紐を強く引いて停止させます」。

現在、こうした配慮のない「トレーニング」は、より人道的でより効果的な、正の強化を利用したトレーニング[注26]にとって代わっている。通常は、これらのメーカーがごほうびとして作ったとてもおいしいおやつを、たんまり使って行われる。犬のケアに関する考え方（何を食べさせ、何を着せ、どう楽しませるか）は、ビジネス上の利害のせいで、それらが生まれた1世紀前から驚くほど変わっていない。犬に対する私たちの文化的態度が大きく変わっても、犬の飼育グッズは、ほとんどその余波を受けないのである。

‡　‡　‡

過去と現在をつなぐ大切な要素、それは犬と飼い主の絆である。初期のカタログに描かれた小型犬とその関連グッズは、どれも飼い主の犬への愛情と、それをどうにかして表したいという思いを当て込んでいた。私たちは犬への愛情をどうやって示せば良いのだろう。ペット産業は、まだ歴史は浅いながらも、そうした思いに応えようと必死である。動物を飼うことの複雑さが、購入できるモノに落とし込まれ、何かを与えたいという私たちの欲求がどれほどうまく処理されたかは、業界の成功をみれば一目瞭然だ。犬が飼い主の完璧な生活の装備品であるように、犬のアクセサリーは、ブランドのバッグや最新モデルのスニーカーと同じく、飼い主の富とステータスを誇示する役目を果たしている。

私が21世紀のペットショップの品揃えに目を丸くしている間に、あのジャック・ラッセルは店を後にしていた。私は店内をぐるりと見まわし、アプトンが喜んで噛みちぎりそうな、太い脚のついた丸いおもちゃを見つける。ふたつゲット。音の出るオレンジと青のボールは、フィネガンに。小さなジンジャーブレッドマンの形をしたピーナッツバター味のおやつ1箱と、妙に噛みごたえがありそうな天然色素系のおもちゃも。合成ゴムのブーツも買っておこう。歩道に撒かれた融雪剤が、犬の足に刺さって切れるのだ。レジで店主と犬のことで言葉を交わす。64ドル76セントを渡し、うちの子たちを驚かせようと帰途につく。

注1 **ポーラーフリース** ポリエステルからできた、やわらかで毛羽立った保温素材。

注2 **レオナルド・デルフォーコ** コルセットをイメージしたようなセクシーな小物が人気の海外ブランド。

注3 **キ甲** 首のすぐ後ろにある、肩の最も盛り上がった部分。肩甲骨の上端のこと。この位置から地上までの高さが犬の体高。

注4 **フラッパー** 1920年代に欧米で流行した、新しいファッションや生活スタイルを好む若い女性たちのこと。短いスカートや濃いメイク、セックス、酒、タバコを楽しみ、自由で開放的な生活を謳歌した。

注5 **さらし粉** 次亜塩素酸カルシウムを含む白い粉末で、塩素のような刺激臭があり、漂白剤、殺菌剤として使われる。カルキなどとも呼ばれる。

注6 **アバクロンビー&フィッチ** 今では若者に人気のカジュアルブランドとして知られるアバクロだが、創業当時はスポーツショップであり、意外にもキャンプや狩猟のためのアウトドアグッズを売っていた。

注7 **パンプ** パンパーニッケルの愛称。

注8 **スパイクカラー** 中・大型犬のトレーニングなどに使われる、内側に突起がついた首輪。引っぱると突起が首にあたる。

注9 **スリップカラー** 犬が引っぱると、首が締めつけられる首輪。

注10 **トングバックル** よくベルトや腕時計に使われている、標準的なタイプの留め金具。

注11 **ストリートドッグ** 飼い主はいないが街中に住む犬のこと。

注12 **スヌーピーが〜操縦する** このマンガやアニメのファンにはよく知られたエピソード。スヌーピーは犬小屋を戦闘機に見立てて屋根に座り、第一次世界大戦の撃墜王になる自分を妄想する。しかも、彼の犬小屋は人間の家以上に豪華で、地下室やテレビ、エアコン、ビリヤード台、図書室まであるとか。

注13 **おしおきの場** 「in the doghouse」は、「相手を怒らせて気まずい状況におかれている」という意味の英語の慣用句。失敗や望ましくない行為をした結果、「おしおきとして犬小屋行きになった」と比喩的に言っているわけだ。反対に「out of the doghouse」は「関係を修復する」の意味。

注14 **アール・デコ・スタイル** それまで主流だったコルセットを使わない、膝丈でローウエストの筒型ドレスなど、直線的なデザインが特徴のスタイル。リボンやフリルといった過剰な装飾は省かれ、単純な線からなる幾何学模様などが好ま

れた。スパンコールやビーズを使った刺繍も多用された。

注15 **ダスターコート** 春先などに着る、ほこり除けのためのゆったりめの薄手のコート。もともとは馬に乗って草原などを回るためのアウター。

注16 **アルスターコート** クラシックなコートの型のひとつで、いわゆる襟付きのダブルのコートを指す。

注17 **パイボールド** 白地に1色か2色のまだらが入る毛色。一般的には白に黒が入ることが多い。

注18 **ストリッピング** テリアなどの毛の硬い犬に使われる手法で、被毛をカットせずに抜くことで硬い毛質を保つ。

注19 **プラッキング** ストリッピングと同様だが、ストリッピングが全身の毛を一度に抜くのに対し、プラッキングは全体の3割程度の毛を抜いて、少しずつ硬い毛を生育させる。

注20 **クリスマス・ストッキング** サンタさんにプレゼントを入れてもらうために吊るしておく、大きな靴下や靴下形の袋のこと。

注21 **カウハイドレザー** 生後2年以上経過し、出産を経験した雌牛（カウ）の革のこと。雄牛の革よりもやわらかいが強度は劣り、子牛の革よりは厚みがあって丈夫。

注22 **ビートルート** ビーツのこと。日本では赤カブとも呼ばれるが、じつはカブではなく、ホウレンソウの仲間。従来は「ボルシチに入っている野菜」のイメージが強かったが、「食べる輸血」とまで言われるほど栄養豊富なので、近年、注目が集まっている。

注23 **ペプシン** タンパク質を分解する消化酵素。子犬の消化を手助けする目的で加えられたのだろうか。

注24 **どの動物を食べるべきか** 英米では人間も馬肉を食べる習慣がない。馬は人間の仲間であり、人はもちろん犬も食べてはいけない動物である、という認識が強い。

注25 **タマネギ** 犬にとってタマネギは危険な食べもの。誤って食べると主に貧血といった中毒症状を引き起こし、重症化すると死に至ることもある。タマネギに限らず、長ネギやニラ、ニンニクなども有害。誤食してしまった場合は、すぐに動物病院に連れていき、胃洗浄などの処置をしてもらうこと。

注26 **正の強化を利用したトレーニング** 「ある行動をした結果、良いことがあると、その行動の頻度が増す」といった「正

の強化」を利用して、人間にとって望ましい行動をとったときに、ほめる、遊ぶ、おやつを与えるなどの良いことを犬に与えるトレーニング方法。

8章 鏡のなかの犬、鏡になる犬

20世紀のフランスの哲学者、ジャック・デリダは猫を1頭飼っていたらしい。というのも、猫の視線をきっかけに羞恥を覚え、相当にあれこれ考えて、何ページにもわたる文章を残しているからだ。猫に見つめられたデリダは、その揺るぎない視線を前に「à《ア》 poil《ポイル》」（まる裸、あるいは「体毛だけの状態」）にされた気分になる。猫は「ひたすら見るためだけに、身動きひとつせずに」見つめてくる、とこぼす。そして、鏡を持ってきて、全裸の自分とそれを見る猫の視線を直視し、自分にとっては猫こそが鏡だ、と言い切った。

デリダの猫は、洞察力が鋭かったのかもしれない（哲学者の猫には、おふざけが通じないということか）。けれど、自分を見つめる猫を、彼はほぼ見ていない。デリダにとって、猫が何者で、何をしているかはどうでもよかった。猫は実在した、と彼は言っている。それは「小さな」猫で、朝はバスルームまでついてきて鳴いて朝食をせがみ、彼が服を脱ぎだすといなくなる。デリダとこのミャアと鳴く猫の関係性が知りたくなるが、その思いは満たされない。おざなりな描写以外、何も語られないからだ。三毛猫なのか黒猫なのか。怖がり? 無毛? 朝には毛づくろいをして、夜にはいもしないネズミを追いかけているのか。勇敢? 暴れん坊? 人見知り? 閉まるドアにしっぽを挟まれたことはあるのか。彼の膝の上でくつろいで、まぶたが重くなってくると、ゴロゴロ喉を鳴らすのか。猫の視線から始まった50ページにわたる文章のどこにも、猫の外見やクセ、何をして過ごすのか、デリダがどのように遊んでやるのかは記されていない。猫そのものに関する記述ではないから、仕方がないのだろう。けれどもそこが厄介で、この猫は自己洞察の道具、他者に気にかけられている、という自己陶酔に使われる存在に過ぎないのだ。

現在、私たちを映し出す鏡と思われている動物は、猫よりも犬のことが多い。犬と暮らしていると、背後の犬が鏡に映り込むことがあると思う。名前を呼ぶとガラス越しに視線が合い、もの言わぬまなざしに、一瞬こちらの動きが止まる。見慣れているのに、これまでとは違う場面。目にしているのはなじみの愛犬だが、その視線の奥で何を考えているのか、という謎がちらつく。私たちが犬といるときのクセや、彼らの性質が心に浮かび、同じ空間にいながら、お互いを把握していない状況があらわになる。鏡を手に、現実を直視してみよう。

‡ ‡ ‡

私は、処女作『犬から見た世界』を執筆していた10年以上前、揺籃《ようらん》期にあった犬の認知科学の研究結果を基に、犬好きの人たちに新しい犬の見方を伝えたい、と思っていた。実際には、初期の研究成果をそのまま自分の犬の理解に役立てていた。そして、ほかの人たちもそうしたいのではないか、と思った。というのも、犬の飼い主からよく質問を受けるようになっていたからだ。「どうしてうちの犬は……(ものに転がり込むの? くるくる回るの? あんな風に吠えるの? あんなものをなめるの? 私のことを嗅ぐの? あんな場所でオシッコをするの?)」。もちろん、こんな質疑応答は研究ではないと、すぐに悟った。科学の成果をまことしやかな返答に使う場合もあるが、私は飼い主が心から不思議に思っていることを研究で扱いたいのだ。さらに言うと、犬の研究に関して私が抱く究極の問いは、「犬であるとはどういうことか」であり、それは今も変わっていない。ところが、ほかの多くの人たちが気にかけているのは、むしろ「犬が自分をどう思っているかに関する知見」だった。

犬の認知研究はつまるところ、犬がいかに私たち人間を反映しているか、ということへの関心から出発している。人間以外の動物の研究に価値があるのは、人間の参考になるから、というのが、犬の認知科学を大きく発展させた比較心理学の前提だと言える。たとえば、私たち人間は知能のピラミッドの頂点にいることにこだわる。進化の結果を話題にするとき、「高等、下等と言うべからず」とダーウィンは警告しているが、にもかかわらず、私たちは自分を「高等」だと思っている。ある比較認知の本は、こんなもったいぶった始まり方をしているほどだ。「人間は認知過程において、あらゆる動物のなかでも特別なのだろうか」。

「認知」とされるものを私たちが調べ、定義してきたのだから、ことは人間に有利に運ばれてきたと言わざるを得ない。人間以外の動物に同等の認知を認めるハードルは、つねに高く設定されてきた。動物の認知・知能を科学的にとらえる現在のアプローチは、霊長類が人間しかいない大陸で、数千年にわたる経験を基に形作られてきた。人間の注目に値することをしているのは人間だけなのだから、西洋文化に人間を特別視する感覚が根強いのも無理はない。自らを説明し、定義したいという衝動に見合うように、何が人間を特別たらしめているのか、という問いも、同じくらい昔から扱われてきた。プラトンもこの定義づけに参戦したひとりで、人間は「翼のない二足歩行の動物」だと説明している。これに対し、ひねくれ者で知られる同じギリシャの哲学者ディオゲネスは、鶏の羽をむしって、「これがプラトンの言う人間だ！」と言ったらしい。

プラトンはすかさず「はばの広い爪を持った」（つまりカギ爪を持たない）をつけ加えた。以来、私たちはそのリストに条件を加え続けている。随筆家のトーマス・カーライルは、「人間は（翼がなく爪がはば広で二足歩行の）道具を使う動物――ものを使って可能性を広げる洞察力と賢さを持ち合わせた、唯一の種だ」と説明した。これに、ジェーン・グドールが待ったをかける。彼女は、チンパンジーが蟻塚に草の茎を差し込んで、大好物のシロアリを釣り上げるのを観察した（兵隊アリが闖入者を攻撃し、結果としてアリのアイスキャンディーができあがる）。彼女の研究以降、アリやスズメバチ、鳥のフィンチ、カラス、カワウソ等も道具の使い手に加わった。ここで、「なるほど、でも道具の作成は？」との反論が出てくる。私自身はペンもキーボードもドリルも作り方を知らないが、そうした道具が作れる人間も確かにいる。グドールはすかさず、チンパンジーが小枝を曲げて葉を取り除き、道具らしくする例を報告した。彼女の師ルイス・リーキーは、「こうなると、道具と人類を再定義しないかぎり、チンパンジーを人間と認めざるをえない」と応じた。ちょうど、ワタリガラスが小枝を曲げて、地虫を捕まえるのにぴったりのカギ形にした、との研究が出て、そうした定義の根本的な見直しを迫られているところだった。そもそも、高度な脳機能を持たないと考えられているアリが、水を移動させるスポンジとして葉を使う例もあるのだ。

何が人間と動物を決定的に区別しているか、のリストは長々と続く。この心もとない連なりは、科学がつねに力点を変えてきたことを示す歴史的記録でもある。人間性の必要条件リストだが、決してこれで十分とはならない。それでも自分たちは特別だと信じて疑わない私たちは、ある学者がある区別を唱えれば、それが最後だと思ってリストに付け足してきた。模倣すること、教えること、言語を使う能力、自意識があること、文化を持つこと以外に、リストの項目は十数個にも及ぶ。だが、決定打はない。動物に模倣や教育、文化の伝達らしき行為がみられると、その能力の定義が見直される。自然界に数限りなく存在する複雑なコミュニケーションを前に、今や私たちは、言語を使うことの意味にやたらとこだわるしかなくなっているのである。

動物研究への関心は人間への関心から生まれているので、かつては犬から大切なことが学べるとは思えなかったのだろう。結果、私が働き始めた当初、「犬の認知」という研究分野は存在していなかった。研究者は、人間に最も近い類人猿（チンパンジー、ボノボ、オランウータン、ゴリラ）や、やや遠いサルを研究対象にした。犬と霊長類には、哺乳類としての特徴が共通するが、貴重な認知能力を持つことも共有している、とは考えにくかったのだ。なんと言っても、人類がチンパンジーやボノボから分離したのが約５００～７００万年前なのに対し、進化上で霊長類と犬の祖先である肉食動物が分離したのは、およそ９０００万年前にまで遡るのだから。

それでも、犬たちが長年、前足で研究者の足元をつつき続けてくれたおかげで、めでたく犬の研究が始まった。すると驚くなかれ、犬は人間以外の霊長類には見られない認知能力――私たちと目を合わせ、視線や方向指示で、私たちが見ているものを理解する能力を持っていたのだ。

人間だけが社会性に優れている、という考えは、ここで終了した。犬が認知に関して私たちに教えてくれるのは、賢さの源はひとつだけではない、ということだろう。他人の意図を読みとってその行動を解釈する私たちの能力は、少なくとも1億年前に哺乳類が身につけた社会性と関係している。「賢さ」を「人間がやるとおりにすること」と定義するなら、私たちは賢い種である。けれど、人類とはかけ離れたほかの種も、そうした能力をある程度持っている。しかも、私たちが賢さの定義に入れ忘れた、もっと別のことができるのだ。エコーロケーション[注1]、電気受容[注2]、磁覚[注3]、赤外線・紫外線・

電界[注4]・亜音速[注5]や超音速周波数の探知。飛ぶ、ダムや巣を作る、（クモが）巣をかける、構造物を作る。崖を登る、水上を歩く。無性生殖、雌雄同体、四肢の再生、睡眠しながらの飛行や遊泳、ニオイの追跡、怪力、擬態……と、きりがない。犬は私たちに、人間だけが賢さを発揮しているわけではないと教えてくれている。

‡　‡　‡

でも、今あなたの隣に座っている犬があなたについて教えてくれたのは、そんなことではないだろう。犬の認知研究では人間の脳を意識するが、私たちが犬について考えるときは、犬の行動と様子を気にかける。犬は私たちの理想を映し出す鏡で、私たちは自らに求めるものを犬に見出す。犬の忠誠心に感心し、自分に会って喜んでくれればうれしがる。タブロイド紙のクイズよろしく、自分が選んだ子犬が、自分について何を語っているのかを知りたがる。ここまでくると、本当の自分と交信してくれる犬の超能力者や、未来がわかる占星術師の出番だ。

何列にも並べられたシェルターのケージの中から、選び出した犬。引き取り可能な犬をネットで調べながら、しつこく読み返すプロフィール。車のドアを開け、家に連れて帰った道端の犬。ブリーダーのところで身をよじらせている、生まれたての毛のかたまりの中から目をつけた子犬――なるほど、そのすべてが私たち自身を物語っている。予測可能性を重視するのか、本能のままに行動するのか、度胸があるのか、困った顔を見過ごせないのか。犬を仲間ととらえているのか、身代わりにしているのか。癒しなのか、おもちゃなのか。そうした問いへの答えが、私たちの選択に反映されている。

おまけに、犬と飼い主は身体的に似通ってくる。両者は見た目まで近づくのである。カリフォルニアやベネズエラ、日本から実験に参加してくれた被験者は、純血種の犬の写真を見て、偶然とは思えない精度でその飼い主を言い当てた。被験者も実験者も、どうして飼い主と犬を結びつけられるのかはわからない。あごの角張った男性とブルドッグ、長い巻き毛の女性と長毛のアフガン・ハウンド、凝ったカットのプードルと同じような髪型の女性、という連想以上の何かがそこにはある。飼い主の服を犬のサイズに直して着せるという、唖然とする行いのせいでもない。[*1]それでも両者のあいだには、あいまいながら根本的な特徴、たとえば根っからの明るさとか、颯爽とした身のこなし、生真面目さなどが共通し、それが目を引くのだ。ある調査にはこんな報告がある。「ちょっと間の抜けた笑顔の男性と、にんまり笑ったゴールデン・レトリーバー」を、誰もがそっくりと結論づけたのだ。

他人が私の写真を見て、若いころずっと一緒だった、羊のような縮れ毛のパンパーニッケルや、つやつやで真面目顔のフィネガン、その兄弟で無骨ながらもカリスマ性のあるアプトンと結びつけるかはわからない。それでも、確かに私が惹きつけられるタイプの犬は決まっている。表情豊かな眉毛を見ると、胸が高鳴る。ふさふさしたひげと穏やかなまなざしにも目がない。つぶれた鼻の犬がかわいいという人もいるが、私はそういう顔を見ると落ち着かなくなる。超大型犬に会うのはうれしいが、自分で飼いたいとは思わない。手のひらサイズのちっちゃな犬もしかり。

この本能を、歯に衣着せぬ研究者は、「ナルシシズム」のなせる業と言うだろう。私たちは見慣れたもの、鏡に映る像と似たものを好む——細部ではなく、全体の形が、である（私は眉の表情が豊かではないし、あごひげも生えていない）。人間は、自分の名前に使われているアルファベットや、誕生日の数字を好み、自分に似通った人の近くに腰かける。つまりは、自分を想起させるものが好きなのだ。付き合う相手を選ぶときに我々が行っていることは、研究者が「同類を求める自己」と呼ぶものによる（とはいえ、自分と似すぎていてもまずい）[*2]。類似点のあるものや適合する遺伝子を選ぼうとする「同類交配」は、進化における安定戦略である。それが、子犬選びにも浸透しているのかもしれない。フィネガンの毛質が私の髪にとくに似ているとか（彼はつやつやで私はくせ毛）、私が彼のような真剣なまなざしをしている、というわけではない（私の表情は、たいてい当惑と慎重のあいだを行ったり来たりしている）。フィネガンの全体としてのあり方（やる気や関心、判断力）が、私をほうふつとさせるのだ。

＊1　これはひどい。自分が犬をまねて着飾るのはかまわない。だが、犬が自分で着飾ろうとするのでない限り、放っておいてあげてほしい。

＊2　近親相姦を避けるためである。

性格診断をすると、私たちの気質は飼い犬のそれと一致する。[*3] 心配性で神経症傾向の強い人は、そういう犬を飼う可能性が高く、外向性や同調性は飼い主と犬で同レベルになる。人懐こい犬を飼っている人は、その人自身が親しみやすい。神経症傾向のスコアが低い人は、刺激に対する効果的な対処法の指標とされるコルチゾールの変動性が高い犬を飼っており、[注6] その逆もまたしかりである。

社会的ステータスとされるものも、犬と飼い主で一致する。私自身は文句なしの雑種で、それを自負している。でなければ、血統証明書のない犬を飼ったりしないだろう。チャーリー・チャップリンの映画『犬の生活』に出てくる浮浪者は、お似合いの恵まれない野良犬、スクラップスと仲良くなる。彼らは互いに、窮状にある、という点でステータスが一致している。

私たちは、人間のような顔をした犬を好む。それと知らせずに実施した嗜好テストでは、（人間のように）瞳の虹彩に色があり、人間がほほ笑んだときのように口角が上がっている犬が好まれた。動物行動学者のコンラート・ローレンツが、人間は赤ん坊のような幼い外観の動物を好む、と言ったのは有名だ。彼の考えには裏付けがあり、一般に、白目が多くて額が広く、頭部の大きな動物は、いずれも人気なのである。テディベアは、消費者による長年の選択の結果、眉は太く、鼻は低く進化した。ミッキーマウスは、映画デビュー当時はやせっぽちのいたずら小僧だったが、その後、目がやたらと巨大化し、大きな頭は、今にも胴体から転がり落ちそうである。ローレンツは、こうした特徴は赤ん坊の外見をまねた（あるいは誇張した）ものだという。人間が（動物園で）見たい、（自然界で）助けたいと感じる種の多くも、こうした特徴をそなえている。無毛のハダカデバネズミや、鼻がしっかりと太いマンドリル、顔の小さなアシナガコウモリは、まず愛してもらえない。

私たちが犬好きなのは、犬が私たちと同じように行動するからだ。犬はホワイトノイズ[注7]よりも赤ん坊の泣き声に反応し、指そのものではなく人が指し示した方向を見る。また、子どもと一緒で、動きを私たちに同期させる。同じ部屋にいるとき、飼い主が動かないと犬もじっとし、こちらが動けば動き出し、飼い主と同じところを見て、部屋の同じ側にいることが多い。

‡ ‡ ‡

犬に自分を重ねることには意義がある。作家のヘレン・マクドナルドが言うように、私たちはいつだって「自分のあり様を拡大し増補する」ために動物を眺めてきた。神話には、実際の生きものというより、人間の概念を表す実体としての意味を持つ動物たちが登場してくる。ペリカンは、食事や巣作りの場所を求めて大空で羽ばたく鳥ではなく、自己犠牲の象徴である。毒のある爬虫類で、すばやく攻撃するマムシは、嫌な夫をいかに耐え忍ぶか、の実例を示す。このように、動物に姿を変えると、

＊3　少なくとも、実験に参加した犬と、一緒に協力してくれたその飼い主のあいだではそうだった。

人間は己の欠点にしっかりと向き合える。自らの迷いや衝動を動物に転嫁し、気まずい思いをせずに昇華させられるのだ。

犬に人間の姿を見るのは、典型的な擬人化だ。つまり、自分の姿や特徴の、まわりのものへの投影である。私たちは、自然に並んでいる岩に人の顔を見、雷に「怒り」を感じる。これをそのまま犬に当てはめても、効果は限定的で的外れになりかねない。けれど、犬との会話のきっかけにはなる。生活のなかに犬の場所を作ってあげられる。知っているものを目にしている確信、自分を見ているとの思いがあるからだ。動物学者のエリカ・ファッジは、犬の「疑人化」は、「人とペットの絆の核心にある」と言う。擬人化することで、犬は私たちと同じように(人間中心に)世の中を見ていないのではないか、との疑念から解放される。ジェームズ・サーペルは、「ペットが人間的な感情や意思以外のもので動いていると匂わせたとたんに、絆の価値は下落する」と書いている。確かに、ベッドの中にいる毛むくじゃらでニオイがする四つ足の生きものを見ると、いかにも異質なものに見えてしまう。犬の世界に飛び込んで犬とつきあってはみても、四つん這いで鼻先を地面につけてニオイを嗅いだことのある人はまずいない。

おそらく、気づいたこと、理解できそうなことから手をつけるしかないのだろう。それは、犬に人間らしさを与えるための、寛大なまなざしだ。ものや商品と見なされる家畜の牛や豚、鶏は、人間味があると見てももらえず、まったく相手にされない。見つめられる対象としての犬の立場は、格段に上である。だから私たちは、犬が見つめ返してくれるだけで報われた気がするのだ。第二次世界大戦中に捕虜になった経験があるフランスの哲学者、エマニュエル・レヴィナスは、人間として扱われず、仲間とともに森で過酷な労働を課せられた当時を述懐している。そんな状況でも、1頭の野良犬が人懐こく近づいてくるのに悦びを感じたという。その犬にとって、「私たちは間違いなく人間だった」からだ。

‡　‡　‡

犬に自分を重ねるという私たちのクセには、マイナスの面もある。犬が自分たちのように振る舞うから好きなのだとすると、そうでないときはとんでもないことになるからだ。最も害のない場合ですら、私たちは気まずい思いをさせられる。強烈にかわいい、4本の脚を持った社会の潤滑剤を散歩させていると思ったら、歩道のまん中でふんばり始め、下痢をしてしまうと、その隣で恥じ入るしかなくなる。そう、犬に自らを反映させることは、面目を丸つぶれにするリスクがあるのだ。あいさつ代わりにほかの犬のニオイを嗅いでいた飼い犬が、いきなり相手に跨ったら、大声で叱るしかない。なぜならこの行動は、初対面の相手に笑顔で接していた飼い主が、急に相手の服を脱がせにかかったようなものだからだ。

むこうは犬なので、こちらをドギマギさせる術には事欠かない。ウンチの上で転がる。ウンチを食べる。出会ったばかりの友達の股間に、鼻を押しつける。やめてと思うときに跳ね、追いかけるべきでないときに追いかけ、呼んだときには来ない。室内でオシッコをすることもあれば、エレベーターですることもあるのだから、芝生でピクニック中の人に対してしてしまうのも致し方ない。こうした振る舞いを犬以外の他者に目撃されると、私たちは自分がしでかしたかのような責任を感じる。けれど、犬を自らの鏡だと思うのと、その鏡に固有の判断力があると思うのは、まったく別の話である。

問題になるのは、我々が「粗相」と呼ぶやつだ。私たちは、犬は人間のやり方をわきまえていると思っているので、そこから逸脱すると犬が裏切り者であるように感じる。とくに、犬が「野蛮に」振る舞い、動物らしく口を使って感情表現をすると、私たちは憤慨する。

一方で、ほかのものの「不祥事」には、どう反応しているだろう。エレベーターの落下。列車の脱線。橋がぽきんと折れ、屋根が崩落し、幼児が拾った銃でほかの子どもを撃つ。雷が落ち、川が氾濫し、崖が崩れる。

どれも衝撃的だ。けれど、私たちはエレベーターに悪意がないとわかっている。銃を撃った幼児も、モンスターではない。雷が人間を攻撃しているわけでも、川が危険にできているのでもない。[*4] 自分が雷を避け、氾濫水域から離れ、幼児を銃から遠ざければ良いだけだとわかっているし、橋や列車、エレベーターは、何が起ころうと使用をやめない。自然と距離を置き、それを破壊せよと言いつのることもない。

けれど、犬が咬みついた衝撃に対しては違うのだ。家族とともに10年間過ごし、子どもが小さなころから添い寝をしてきた最愛のペットが、ある日、驚き、怒り、眠さから不意に子どもに咬みつく。たいていの場合、犬への愛情はそこまでだ。統計では、犬に咬まれたことによる死亡者数は、ほかの死因によるものと変わらない。だが、それが命に関わる場合でもそうでなくても、人が犬に咬まれると社会はヒステリックに反応する。咬んだ犬は邪悪で、矯正不能で危険かつ攻撃的なモンスターとされてしまう。あっというまに見捨てられ、おおかた動物管理局に渡されるか、獣医師の元で処分される——婉曲的に「安楽死」と言っているが、その死を悼んでももらえない。

こうした反応は、絆を生み出す擬人化の思いもよらぬ帰結である。私たちは、犬を擬人化して家に迎え入れる。そして、どういうわけかあとになってから、この客人に口と歯があり、ひょっとしたらそれを使うかもしれない、ということに気づく。40年近く犬を研究してきたジェームズ・サーペルは、力の強い犬がもたらす脅威が現実にあること、それによって人がどれだけひどいケガをするかを承知の上で、種そのものや特定犬種を危険視することに、冷静に疑義を唱えられる数少ないひとりである。

＊4　とはいえ、大昔の社会ではそう思われていた。自然現象に動機や人格が投影され（復讐としての嵐や罰としての洪水）、そこから擬人化が始まった。岩が落ちてくるのは、物体間に力が作用したからではなく、岩が地面に落下する意思を持ったからだ、とされていたのである。

犬が咬みつくことに対する「突発的な恐怖や怒りは、明らかに実際のリスクと釣り合っていない」。アメリカでは約9000万頭の犬が人と暮らしているが、犬の襲撃による死亡件数は年間20件程度である。もちろん、無視できる数ではない。でもこの数は、サルモネラ菌中毒による年間死亡者数よりも少ない。ほかの条件が同じなら、ベッドから落ちて死ぬリスク（どんなベッドかは関係なし）の方が25倍以上高いのだ。

ホットドッグを食べて死ぬリスク＞犬《ドッグ》が原因の死亡リスク　でもある。

犬に咬みつかれたケガの凄惨さが、ヒステリックな反応に拍車をかけ、悲劇的な事故の特異性によって、その重みが増す。飛行機の墜落事故は注目され、怖がられるが、私たちが毎日何の気なしに乗っている自動車の事故に比べれば、はるかに件数は少ない。これと一緒で、数少ない犬の咬みつき事故は、サーペルが言うとおり「自然の摂理を攪乱するもの」と受けとられ、大騒ぎされる。純真無垢な犬。私たちが家はもちろんベッドにまで入れているこの生きものが、人殺しになどなれるだろうか。

‡　‡　‡

犬を見つめ直したいのなら、私たちの犬に対する矛盾した態度に目を向けさえすればいい。自分たち――飼い主と犬、社会とペットの姿を見れば見るほど、そのズレが目につく。私たちは、動物としての犬に惹かれる。なのに、私たちは犬を模範的人間、つまり、忠実でつきあいが良く、協力的で、私たちに自由を奪われ、きまぐれに左右されても嫌がらない人間、に変えてしまう。純粋で穏やか、人間の考えやルール、意図を了解した仲間という（犬が望みもしなかった）特別な立場を与え、それに合わないとわかると怒り、裏切られたと感じてしまうのだ。[*5] 私たちは、犬がほんの少しでも「動物」らしくすると不安になる。そうした犬の行動が示すのは、私たちの理解の貧弱さだ。突然、犬の頭の中に我々の意識が入り込んだら、彼らが抱えている心配事や関心、経験、好み、信念などは認識できないかもしれない。

犬に自らの姿を重ねて、愛情や愛着、相互理解を（むやみやたらに作り出す、とまでいかなくても）深めているとしたら、擬人化の問題視は犬との絆を削ぐ、と感じるかもしれない。私は、自分の研究では、人間が犬に与えている属性[注8]は仮説検証の対象であると考えている。思うようにならないことは多いが、結論を出すのは間違いであったり、早計であったりする。疑ってみることに抵抗があるのはわかる。何年か前の読書会で、犬に関する見解はよく調べないといけませんねと提案すると、「うちの犬が私を愛していないというなら、私はそんなことを知りたくありません」と、参加者の女性は不

＊5　「合わない」と私たちが気づくのは、たいてい犬が無理強いされたとき、つまり、いじめや不意打ち、無視によって、鋼の堪忍袋が切れたときである。

安そうに言った。けれど、少なくとも私たちの安易な思い込みに、疑問を投げかけるような見方はできる。それは、犬が私たちを「操っている」、「食べもの目当てにやっている」、さらに悪いことには「私たちを完全に手玉にとっている」などと結論づけるものではない。犬の感覚が完璧にはわからなくても共感し、むこうがどうしているかを気にせずに同じ空間で過ごし、むこうが自分の何を嗅ぎとっているかを知らぬまま、犬を見つめる方法はある。

‡ ‡ ‡

自分たちの矛盾が招いた結果を直視するためには、犬に咬みついてもらうまでもない。アメリカの家庭で飼われている犬が、雨風をしのぐ場所と1日2回の食事、追加のおやつ、溺愛してくれる家族、やわらかな寝床を享受している一方、体を休める場所も食べものもなく、ぎりぎりの状態で暮らしている犬が数百万頭もいる。どれも人間に懐く遺伝子を持ち、あなたと目を合わせ、心を和ませてくれる犬であるのに、だ。そこには、家族が見つからず、安楽死させられる100万頭以上のシェルターの犬たち、自らの機転と施しで短い命を全うする、無数の野犬も含まれる。私たちは高額な費用でクローン犬を生み出しながら、邪魔になった犬は切り捨てる。転職や引っ越し、はては、もう子

犬ではないからという理由で、安楽死させている。

ろくに考えもせずに体の弱い純血種を生み出し、先天性疾患に日々苦しむ犬を、かわいいとはやし立てる。それだけでなく、純血種の多くに外科手術を、ただスタンダードを満たすための、辛いだけでまったく必要のない手術を、一度ならず施す。執筆時点で、コッカー・スパニエルやロットワイラーを含む62種のスタンダードが、断尾（しっぽを切断すること）を必須としているが、これは痛みを伴うだけでなく、犬のコミュニケーション手段をひとつ奪うことでもある。この手術は、生後数週間の、まだ子犬が温もりと輝きのあるずんぐりとしたかたまりでしかない時期に行われ、犬が人間のきまぐれを垣間見る最初の機会になる。ドーベルマンやグレート・デーンなど、20種以上のスタンダードでは「断耳」が推奨されている。これは、生後6週～3か月に、外耳（やわらかくチャーミングな垂れ耳の部分）の約3分の2を切除し、軟骨が立つように添え木をして包帯で止めておく処置だ。術後かなり痛むことで知られている。また、アメリカンケネルクラブ（ＡＫＣ）は、声帯切除を「吠え声の緩和」と称して売り込んでいる。よく吠える犬にいらつく飼い主は多いが、犬の声帯の一部または全部を切除する手術は、文句を言ったり、質問したり、怖がったりする子どもの口を、ホチキスで止めて対応するのと同じである。

全国の医学系の研究所では、数千頭の犬（ほとんどがビーグル）が、人間の健康に役立つならまだしも、そうなるとも限らない研究に使われている。家といえばケージしか知らず、意図的に体を傷つけられ、遊び相手はなく、運動もほぼゼロ、そして短命と、飼い犬が味わうことのない身体的・精神的ダメージを受けている。私の大学では、学生らのアレルギーや感染症に配慮し、授業時間内は行動実験のために飼い主とその愛犬を構内に入れることができない。でも、関連するメディカルセンターでは、侵襲的な実験[注9]に使う犬を繁殖させ、ケージに入れて、無制限に飼育することができる。アメリカ農務省は、研究に使われている動物の数を公表している。2016年には全米で6万1000頭近くの犬が研究に使われ、執筆中の2017年は6万5000頭に迫ろうとしている。私が教えているコロンビア大学では、過去5年で154頭の犬が、大学への報告を要する相当な「痛みや苦しみを伴う」「実験、授業、研究、手術、試験」に使われた。私は近所の公園に犬と行って、ペット犬の数を数えてみた。トドスにジョージ、ダーウィン。ジギーにベア、エラ。ジャンゴにペニー。それから正式には知り合っていない犬が16頭。そこから5㎞ほど北上した実験室では、今の数+130頭の、負けず劣らず愛らしい犬たちが、外の空気のニオイを嗅ぐことも、目と鼻の先にある公園の芝生で転げまわることもなく暮らしている。

一方、犬を所有する、という人間の長い歴史において、犬をけしかけてほかの動物を殺させる娯楽もまた、無視できない期間行われてきた。相手は雄牛が多いが、ライオンや豚、クマのこともあった。傷めつけ、飢えさせた犬同士を闘わせる「闘犬」は、アメリカで今でも一般的に行われている。2007年にはNFLのクォーターバック、マイケル・ヴィックが、長期にわたり闘犬場運営に関与したとして、有罪判決を受けた。この闘犬場では、犬に凄惨な闘いを強い、適性のない犬はすぐに処分していた。[*6] こうした闘犬場は地下組織化が著しく、禁止する法律があってもないに等しい。

アメリカでは犬を食べないが、世界中に犬食文化は少なくない。韓国ではペット人気が高まり、露天市場では食肉用の犬とペット用の犬が並んで売られている。どちらが愛玩用で、どちらが食肉用か自信がない客のために、ペット用のケージはピンク色をしている。犬肉加工場の動画には、見おぼえのある外見の犬、一目で気立ての良さがわかる犬たちが映っている。眉間のしわによく動く眉、そして垂れ耳。ラブラドールにセントバーナード、黄褐色で黒っぽいマズルの、人目をひく雑種犬たち。1頭用のケージに、4頭がひしめいている。お互いを飛び越えないと動けない。カメラをズームすると、床が格子状になっている。そこからはみ出した爪。開いた傷口。訪問者をおずおずと嗅ぎ、しっぽを振っている。死んで横たわったままの犬と一緒のものもいる。これらの犬も、あなたの家の犬と瓜二つの犬たちだ。

このことは、ほかの文化のパラドックスのように感じるかもしれないが、そうではない。ほかの動物、つまり認知能力のテスト結果が犬と大差なく、人間に懐き、呼べばやっ

＊6　農務省の報告書では、「大型倉庫近くの2本の木に打ち付けた木材にナイロン紐をかけて」3頭を絞殺、「容量20ℓのバケツの水に頭をつけて」3頭を殺害。1頭は、数名で「地面に何度も叩きつけ、背中と首の骨を折って殺した」。試合に負けたメスは、「水で濡らしてから感電死させた」とある。

てくるような動物が、私たちの犬のエサになることには、何の疑いもなく受け入れられているのだ。

‡ ‡ ‡

もし、犬が私たち自身を反映していないならば（そしてもちろん彼らは反映しているのだが）私たちの犬に対する考え方は、とても不十分なものである。犬が比較心理学の研究対象になったのは、犬が私たち自身を思い出させてくれることに惹かれたからだろうが、一般的な認識のなかの犬は、小さくて毛深い、人間のような動物、ということになってしまった。この認識に、犬の特異的な並外れた能力（本当の犬らしさ）は含まれていない。

実際には、犬から「犬らしさ」が折にふれて顔をのぞかせたとき、私たちは自分たちの珍妙な姿を、思いがけない形で目の当たりにすることになる。そんなときの犬の反応にこそ、私たち自身の真の姿が大げさに投影されているのだ。自ら設計した遊園地のびっくりハウスの鏡に、自分自身が映し出される、というわけだ。犬はまた、別の比喩も担っている。私たちの犬の扱い方にも私たち自身は表れ、犬に対する考え方は、私たちの偏見と寛大さの度合いを物語っている。この別の「種」をどうとらえ、どう扱うかが、すなわち私たちという「種」の指標になるのである。

とはいえ、犬に対する人間の姿の投影を、あまり真剣に問題視しすぎるのも危険だ。少なくとも、人間は犬のことはしっかり見ているじゃないか、とほかの動物は言いたいだろう。私たちは犬に対して真摯だし、犬の待遇は相対的に良い。人間は、地球上のほとんどの種をよく見もせず、害獣から食用の価値しかないとされる動物まで、数多くのなじみの動物をばかにしきっている。他方、犬は間近に見ているからこそ、目にしているものが何なのか見極める必要があると思っている。自分しか見たくないのだとしたら、私たちは鏡像と異なる姿をした他者に、共感を広げていくことはできないだろう。犬派のみなさん、鏡から一歩離れてみましょう。犬が、美しく印象的で、かつ未知なるよそ者でいることを、許してあげてください。

注1　**エコーロケーション**　コウモリやイルカなどの動物が持つ能力で、音や超音波を発し、その反響によって物体までの距離、方向、大きさなどを知ることができる。

注2　**電気受容**　一部の魚類や両生類は、弱い電流を感知する電気受容器を持ち、これを使ってエサを探知する。弱い発電器官も併せ持つ魚類などでは、交信にも使われる。

注3　**磁覚**　渡り鳥やサケなどが持つ、地球の磁気を感じ取る能力。人間にもわずかながらある。

注4　**電界**　プラスとマイナスの電気があると、そのあいだに電圧がうまれ、電界ができる。ドアノブに触れたときにパチッとなるのは、静電気による電界が起こす現象。

注5　**亜音速**　音速よりやや遅い速度。

注6　**神経症傾向のスコアが〜変動性が高い犬を飼っており**　怖いという感覚が持続しているのが神経症である。刺激によって、ストレスホルモンであるコルチゾールの値が上昇しても、すぐ戻る（＝変動性が高い）犬は、ストレスからすぐ解

放される。つまり、恐がりではない。これに対して、高い値が持続する（＝変動性が低い）犬は、恐がりである。

注7　**ホワイトノイズ**　広い周波数にわたって、成分の強さが一定している雑音。換気扇や空気清浄機の音、かつてのテレビにあった砂嵐の「ザー」という音などがそれにあたる。

注8　**属性**　同じ種類のものに共通して見られる性質や特徴。

注9　**侵襲的な実験**　「侵襲」は医学用語。病気やケガではなく、手術や医療処置（採血など）のような、体を傷つけることすべてを指す。

9章 小休止～数字で見る、私の犬の認知研究室

開設　２００８年
実施した研究　12件
関与した学生研究者　40名
私のことを「犬博士」と呼んだ飼い主　２名
研究室にある白衣　３着
賢そうな専門用語ばかりが続く、長く説明的なタイトルを、コロン（：）で言い換えた学術誌掲載論文　９本

関連情報
研究室で飼育している犬　０頭

研究室にある実物大の犬のぬいぐるみ　2体
研究室にある、実験者が名前を付けた実物大の犬のぬいぐるみ　2体
被験犬になってくれた飼い犬　566頭
オスとメスの比率　1対0・98
しっぽを振っていた犬　565頭
しっぽを股のあいだに入れていた犬　1頭
シェットランド・シープドッグのメルローが参加した研究　5件
犬種数　84種
研究で全体的に多かった名前　チャーリー、デイジー、ルーシー、オリバー、オスカー、ペニー
ひとつ前の項目が数でないことに気づいた人　0名
最近の研究における犬の脚の平均本数　3・97本
目の見えない犬　2頭
耳の聴こえない犬　1頭
最小の犬　3kg
最大の犬　70kg

実験の詳細

実験中にケガをした犬　0頭

実験中に針を刺された犬　0頭

意図的に犬をだました研究　0件

意図的に飼い主をだました研究　1件

ソーセージ、フリーズドライのレバーまたはサーモン、キューブ型チーズを使う研究の割合

100％

バーナード・カレッジで研究に使っている実験室の広さ　3・4㎡

被験犬の吠え声に邪魔された近所の合唱の練習　1回

観察研究の平均期間　14か月

参加型研究に犬と遊んでいる動画を提供してくれた人　239名

動画提供者の居住国　19か国

行動傾向

1回の研究で使った（食べられる）ソーセージ《ホットドッグ》の最大数　34個

30分の研究に参加するために飼い主が移動した最長距離　336㎞

1研究あたりの（犬の）平均おもらし件数　2件
サーキュレーターに付けた風船を怖がった犬　15頭
風船を嬉々として割った犬　1頭
とある研究で、実験者が「はーい、ワンちゃん。これは何かな？」と言った回数　144回
被験犬が新しいニオイの入った容器を嗅いだ平均時間　3・3秒
一番長く同じ容器を嗅いだ被験犬の嗅ぎ時間　2分
ラベンダーやミント、酢のニオイをつけたソーセージを食べた犬の割合　36％
14頭のうち、飼い主がいなくなった途端に食べてはいけないと言われたおやつを食べた犬　1頭
服従訓練を受けた犬が、飼い主と目が合ったときに罪悪感がある表情をみせる割合　100％
犬との遊びの研究で、飼い主が最もよく犬にかけた言葉　ほら、よし、それ、やれ、取って、行け、来い（犬の名前）、お嬢さん、やった！
目が小さい犬よりも大きい犬を好む人の割合　59％
人の体臭に関する犬の認知研究に、自分のかぐわしいTシャツを供出してくれた飼い主の割合　100％
ソニーのペットロボット、aiboの製作陣に提案した遊び方　4通り
そのうち、ソニーが採用した遊び方　0通り[*1]

実験用具の詳細

壊されたビデオカメラ　4台

研究に使った犬型ロボットが、被験犬に攻撃された回数　2回

服やイスに付いた犬の毛をとる粘着テープの数　7本

終了後にごほうびとして犬が選べるおもちゃの種類　25種類

通常、犬が選ぶおもちゃの数　1個

ある被験犬が選んだおもちゃの数　11個

生物学的現象

研究中に噛まれた実験者　0名

ウンチ関連の「事故」　0回（私たちは「事故」とは呼ばない。いずれも被験犬の意図に基づく行為である）

飼い主に犬のオシッコを採取してもらった研究　2件

2年間で注文した採尿カップ　220個

＊1　代わりに、自ら踊りを披露するようにプログラミングされた。

犬のよだれを採取した研究　1件
私が書類に「確率値《P》」を「尿値《Pee》」と書き込んでしまった回数　3回
研究終了時点で、ぬいぐるみに付着した犬の唾液量　測定不能

10章 うちの犬は私を愛しているのか

毎日犬を見ていると、犬の喜怒哀楽がわかる。研究室では、実験用に準備した設定が、自然に犬の感情をかきたてることが多い。曲を奏でて踊る小さな犬のロボットには、「好奇心」を向ける。ドアの陰から人が現れれば、「びっくり」する。私が傘を広げると不安がり、強烈なニオイにはうんざりし、飼い主が私の話を聞くのをやめて自分をなでに戻ると、うれしがっている。

また、「犬の自然な状態」、たとえば公園や路上で、人やほかの犬に囲まれている犬を観察すると、喜びや興味、好意、不安、恐怖などさまざまな表情を見せてくれる。

私が人から一番よく聞かれるのは、犬が本当に私たちを愛し、私たちに飽きたり怒ったりするのか、ということだ。この問いは、犬への思い入れの強さを示すと同時に、犬の経験していることがわかっていない証拠でもある。私たちの日常が、心配や期待、予感で彩られているように、犬の日常もそうなのだろうか。私たちがある出来事や他人に共感し、皮肉や不信を口にするように、犬もそうした感情を抱くものなのだろうか。

こうした疑問を煎じつめると、犬に感受性や感情があるのか、ということになる。それなら、もちろんある。適応性[注1]の観点から見てみよう。感覚器官と脳が秘密裡に交わすやりとりとは別に、感情は筋肉と反応系統にメッセージを送っている。私がトラを目にするとしよう。捕食者のトラが、こちらに向かってくる……すると、「おい！」と脳が感情に訴えかける。「怖がれ！ 逃げろ！」。

神経系はどうか。私たちが何かを感じ、ため息をつき、思い焦がれ、絶望すると脳内で活発化する部分は、犬にも存在することがわかっている。

行動面はどうだろう。私たちは、どの行動がどのような感情を意味するのかを明確にすることは必ずしも上手ではないが（理由は後で述べる）、犬のさまざまな行動や姿勢は犬の内面の状態を教えてくれる。

感覚面はどうか。感情がない（経験を識別していない）とすると、道理を否定し、ダーウィンを否定し、連続性を否定することになる。人間の感情は、無感情の自動装置からどういうわけか生まれ、完成したわけではない。こうした考え方を最後に提唱したフランスの哲学者デカルトは、瀉血[注2]が体に良いとされていた時代を生きていたのをお忘れなく。

私の視線に絶えずさらされているわが家の犬は、情緒と表情に富んだ見事な毛のかたまりにふさわしく、散歩にわくわくし、留守番とわかると意気消沈し、人懐こい猫に気づかれるとむっつりする。フィネガンは、川からとんでもなく大きな棒切れを引っぱり出すと得意気に、私が膝に猫をのせると妬いて不機嫌になり、キャットフードを何口か盗み食いしたのが見つかるとやましい顔をする。アプトンの場合、前脚で顔を隠すときには、はにかみが、自分で思いついたトランペット練習の真似事には楽しさが、遊び相手がとっくにいなくなっているのに、突進して空振りに終わった腰つきには、ばつの悪さが漂う。

こうして、目にしている彼らの動作を簡略に描写し、感情を示す言葉を使うと、しっくりくる。でも、研究室では、「犬が頭部を胴体より半歩ほど前方に出し、両耳をぴんと立てている」（好奇心）と書くだろう。「逃げる体勢でとび退き、〝ウゥ〟と声を漏らす」（驚き）。「低い体勢で後退」（不安）。「近づくと歯茎を見せて頭を遠ざけ、前脚を上げる」（嫌悪）。「しっぽを大きく振りながら前脚か四肢で跳ね、周囲の犬や人間の顔をなめようとする」（歓喜）と。

犬の行動を初めて記すとき、私は簡略化した表現を避ける。好奇や歓喜に見える犬の行動が、自分のそれと同じだと決めつけるのがためらわれるからだ。哺乳類の脳の類似性からすると、どの哺乳類もさまざまな感情体験をしている可能性はかなり高いが、同じ人間であっても文化や住む場所、付き合う相手によって、実際の経験は相当に違ってくる。犬だって同じだ。もし犬の体を借りたら、あふれる感情を自分のものと同じだと認識できないのではないかと私は思っている。でも、犬に感情があることは疑っていない。

というわけで私は、犬も人間と同じく主観的経験をしているとの仮定と、何も経験していないという否定の狭間にいる。ただし、犬に主観的経験があると推定しないのと、経験を完全否定するのは、まったく違う。だが実際のところ、科学では、動物の経験や感情はほぼ完全否定するように初期設定されてきた。動物が痛みを恐れるという明確な根拠もないのに、どうして動物が恐怖（や痛み）を感じていると断定できるのか、と研究者は言うのである。

ところが、人間の医療や精神疾患に関する従来の研究では、動物に感情があるという事実を疑った形跡はない。それどころか、感情を大前提にしている節がある。人間の抗不安薬の効果を証明するためには、まずしっかりと「動物モデル」で審査しなくてはならない。基本的には、実験動物を不安状態にして、（ほかの害が出ないうちに）不安を取り除く。動物に感情を認める考え方は、動物を使ったどの医療研究からも読み取れる。「動物は人間に非常に近いため、最適なモデルになる」。

しぼんだ風船が歩道を漂っていると怯える犬、家に来て1日しかたっていないのに玄関であなたを大喜びで迎える犬が、そんな風に研究に使われているのだ。

犬が「うつ状態」になるはずがないとか、抗うつ薬の世話になりようがないと言う人がいたら、手をとってタイムスリップにお連れしよう。数十年前、うつの研究は、マーティン・セリグマンが広めた「学習性無力感」モデルによって一歩前進した。彼と同僚は、環境によって無力感が誘発されるかどうかの研究計画を考案した。この研究計画にはかなりひどい形で犬が使われているので、読者のみなさまは読む前に心のご準備を。

私はフィラデルフィア最古の病院で生まれたが、そこから３㎞ほど離れた１９５０年代の建物で、セリグマンの実験は行われたという。さらに北に位置する祖父母の家で、私は人生最初の犬、アイリッシュ・セターのトレバー（長毛で上品、身のこなしはよちよち歩きの私より滑らか）に出会った。それから20年後の秋、私はセリグマンと同じペンシルバニア大学の構内を歩いていた。たっぷりと落ち葉が敷き詰められ、新たな季節の訪れがその空気に感じられたものだ。

しかし、その空気をセリグマンの犬たちが嗅ぐことはなかった。研究室で暮らす32頭の「雑種の成犬」は、彼の被験者第1号になった。どこから集めたかはわからないが、雑種だとすると市のシェルターから連れて来たのかもしれない。大学に入って2年がたち、私が初めて飼った雑種のパンパーニッケルを引き取ったシェルターと同じような場所だ。あそこから太陽の下に出たときの、パンパーニッケルのやわらかな黒いフォルムと、穏やかな足取りを、いまだに思い出す。パンプも同じ大学の歩道を歩き、落ち葉の中ではしゃぎ回った。

ある日、32頭の雑種の成犬は、ゴム製の胴輪を装着し、脚だけが外に垂れ下がる状態で小さな個室に入れられた。頭と首は、動かせないようにパネルで固定された。個室には70デシベル（近くで掃除機をかけている程度）の騒音が流された。そして、セリグマンか助手が、後ろ脚に金属板の電極を貼りつけ、電気ショックを64〜６４０回流す。

6ミリアンペアというそのショックの強さは、大人が「痛い」と感じるほどで、1秒で「筋制御ができなくなる」と資料に書かれている。これが5秒から2分ごとに数十回から数百回繰り返された。この「耐えがたいパルス衝撃」を別の実験用の犬に与えたところ、「吠え、きゃんきゃんと叫び、走り回り、とんで逃げ出した」とセリグマンらは記している。

あるグループでは、頭をパネルに押し当てるとショックが止まるようになっていて、もがくうちに気づく犬もいたが、もうひとつのグループではショックを回避する方法は設定されなかった。動こうとしても、叫んでも、一向に終わる様子もなく繰り返される痛み。やがて、突然ショックは終了した。翌日、どちらのグループも、床が金属の格子張りで、隣のケージとの間に障害物を設けた別のケージに入れられた。床には電気が流れるようになっている。ショックの停止方法を学習していた犬は、すぐに障害物を乗り越えて、もうひとつのケージに避難した。前日にひたすらショックを与えられていた犬は、動こうとも逃げようともせずに、電気の流れる床に座り続けた。この結果に、研究グループは色めき立った。後者は自らの無力さを学んだとされ、こうした状態は「学習性無力感[*1]」と呼ばれるようになった。

私たちがうつになると、無力感から無抵抗になると証明するために、犬はこんなショックを与えられ、うつ状態に追い込まれ、無抵抗と無力感を植えつけられた。犬は、今でもあらゆる医療研究に使われている。現在進行形である。今この瞬間も。繰り返し行われている。

学習性無力感の研究では、後進の研究者は犬を使用することに堪えられず、齧歯類の動物を使うようになった。同じ実験でも、ネズミなら犬ほどは人間にとってショックではない、と思うかもしれない。ただ、どんなネズミでも、数時間一緒にいればそうではなくなる、と申し上げておこう。あるいは、読者は近年広く実施されている「強制水泳試験」をご存じかもしれない。これは、その名のとおりの実験で、正式には「絶望」試験と呼ばれる。「新たな化合物を含む、抗うつ薬の効果を見るスクリーニングに最もよく使われている」と、ある論文が紹介していた。齧歯類の「うつ状態の出現・予防」に関して、抗うつ薬の効果をみる良法、としてもよく知られている。まず、水をはった水槽かバケツに、マウス（またはラット）を入れ、逃げ出せないようにする。それを研究者が何分間も観察し、水の中で「もがく」時間を計測する。しばらくすると、マウスはやる気とエネルギーを失い、ほとんど動かなくなる。足で水を掻きつつ、溺れない程度に顔を水面からどうにか出している状態になるわけだ。でも、大丈夫！　投与した抗うつ薬のおかげで「無動時間」が短くなり、マウスは長くもがき続けられるようになるのだ。

苦しむ動物に手を差しのべずに観察する行為は、動物と人間との大きな断絶の表れである。動物に

＊1　この研究を読み通すまでに、私は2回席を立った。最初はパソコンを手荒く閉じ、部屋を出た。2度目は横になって目を閉じた。読了後には、きつく歯を食いしばっていた。最後にはＰＤＦをしっかりとゴミ箱にドラッグし、大音量で空にした。

対する私たち人間社会の態度は、ここまで偏っているのだ。実験に必要なら感情を認め、そうでなければまったく認めない。先ほど書いたような行為（感電や溺死させかけること）は、実験という設定以外では動物虐待と見なされる。

それでもまだ、動物の感情の有無が問題にされるのはなぜなのか。私たちは「犬は人間とはまるで違う」と、「まったく同じである」という振り子の両端で、身動きがとれなくなっている。犬に感情を認めないのは誤りだが、人間のように情緒的に生きていると思うのも間違っている。その中間あたりにいると考えるのも誤りだ。犬の感情経験は、私たちの知る限り、人間のそれよりはるかに複雑である。犬を一目見ればその気持ちがわかる、と私たちは決めつけているが、ほとんど裏付けのない拙速な推測（と犬の感情表現の読み違い）の場合も多く、その根は深い。

映画ほど、それがはっきりと表れているものはない。犬が映画に登場するのは、演者として優れているからではなく、人間の生活の一部になっているからだ。たいていの映画で[*2]画面を横切る犬は、スクリーンに登場するほかのものと同様きっちりと管理されている。話の展開に関心のある仲間、という設定だ。けれど、そのしぐさに関心のなさが表れてしまう。画面の端に映りこんだ犬に注目すると、たいていその場面とは無関係なことをしている。『オズの魔法使』のドロシーは、ケアーン・テリアのトトと一緒にオズの国に到着する。夢のようなカラフルな世界を見回していると、光り輝くシャボン玉が宙に現れる。善い魔女グリンダの登場だ。ドロシーはおののいて、接近するシャボン玉を見つめている。竜巻に乗って来たばかりでも、この不思議な気象現象には目をみはるのだろう。しかし、彼女の足元の小さな犬をご覧あれ。トトは期待に胸膨らませるドロシーをよそに、いたって無頓着である。ちょっと身震いをして向き直り、あっさりと場面から消えてしまう。

この犬(テリーという名で知られる)にとって「何が起こっているか」を決めるのは、画面の外にいるトレーナーだ。観察眼の鋭い観客なら、犬が画面の外に関心を向けているのを見て、犬が同時にふたつの「体験」をしているとすぐにわかる。もちろん、犬は意識的に演じているのではない。合図を送ると、決められた「演技」をするように訓練されているだけだ。けれども、犬が前足で両目を覆えば(犬という種によく見られるしぐさではない)、謙虚さや不安の表れと解釈したがる観客の気持ちの方が、現実(ごほうび欲しさにしている演技)に対する関心よりも強い、と映画監督は承知している。犬はトレーナーのために演じ、役者は監督のために演じ、私たちは懐疑心のみならず、一切の常識を棚上げした人間を演じている。映画の犬は、裸でいると恥ずかしがり、欲張りで迷える存在、つまり、四つ足の私たち自身なのだ。いわゆる純粋な「犬」だとは思われていない。喋る犬が出てくる映画など論外で、それはもはや犬ではない。犬の姿形をして、いわゆる犬らしいこと(吠え、おし

＊2　なぜか犬はほとんどの映画に出てくる。今度映画を観に行ったら、通りを歩き、ソファでくつろぎ、遠くで吠えたてる犬に目を光らせていただきたい。

りのニオイを嗅ぎ、片耳を掻く）もするが、私たちの関心事に寄り添い、感情をまとってくれる、ただの毛むくじゃらのマネキンだ。犬の態度や表情に表れる本当の意志や気持ちに対し、私たちは無視を決め込んでいる。

犬が実際に何をしているのかを理解しようとしない私たちの無関心さは、すでに伝説的である。実際、古代ギリシャ神話に始まって、アラビアの聖句、中世フランスからウェールズに至る各地の物語まで、あらゆるものに表現されている伝説がある。男が帰宅すると、赤ん坊と犬（たいていはグレーハウンド）が血まみれになっているのを見つける。グレーハウンドは大喜びで、ドアの前で飼い主を出迎える。飼い主は血のついた犬の口を見るや、赤ん坊の血だと思って犬を殺してしまう。後からゆりかごの中にヘビを見つけ、赤ん坊を襲う前に犬が殺してくれたのだと悟る（赤ん坊は無事だったのだ）。

あるいは、犬が足元に座っていたり、抱きしめられたりしている肖像画やポートレイト写真でも良い。犬と写真を撮ったことのある人ならおわかりだと思うが、私たちには「愛情」のポーズでも、犬にしてみればあれは「辛抱強い寛容」や、「おやつのレバーがもらえると思って、苦役を我慢する」感覚に近い。

私たちが自らの行動や感情に基づいて犬の感情を解釈すると、どうしても理解が狭められる。私たちが見るものは、その時の雰囲気に左右される。映画でいえば、観客は、トトはドロシーがしていることをし、感じていることを感じていると思ってしまうのだ。ダーウィンは、留守だった飼い主と再会した犬の行動は、「犬が主人を神と見なしている」証拠だと、ある同時代人が語ったと示唆している。彼自身も、自らが一般化させた「人間と動物の連続性」という一貫した概念に従い、人間以外の動物の宗教的思考の成り立ちに興味を持っていた。物事を宗教の側面から論じるのが、当時の宗教風土に見合っていたからだ。ゆえに、彼らは犬に宗教がかった献身を見てとった。

21世紀の現代アメリカで主流なのは、犬は私たちに対して物心両面で寄り添ってくれている、という考え方だ。*3 私たちは（犬の科学者である私を含め）、犬が注目してくれるのはやさしさ、じっと見つめるのは理解、黙ってそこにいてくれるのは同情だと、当たり前に受け止めている。自分が誇らしさや妬み、決まりの悪さや恥ずかしさを感じたら、犬もそうに違いないと考える。

科学者としての私は、動物の感情経験をテストする決定的な方法を思いついていない。確認できるのは、私たちが決めつけがちな犬の行動——寂しいとそばにいてくれる（のは同情しているから）、注目してくれる（のは愛しているから）——が、実際に同情や愛情に関わる場面で頻発するかどうか、

*3 犬は人間と精神的に結びついている、という考えから生まれた最たるものが、いるだけで気持ちを和ませてくれる「エモーショナル（感情）・サポート（支援）」ドッグの普及だ。おもしろいもので、犬の行動が実際に苦痛の緩和剤になっている、という研究はほとんどない。犬は、私たちが手にした最も毛むくじゃらの偽薬なのだろう。

くらいである。犬がつねにそばにいるなら、同情というよりはただ近くにいたいからだろうし、あなたがポケットにチーズをしのばせているなら、注目してくれる理由は愛情ではないかもしれない。

こうして私の研究室では、犬のいわゆる「後ろめたい表情」（うつむき、しっぽをしまいこんだ悔悛のポーズ）が、ゴミ箱をひっくり返す、一番良い靴をずたずたにする、羽根まくらの中身を出す、といった悪さをしたときに頻発するわけではないことを明らかにした。犬がこの表情になるのは、悪事を働いていようといまいと、私たち人間が怒るか怒ろうとしているときである（犬は、私たちが何をしようとしているかを見事に読みとる）。私たちがやましさと解釈しているものは、罪の意識の証拠ではまるでないのだ。

とはいえ、こうした研究は設定が難しい。感情はどのような形で表出されるのか？　罪の意識や羞恥、嫉妬だけでなく、好意や恐怖でさえ、わかりやすい表情や行動を伴わないことがある。せいぜい何らかの表情を誘発しやすい状況を設定するしかない。その意味で、科学は失敗と成功の混合物なのである。

たとえば「嫉妬」は、自分が欲しいのに持っていないものを他者が持っている、という認識に根差している。ある研究では、自分が何ももらわずに芸をしているのに、ほかの犬が同じ芸でごほうびをもらっているのを見ると、犬は芸をしなくなったという。でも、よく考えれば、これは嫉妬ではなく、タダ働きの拒否である。私の研究室では、ほかの犬にいつもごほうびをたくさんあげる人に対する犬の感情（ずるい！）を、公平にごほうびをくれる人に対するそれと比較した。すると想定に反し、犬は不公平な人と一緒にいることを選んだ。犬は、人間のように不公平や嫉妬といった感情ではなく、今度はこちらにごほうびを投げてくれるかもしれない、という純粋な楽観主義で動いているらしいのだ。

犬の生来の共感力を調べると、ハミングで歌っている飼い主より、泣いている飼い主のそばに行く傾向が見られる。でも、これは共感力の証拠というより、ハミングに対する無関心の実証になっている。別の研究では、トレーを引っぱって他者にソーセージかチーズをあげるように訓練された犬は、人（飼い主を含む）ではなく、知り合いの犬に対して実行しようとした。まるで、あなた以外には共感しているかのように。

つまり、飼い主だけでなく研究者も、犬の行動の裏にある感情を読むのに苦労しているのだ。私たちが犬の感情をうまく読めないのは、自分の感情がよくわかっていないからかもしれない。いかにも理解しやすいもののように（本当は自分にしかわからないのに）、社会はつねに自分の感情を「探れ」と私たちに求めてくる。そこまでして、ようやく己の感情を探しあてることができるのだ。自分の感情でさえ苦労しているのだから、隣にいる四つ足の生きものの気持ちがわからなくても無理はない。だから、私たちは犬に感情を、といっても人間に最も近い感情を、初期設定する。犬は同じ部屋にいるだけでなく、人間と集団意識を共有している、とまで思い込む。

さすがにダーウィンは、感情表現力がないのは犬より人間の方だとほのめかしている。「人間自身は、犬のように愛情や卑下を見た目でわかりやすく示すことができない。犬は最愛の主人に会えば耳を垂らし、口元を緩め、体をしならせ、しっぽを振る」。垂らす耳や振るしっぽがない分、私たちは言葉を使うのだ。

犬をやたらと擬人化するわりに、私たちは、皮肉な態度や自信のなさ、陰気さといった、お互いに認識している特性による属性はあまり話題にしない。うちの犬は皮肉屋だとか、慎重派だとか、平和主義だとなぜ言わないのだろう。犬だって嫉妬や羞恥にかられるように、畏敬や感謝の念を抱くように思える。けれど、今のところそうした表現は一般的ではない。

こうした属性をテストしたら楽しいだろうと思う。そこで問われるのは、犬に感情経験があるかどうかではなく、私たちが犬の性質をどれだけうまく表現できるかだ。新聞を取ってくるようにしつけた犬が、よりによっていつもけんか腰の隣人の新聞を持って来たら「おちょくり屋」。「ペダンチック」[注4]な犬は、一度そう言われたら座り続けたり、呼ばれたのに来ない犬にちょっかいを出したりする（フィネガン、わかってる？）。「実利的」な犬と言えば、ボールをベッドにひとつずつ周到に運ぶ犬。「これ見よがし」なのは、ボールを頬に3つ詰め込むラブラドール。

擬人化ばかりするのも、感情経験を完全否定するのも正しくない。擬人化は単純すぎて軽すぎだし、かたや道理と科学を無視している。とはいえ、この両極のあいだには、まだ相当に検証の余地がある。

ダーウィン（と現在の動物行動学）は、しっかり見てさえいれば、犬はいつだって感じたままを表現していると言う。ならば、まずは観察し、現象学的経験[注5]の複雑さに分け入ろう。しっぽが上がっていればうれしい、下がっていれば悲しいという風に、犬の感情は体のわかりやすい動きに出ると言われてきた。でも、しっぽを平行に振っていたら？　しゃがんで耳を伏せ、しっぽを低く振る、あるいは、耳を前方に倒し、しっぽを立てて振っていたら？　それらが表すのは、単純なうれしさでも悲しさでもない。その機微がわかれば、しっぽの持ち主の気持ちにぐっと近づけるだろう。

おたくの犬があなたを愛しているか、ですって？　あなたが自分で犬をよく観察して、どうぞ私に教えてください。

注1　**適応性**　外からの刺激や変化に対応する能力や性質のこと。

注2　**瀉血**　治療を目的に、患者から血液を抜くこと。中世から19世紀までは「悪い血を取り除く」という目的で広く行われていた。現代では、ごく一部の症状を除き、医学的根拠はなかったとされる。

注3　**スクリーニング**　ある集団に検査を行うことによって、目的にかなう薬や、病気を持つ人を選別すること。

注4　**ペダンチック**　むやみに難解な表現を使ったり、学問や知識があることをひけらかしたりして、学者ぶる態度のこと。

注5　**現象学的経験**　現象学とは、事象そのもの（事実のみ）を記述し、可能な限り理論を借りず、概念における人の思考を解釈せず、単に起こったことのみを観察する、という学問やその方法論。

11章

犬のセックスの話はお嫌い？

説明しよう。都会で1頭か2頭の犬と暮らしているとする。日に2度、平均1時間ぐらい散歩に連れ出すことになる。すると、よその犬に出会う。いつも笑顔のゴールデン・レトリーバー。手編みのセーターを着たふわふわの白い小型犬数頭。ちょうどいいサイズのブリンドル[注1]柄の雑種。振り返って吠えるのを飼い主がいさめて歩道の端に引っぱっていく犬たち。訴えかけるようなまなざしのビーグル。舌をちろちろと動かし、夢想家然としたフレンチ・ブルドッグ2頭。背中のぶちがサドルのような白黒の中型犬。片方の目のまわりのぶちがアイパッチを思わせる白黒の小型犬。プロングカラー[注2]を着けて、強面の紳士に連れられたロットワイラー。くんくん言って体をよじらせ、こちらまで同じようにあいさつさせられる興奮気味のピット・ブルのミックス。散歩日和の日に出かければ、まあ100頭は犬を目にする。

その日、あなたが見た100頭の犬。アメリカでは、あなたが目にしたその100頭のうち18頭の健康な犬が安楽死させられている。100頭を1ブロックに数珠つなぎにすると、このあいだまで楽しそうに吠え、体をよじらせていた犬たちの亡霊が、ゆうに1・6㎞はその後ろに並ぶことになる。

悪いのは私たちだ。私たち人間という種のせいである。数万年前にオオカミから犬を作り出し、仲間に引き入れたのがことの始まりだ。私たちはこの能力の高い肉食動物を、人間に頼らなくては生きられない動物に作り変えた。世界中の数億頭の野良犬でさえ、人間の近くをうろついている。町外れに住み、村でゴミをあさり、人間から奪った物や施し、廃棄物や余りもので命をつないでいる。

こうして犬を人間に依存させておきながら、私たちはその責任を果たしてこなかった。そう、犬から逃げている。問題を放置しているのだ。邪魔だとか行儀が悪いとか、単に興味がなくなったと言って、犬を「手放す」。愛くるしい子犬や役に立つ番犬が欲しかっただけで、犬自体は必要なかったのだろう。犬を家に迎え入れる、というたって立派な行いが迷走し、モンスターを――繁殖に歯止めのきかないモンスターを解き放ったのである。

というわけで、アメリカではある世俗宗教が人気を博している。指導者は、動物の世話に従事する人たち、すなわち動物保護団体やシェルターの職員、獣医師である。その信者は、信心深く決してぶれることのない、意欲に満ちた改宗者たちだ。教義は明快で、救われる方法はただひとつ。以下がその内容である。

その宗教の名は、「不妊手術＆去勢手術」。不妊手術（メス）と去勢手術（オス）とは、外科的な不妊手術、つまりメスとオスが子犬を作らないように生殖腺（睾丸または卵巣と子宮）を除去することである。[*1] 犬を管理したくないという自らの問題に、私たちは正面から向き合わない。問題は望まれない犬の繁殖だというのに、そこには手をつけない。ちぐはぐにも、生まれたばかりの犬を家に迎え入れ、早ければ生後3か月～半年で手術を受けさせる。こうしてできた生殖能力のない子犬は、私たちの描く未来であり、過去からの逃避でもある。ほら！ こうすれば望まれない犬が減るでしょう？ そして、これまでの過ちには、だんまりを決め込む。

不妊手術は、手術そのものの結果と、性の希薄化のふたつを犬にもたらす。その方が都合が良い。現在の犬は、性的なものとされていないからだ。どの犬種の解説を見ても、性的な衝動や将来的な性行動については書かれていない。欧米の飼い主の多くはすでに子宮や睾丸のない状態で犬を迎え、犬同士の交尾は望まず、想像もしない。不妊手術は規定事実なのだ。私たちは、ほとんどの場合、シェルター以外では、犬の不妊を話題にし、自ら判断することを避けてきた。「性」を思わせる言葉さえ使いたがらない。幸い、不妊の話題を生々しく感じさせない方法には事欠かない。たとえば、不妊手術のことを、犬を「修正《alter》」するとか、シンクを除菌するかのように「きれい《sterilize》」にするとか、「整える《fix》」

*1 アメリカでは卵巣摘出手術とされるが、メスを手術するときは、卵巣だけでなく子宮と輸卵管も摘出するのが一般的なので、実際は卵巣・子宮摘出手術である。

といった言葉を使う。ひだひだのやわらかな肌で、幼虫のようにうごめく、開いたばかりの目でまだほんのわずかしか世界を目にしていない、生後8週間の子犬。彼らを実際に見たら、整えねばならないところなどないとわかる。子犬自体は完璧なのだ。

「いずれにしても、都会の犬が交尾する見込みはきわめて低い」。作家のJ・R・アッカリーは『マイ・ドッグ・チューリップ』（愛犬クィーニーと過ごした日々の回想録）にそう記している。「そのための装備は整っているが、使われることはない」。これは犬に対する「人間の陰謀」だと彼は言うが、間違ってはいない。交尾は少数（のブリーダー）に任せ、その他大勢は下半身の話題を免れる、という陰謀である。アッカリー自身はメスのジャーマン・シェパードのチューリップ[注3]を「つがわせる」つもりでいたが、少なくとも本のなかではそうなっていない。

１９５０年代にイギリスで出版されたこの本は、排便や発情、排尿についてとか、交尾などの犬の生態を正面から扱っているので、かなりひんしゅくを買ったに違いない。なぜなら、あなたの手元にある犬関連本の索引を見てもらいたい。生殖器や交尾を扱っているものが、いったい何冊あるだろうか。[*2]それにしても、ここまでの性の希薄化は異様だ。あらゆる哺乳類（と大半の非哺乳類）の繁殖方法（にして、成人の社会生活の大事な側面）である交尾が、犬の本や日常から暗黙のうちに排除されている。

現在、アメリカでは不妊手術と去勢手術がすっかり一般化し、これに異を唱える人は猛攻撃にあう。

私は毎年、犬の認知の講義で、未去勢のオスを最後に見たときどう思ったかを尋ねるのだが、そういう犬を見た記憶のある学生はほぼいない。去年は数名いて、うち2名が一様に「無責任だ」と答えた。もちろん犬ではなく、去勢手術を受けさせていない飼い主が、である。このふたりは大多数の声を代弁しているにすぎない。不妊手術を受けさせる人を「責任ある飼い主」と呼ばない動物愛護団体や獣医師は珍しい。言うまでもなく、反意語は無責任、怠慢、不道徳である。作家のテッド・ケラソートは、「愛犬プッカを去勢するつもりはない」と書いたところ、知人から、残忍な闘犬組織への関与で有罪となったマイケル・ヴィックと同一視されたという。飼い犬の睾丸を摘出しないのと、深く考えずに犬を感電死させる組織的虐待を同じに扱うのだから、その知人は不妊手術の重要性をそれはそれは固く信じているのだろう。

去勢手術を受けさせない飼い主は、別の形で「責任感」を示そうと、ほかの犬と社会化させ、仕事で留守にするためにデイケア[注4]を探すが、拒絶されてしまう。去勢していない生後半年以上の犬は、そもそもデイケアに行くことさえ禁じられている。市営の公園やドッグランも同じで、不妊手術を受けていない犬は入場禁止のところもある。一見して去勢していないとわかるオス（とその飼い主）との

＊2　最新の自著、『犬であるとはどういうことか』を調べてみた。なし。「septum《鼻中隔》、nasal」と「shampoos《シャンプー》、smell of《のニオイ》」という項目のあいだに「sex《交尾》」はない。

接触を避け、通りの反対側に行ってしまう飼い主も多い。
私が不妊手術を話題にすることさえ、一部の人たちには許しがたいのだろう。冒すべからざる――心からの（善意に基づく）掟なので、口にするのもはばかられるのだ。けれど、そこが問題なのである。犬について持ち出せない話題があるなら、それをこそ取り上げるべきなのだ。

‡ ‡ ‡

「犬には性はない」ということを良しとする教義は、世俗のやり方にのっとって法制化されている。全米の3分の2の州では、その名も「不妊・去勢」条例という法律が施行され、シェルターや保護団体から譲渡される犬には不妊手術が義務付けられている。地元の動物虐待防止協会や、「殺処分しない」とするノー・キル・シェルター、レスキュー団体に行けば、あらゆる種類の未来のペットに出会えるが、彼らにはある特徴が共通している。繁殖能力がないのである。年齢（若すぎる）や医療上（重い病気）の理由で手術していない犬もいるが、成長し、回復したら受けさせるのが引き取りの条件になっている。この法制化までは早かった。「不妊・去勢」という表現は、1970年代まではあまり使われていなかった。新聞に登場するのはその10年前で、シンシナティの虐待防止協会の副会長が、怒りの投書（前日に協会に持ち込んだ猫12頭が、すでに処分されていて愕然とした、との内容）に対し、無責任な繁殖のせいで、猫たちは「苦痛を伴わない確実な方法で」安楽死させるしかない、と応じたのが始まりだ。そこで、「どの飼い主もペットの不妊・去勢手術、管理によって、残酷な過剰繁殖に歯止めをかけるべき」との呼びかけがなされた。1930年代以前は、こうした手術そのものが珍しかった。20世紀初頭の獣医師の教科書には、犬の去勢は載ってはいるが、より一般的な豚や牛、羊、馬の去勢に付け足された形であった。犬と猫は、不妊手術では新参者だった。犬の場合、夜間の徘徊（同じ種の「メスの仲間」への訪問）を止める目的で行われ、マズルを固定する紐、犬を押さえる助手、「去勢器具」というハサミに似た道具が必要とされた。不妊手術が獣医師の主な業務になったのは第二次世界大戦後であり、家畜や大型動物から犬猫専門に転向する獣医師が増えたからである。

1970年代までには、野良犬（猫）が増加の一途をたどるようになり、カリフォルニア州の複数の都市に、不妊・去勢クリニックが開設された。低料金の専門クリニック第1号は、1973年にノース・ハリウッドにできている。これらの都市には、懸念される点がいくつかあった。野良犬の激増と（断定はされていないが、それに伴う危険性）、捕獲後の殺処分にかかるコストである。ある報告では、その前年、1300万頭の処分費用として1億ドルかかった、とされている。大陸の反対側の東海岸では、ブルックリンの野良犬「集団」の現状報告後、市議会がクリニックを設置した。アメリカ動物虐待防止協会（ASPCA）は当初反対したが、70年代半ばには逆に不妊を唱え始め、引き取り前の不妊・去勢手術を義務化した。協会で科学顧問を務めてきたスティーブン・ザウィストウスキーによると、この方針に関しては「もめにもめた」。施術した犬や猫を「世間が求めないのでは、との懸念があった」。協会役員のひとり、ブロードウェイのミュージカル女優グレッチェン・ワイラーは、トーク番組『マイケル・ダグラス・ショー』に出演して、協会の方針を説明している。当時、犬は放し飼いが圧倒的に主流で、不妊手術を施すことはまれだった。クリニックの普及で、飼い主がさらに犬に対して無責任になると懸念する獣医師グループもあったが、これは一部で指摘されたように、自分たちが食いはぐれるからだろう。

現実には、まず犬を安楽死させる割合が減り、時間の経過とともに協会の「受け入れ件数」も減っていった。受け入れ件数（大半が野良犬と飼い主が手放した犬）は、望まれない犬がどれだけいるかの指標だ。最終的には、シェルターが不妊・去勢手術を普及させることになった。シェルターができる前は、主に迷子の動物を回収する「収容施設」があった。19世紀までは豚や馬がほとんどだったが、やがて犬専用の施設ができていった。1851年には、暑い盛りに野良犬が増えて狂犬病が流行るのを危惧し、ニューヨークに犬の夏季収容施設が作られている。犬の死骸を持ち込めば、1体あたり50セント支払う、との市議会決議を受けて作られ、おかげで目に余る殺生が行われることになった。初期の収容施設は、飼い主が払う受け戻し金を財源とし、（生きている）犬の持ち込みにも対価を支払っていた。そのため、回収費目当てに子犬を育てたり、飼い犬を盗む、といった悪辣な手口も横行した。飼い主が受け戻しに来ないと犬はすぐに処分されたが、その方法は、棍棒での撲殺や銃殺から、1・

2×2・1×1・5mの木枠に最大48頭を詰め、イーストリバーで溺死させる、というものに代わった。ある日など、木枠を16回浸けて762頭を処分している。犬の死骸は肥料にされた。やがて、より苦痛が少ないガス室（二酸化炭素を充満させた小部屋）での処分が始まる。けれども、この方法は最低でも20分かかり、1時間たっても終わらないこともあった。その後、初期の動物愛護団体の監督の下、よりましな注射による処分法が導入され、現在に至っている。

不妊・去勢手術への関心は、ロサンゼルス郡の一部非法人地域[注5]などで大きく高まり[*3]、強制力のある条例ができた。ロサンゼルスでは、生後4か月以上のすべての犬に適用されるようになったのだ。違反すると罰金500ドルか40時間の社会奉仕が課されるが、この程度の罰則なら無視できるとは言えない、妥当な代償だろう。数的コントロールを目的にシェルターの犬に不妊手術をするというなら、そこに住む犬全体に施すべきだ。そうすれば、ある程度は増加が抑えられる。ロサンゼルスでは、1970年に10万頭以上の動物が捕獲・処分されている。この数はあまりにも多い。

施行された条例が理由としてまず挙げているのが、「望まれない犬の増加の抑制」である。条文の作成者は、政策に不可避性と絶対性を持たせるため、（不妊手術におなじみの）レトリックを用いている。大半の犬の健康と行動に改善がみられる、と訴えるのだ。たとえば、ロサンゼルスの条文は「不

＊3　ロサンゼルス郡内では、市を除いた約8分の1が非法人地域。

妊・去勢手術によって特定のガンにかからなくなる」と明言している。

それだけではない。去勢手術によって犬の安全性が高まるのだと言う。

「不妊手術を受けた犬は、徘徊の可能性が低くなるので、迷子になり、車にひかれ、ケンカで負傷し、虐待される可能性も少なくなる」

一方、迷い犬は「野良犬」に分類される。こうなると、もはやペットではなく、公共にとっての脅威とみなされる。

「野良犬は公共の安全にとって危険要素だが、不妊手術を受けていない犬は逃走しやすい。野良犬は人やほかの犬を咬み、交通事故を引き起こし、病気を広げ、人間の所有物に危害を加え、地域住民の生活の質を損ないかねない」

おまけに、交尾（交尾の欲求と交尾相手の探索）も深刻な問題とされている。

「去勢手術を施されていない犬や猫は相手を求め、発情期のメスの犬・猫に群れで引き寄せられる。発情期のメスはたとえ外に出ていなくても、繁殖したがっているオスの群れを引き寄せ、辺り一帯は騒然となる。こうした状況は危険をはらんでいる」

ほんの数行で、不妊手術が犬の繁殖問題から、市民社会を維持する頼みの綱に変わってしまっている。

ニューヨーク州は、ペットの交尾の問題を「農業」の条例でカバーしているが、不妊手術の必要性の説明に、これまた犬の「過剰」を引き合いに出している。数が多いから、野良犬となって「窮乏の末、死に至る」、と言うのである。条例はまた、野良犬の収容と処分の費用は「地域にとって大きな支出」であり、詳しい解説なしに野良犬は「健康を害するもの」、「社会の厄介者」だと訴える。ニューヨーク市には、シェルターでの不妊・去勢手術を定めた条例があり、不妊手術を受けた犬の方が「健康で長生きし」、オスは睾丸を取った方が「おとなしくなる」と、動物保護団体「メイヤーズ・アライアンス・フォー・ニューヨークシティズ・アニマルズ」は健康面からアピールしている。メスは不妊手術で「乳ガンや子宮感染症」が予防でき、「発情が避けられる」とも言っている。不妊手術を「オスは生後6か月、メスは最初の発情期までに」すればなお良い、とも。ニューヨーク市の「アニマル・ケア・センター（ACC）」は、これを有益情報ととらえているようだ。同センターの「あなたの新しい犬について」というガイドブックには、「不妊手術によって望まれない犬の誕生が防げます」とある。

全米では、多くの都市が犬種を特定して不妊手術の条例を作っているが、通常想定されているのはピット・ブルだ。種（や犬そのもの）への配慮より、人を襲う危険性から、ピット・ブルに不妊・去勢手術を課している。ご存知のように「ピット・ブル」という犬種は存在せず、経験を積んだトレーナーでも、見た目では犬種の特定が難しいのはさておき、犬による攻撃は不妊手術で減るものではない。ピット・ブルとされる飼い犬に、子犬が産まれなくなるだけである。犬は決して睾丸や卵巣があるから咬むのではない。

私がこれまでに一緒に暮らした犬は、みな不妊手術が済んでいた。5、6年前まで、私はそのことについてきちんと考えていなかった。どの犬もシェルターから引き取ったが、条例ができる前から、シェルターではなるべく不妊手術を済ませて引き渡す慣習になっていた。私はパンパーニッケルを子どもの産めるメス、フィネガンを生殖能力のあるオスだと思っていなかった。犬を無性化する意図的な行為は、期待どおりの効果を上げていたわけだ。私は自分の犬の繁殖について選択を迫られず、知らなかったと嘆きもしなかったのだから。

犬の増加を抑えるために、不妊・去勢手術を行った、という意味では、一見、まぎれもなく成果が出たように思える。シェルターに連れてこられる犬の数は激減した。安楽死の数も、受け入れ件数の急降下に比例している。1970年の安楽死件数は（犬と猫で）2000万頭以上とされているが、昨年は200万〜400万頭に減っている。おかげで、シェルターに勤め、処分する犬の選別と処分の実行を任されている人たちが、どれだけ救われたことか——庭でおもちゃを引っぱり、遠くまで散歩に出かけられたはずの犬の命を終わらせ、永遠に目を閉じてあげながら毎日を過ごす人たちの気持ちを、どうか想像してみてほしい。

‡ ‡ ‡

というと大成功に思えるが、注釈が必要だ。安楽死させられた犬の数がはっきりしないのは、単にこの問題に関するきちんとした事実が把握できていないからである。*4「もめるのは数字の報告だ」とスティーブン・ザウィストウスキー。シェルターを束ねる組織がないため、研究者が調べようにも、受け入れとその「結果」に関する信頼できる数が得にくいのだ。主義として安楽死に反対し、殺処分しないとするノー・キル・シェルターの中には、データの提出に「消極的な」ところがある、ともザウィストウスキーは言う。しかも、シェルターが社会に認知された現在、「ややこしい状況になっている。犬の移動という、これまでにない側面が出てきたからだ」。里親制度が軌道に乗ると、ある地域のノー・キル・シェルターでは、ほかの地域から犬を連れてくる必要が出てきた。いわゆる「ペットの輸送網」が、過剰地域（ロサンゼルスやアメリカ南東部）から、シェルターにピット・ブル系の雑種しか残っていない地域（オレゴン州ポートランドやアメリカ北東部）に、車やバス、トラック、飛行機で犬を移動させている。「昔は犬がボルティモアに連れてこられれば、そこで里親が見つかるか処分されるかだった。それが、ここへきて追跡しにくくなっている」。

殺処分をしないノー・キル・シェルターの登場は、1970年以降のシェルターの変遷の象徴で、犬の福祉に対するその影響は侮れない。動物、とくにペットに対する社会の態度が大きく変わったこ

＊4　全米のシェルターからの報告とデータ収集が徹底せず、とにかくはっきりした数字が手に入りにくい。たとえば、全米人道協会（HSUS）の科学主任が2018年に出した包括レポートでは、1973年の安楽死件数は1350万頭に迫る、となっている。

とも、安楽死に影響している。里親制度の普及や「室内飼い」の一般化（放し飼いではなく、屋内飼育されているペットの増加）、犬の身元確認方法（マイクロチップなど）の進化で、迷い犬が飼い主の元に帰りやすくなったこと、なども安楽死減少の理由に挙げられる。

詳しく見てみると、望まれない犬の安楽死の減少と、不妊・去勢手術の普及を安易に結びつける筋書きには、穴がある。ザウィストウスキーが、19世紀のニューヨーク市のアメリカ動物虐待防止協会（ASPCA）設立以来の受け入れ率を追ったところ、「市内の犬・猫が大幅に減少したのは、40〜60年代」で、不妊・去勢手術の普及以前、条例ができるはるか昔だった。助成金で不妊手術クリニックを開いても、安楽死率が変わらない地域があることも、複数の研究でわかっている。

私は、不妊・去勢手術が、ペット過剰問題の唯一の解決策だと考えているシェルターの人と話をしたことがないし、聞いたことも行ったこともない。けれど、あまりにも手っ取り早い方法なので、飼い主が犬の生殖（またはそれに関する器官）について判断する、より多面的な取り組みに資金を振り向ける妨げになっている。シェルターの教育部門は、その場の勢いで子犬を引き取ろうとしている飼い主に、家族を迎える責任を理解してもらうようにサポートするが、その財源は近年カットされている。代わりに、サービスの行き届かない地域への支援プログラムに重点が置かれ、医療、とくに不妊手術費が助成されている。手術を受ければ譲渡料を徴収しない奨励プログラムもある。「出産ストップ」プログラムでは、子犬の引き取りと同時に、その親犬に不妊手術を施している。

何より良くないのは、不妊・去勢手術が解決策、という考えが一般に浸透したことだ。単純な方法を与えられた一般人は、それを鵜呑みにして突っ走り、問題の根本をこじれさせ始めた。アメリカ獣医師会（ＡＶＭＡ）は、「犬や猫に不妊手術を受けさせれば、望まれない子犬や子猫の誕生を防ぐ責任が果たせます」と呼びかける。**あなたは責任を果たしたことになるのです。**それであなたの「責任」は終わり、今度は責任を果たしていない他人に怒りの矛先が向けられる。けれど、ペットに不妊手術を受けさせることで（飼う前に手術済みの犬も含む）、ペット過剰に対する責任がなくなるなら、賢い飼い主になる努力——犬の行動やコミュニケーションのシグナルを学び、犬との暮らしに必要な費用や時間について考え、妊娠したりさせたりという厄介ごとを理解する、といった必要がなくなる。犬の「不品行」（たいていは互いの誤解が原因）を理由に、シェルターに犬を返して放棄してもかまわなくなる。犬には、面倒で複雑な身体機能などない、と思っても許される——なんといっても修正《fix》済みなのだから。

‡ ‡ ‡

犬の研究仲間で、フランス人獣医師のティエリー・ベドッサがニューヨークに来たとき、私たちはセントラルパークに直行した——もちろん犬を観察するためだ。入口付近のベンチで、早朝の放し飼いタイムに続々とやってくる犬と飼い主を眺めていると、彼が何げなく「アメリカの犬は太ってるね」と口にした。あまり意識したことがなかった私は、思わず遠ざかっていく犬の腰まわりに目をやった。よたよた歩いていくイエローのラブラドール。重みで背中が折れ曲がって見える2頭のダックスフンド。栄養失調の犬は見当たらず、確かに太めが多い。私は栄養状態の良い犬ばかり見慣れていたらしい。実際、最近気になった犬は、あばら骨のあたりの皮膚がコーデュロイ状になった、ひどくやせた1頭だけだった。

同胞の犬好きのみなさんを擁護したいところだが、ベドッサは正しい。アメリカ人の肥満症は伝染するのだ。複数の研究が、飼い犬の56％が太り気味か肥満だと示している。その原因のひとつが生殖器の問題で、不妊手術を受けた犬は代謝が低下し、太りやすくなる。生殖腺がないから肥満になるわけではないが、一因ではある（「メイヤーズ・アライアンス」のホームページには、「運動不足とフードのやりすぎで太るのであって、不妊・去勢が原因ではありません」とある）。犬への愛情を食べもののごほうびで示したがり、市場規模が数十億ドルのペットフード産業が存在する世の中で、「不妊手術を受けたらとにかくフードを25％減らしましょう」とアドバイスしても、滑稽でしかない。しかも、シェルターなどが犬の引き渡し時に飼い主候補にそれを伝えないので、肥満の危険性はいつのまにか無視されてしまう。さらに困ったことに、最善とされるトレーニング（正の強化によるトレーニング）では、たいてい食べものがごほうびに使われる。たとえ私がフードの量を控えたとしても、散歩のたびに、近所の犬への愛情のおすそ分けでポケットを膨らませた善意の飼い主に出会ってしまう。

アメリカの犬はずんぐりとたるんでいる、とベドッサが思った理由のもうひとつは、彼がフランス人だからである。洞察力などではなく国籍ゆえに、犬の体形もいろいろだと気づいたのだ。ヨーロッパでは、最近まで不妊・去勢手術を行わないところが多かった。去勢していないオスは太っていないだけでなく、もっと筋肉質だ、と彼は言う。オスでもメスでもテストステロン[注6]が多く分泌されるから当然だ。このホルモンは見た目だけでなく、解剖学的にも、背中や脚が丈夫になり、靭帯損傷や椎間板ヘルニアになりにくくなる。

海の向こうでは不妊手術は慣例ではないし、ましてや宗教でもない。実際、ノルウェーでは最近まで動物の不妊手術は違法だった。この国の動物福祉法には、動物は「人間にとって価値があるかないかにかかわらず、固有の価値を有する」との、目を疑うような声明が盛り込まれている。不妊手術については、いかなる手術、「身体部位の除去」も、「動物の健康を考慮してそうすべき正当な理由」がある場合にのみ認められる、と明記されている。特定の動物の「機能と生活の質」はもちろん、その福祉を優先すれば、不妊手術は不可になるのだ。

ノルウェーの首都オスロでは、犬の専門訓練士アン・リル・クヴァンが、「去勢手術はまだ禁止されているが、受容されつつある」と話してくれた。ほかのスカンジナビア諸国でも、不妊・去勢手術が違法だった時代を経て、現在は認められているが、まだ普及はしていない。スウェーデンでは犬全体の7%が不妊手術を受けている(対するアメリカは80%以上)。[*5] スイスの動物保護法は動物の「尊厳」を掲げ、「動物を扱う際は、その固有の価値を尊重しなくてはならない」という条項がある。不妊手術などによるいかなる痛み、苦痛、傷害、「外見や機能に対する大きな介入」も、「不安や屈辱」をもたらし、動物の尊厳を損なうため、禁止されている。

「ヨーロッパでは犬を飼う概念がアメリカとは違っている」と、スティーブン・ザウィストウスキーは言う。「ジャーマン・シェパードを飼えばジャーマン・シェパード・クラブに所属することになる。真面目なんだよ」。アン・リル・クヴァンは、誰もが犬の「面倒をきちんとみる」から、迷い犬は(ほとんどおらず)「問題になっていない」と言う。つまり、いつもそばにいて気にかけ、望まれない犬にならないようにしつけているのだ。ノルウェーの動物福祉担当官曰く、「去勢手術は、きちんとしたしつけの代わりには決してならない」。犬がいらなくなったらどうするの、とクヴァンに訊いてみた。「そんなことめったにありません」と答えた上で、「殺処分されるだけですね」と彼女は肩をすくめた。

‡　‡　‡

犬の増加に対する不妊・去勢手術の真の効果がはっきりしないまま、それを信奉する人々には、犬への影響を問うべきだ。不妊手術の有益性を説く層は効果を断定するが、長期的な研究により、その効果はずっと小さく、場合によっては有害でしかないとの結果が続々と出てきている。

カリフォルニア大学デービス校獣医学部名誉教授で、研究者のベンジャミン・ハートは、「基礎生物学では、性ホルモンをなくせば弊害が起こる」と結論づけている。体は多くの部分が統合され、密接に結びついてできている。どこか1か所が損傷や除去により機能しなくなれば、ほかの部分にも多かれ少なかれ影響が出るものだ。片脚を少しケガしただけで、きちんとバランスをとって動こうと、もう一方の脚だけでなく胴体や背中、首にも負担がかかる。片方の肺をやられれば、もう片方だけでなく、心臓を初めとするほかの臓器にも影響が及ぶ。生殖腺を除去すれば、エストロゲンやテストステロン、黄体ホルモンの主な作り手を失ったことになる。これらの性ホルモンは生殖にとって大切だが、それだけでなく、体全体に影響を与えている。エストロゲンは、成長板が閉じるように働きかけて、骨の成長と成熟に関わる。テストステロンは、合成されるタンパク質を増やして、筋肉量を増加させる。黄体ホルモンには、脳が重傷を負うと炎症を抑えて保護する役目があり、エストロゲンも脳内で学習や記憶、感情に作用する。どれも専門的に犬を扱っている人には了解事項だ。ペンシルバニア大学獣医学部作業犬センター長のシンディ・オットーによると、同センターの犬には、成長板の成

＊5　米国人道協会（HSUS）は、「サービスの行き届いていない地域では」、87％の犬が不妊手術を受けていない、と指摘している。

長が落ち着く生後14か月まで不妊手術をしない。テッド・ケラソートは、患者に副腎障害が増えたのを機に、不妊手術をやめた獣医師に取材している。カレン・ベッカーというこの獣医師は、体の正常機能に必要な性ホルモンを分泌する生殖腺を取ると、微量ながらホルモンを生産している副腎に負担がかかるのでは、と推測している。ベンジャミン・ハートは、性ホルモンには体の保護機能があると考えられ、エストロゲンがないと「腫瘍細胞が誘発されるおそれがある」と示唆している。

ハートはこれまで、性ホルモンの欠如による長期的影響をみる、最大規模の研究を率いてきた。大学の動物病院のデータベースを使い、不妊手術で減るとされる腫瘍や、重い子宮内感染症である子宮蓄膿症といった生殖器疾患の発症率を特定犬種で調べた。また、術後に増加するといわれる関節疾患や尿失禁にも注目した。

その結果は、シンプルな解決策、という不妊・去勢手術のイメージを揺るがすものだった。2013年に報告された論文によると、ゴールデン・レトリーバーは、生後半年未満で不妊手術を受けた場合はとくに、重篤な関節疾患のリスクがメスで4倍、オスで5倍、不妊手術を受けていない犬よりも増加していた。手術推進派には受け入れがたい結果だ。「おかげで大変なことになった」と、2017年にカリフォルニア州立大学デービス校で開催された不妊・去勢手術の会議で、ハートは語っている。誰もがこう言ってきたそうだ。「どうしてまたこんな研究をしたのか。無責任だ」。それだけではない。「あなた方のデータは信じられない」とまで言われたそうだ。

その後の継続研究では、ラブラドール・レトリーバー、ジャーマン・シェパード、ドーベルマンで関節疾患の発症率が上昇し、バーニーズ・マウンテン・ドッグとセント・バーナードでは4分の1から3分の1が関節疾患を発症する、という驚くべき結果が出た。腫瘍はそれを上回った。メスは不妊手術の時期にかかわらず、腫瘍発生のリスクが4倍になった。ほかの犬種でも、それぞれ気の滅入るような結果が出た。オスのボクサーを1歳か2歳で去勢すると、腫瘍発生のリスクは30％に上がり、バーニーズでは雄雌に関係なく、5分の1近くで腫瘍発生のリスクが上昇した。不妊・去勢手術の最大のうたい文句のひとつ、不妊手術で寿命が延びるという点も、長生きすれば腫瘍の罹患率が上がる、という研究結果で割り引かれる。さらに、加齢による認知機能不全の割合も、手術を受けた犬で高かった。

とはいえ、こうした影響がすべての犬種にみられるわけではなかった。ハートのこれまでの研究では、小型犬は不妊手術後も関節疾患になる確率が上がらないことが多く、雑種は雌雄ともに腫瘍の発症率に影響が出ていない。また、手術の時期を遅らせれば、こうした疾患のリスクが上昇しないケースもある。問題は、シェルターが子犬を早い時期に手術したがることである。

結論？　新たな研究結果のおかげで、声高に叫ばれている不妊手術の健康上のメリットは総じて揺らいでいる、である。子宮蓄膿症は子宮の感染症だから、子宮を摘出すれば確かに発症率は下がる。けれど、不妊手術をすることでメスが尿失禁を起こす割合は上がる。何より重大なのは、犬種と体の大きさ、性別、手術を受けた年齢によって、リスクが大幅に違ってくる点だ。この研究結果は、不妊手術の際、犬ごとの事情を考慮してきめ細かく対処するための参考になる。

同じように、手術を受けた犬はおとなしくなる、というのも言いすぎで、状況が悪化する場合もある。犬や人間への攻撃性を抑える目的で去勢されたオスが、望ましくない行動をとらなくなる可能性はあるが、それも４頭に１頭程度である。マウンティングや過度な尿マーキングなど、その他の問題行動についても同じことが言える。４分の３には有意な違いが認められていない。メスは１歳前に卵巣を摘出すると攻撃性が増す、とのエビデンスもある。不妊手術の医学的な影響を知れば知るほど、この選択肢はますますあやしくなっていく。

‡ ‡ ‡

不妊・去勢手術について語るときに忘れられがちなのが、それが医療行為、手術であるという点だ。ルーティン化したといっても、手術である限り、体への害とリスクはついてまわる。コペンハーゲン大学生命倫理学教授のピーター・サンドーが列挙しているが、見知らぬ場所で初めて会う人に預けられる恐怖、切開の痛み、体の外科的損傷、切開による炎症や感染といった術後リスク、処置に伴う致命的な合併症、と多岐にわたる。そしてどの手術にも言えるが、全身麻酔のリスクには死亡も含まれるのだ。

死亡のリスク。若い命の誕生を阻むために――殺処分を回避するために、死の危険を冒す。不妊・去勢手術はそれを求めている。家族やペット、自分の手術にあたり、麻酔による死亡リスクの同意書にサインさせられる立場にあるとしよう。たいてい、**リスクはごくわずかです**、そう説明される。言うまでもなく手術をする必要があるわけで、多くの人は、その「わずかなリスク」と、すでに受けることにしている手術のメリットを慌てて天秤にかけ、提出間際になってサインをする。

私にも経験がある。息子がもうすぐ6歳というころ、とにかく猫に夢中になり、猫という猫をかわいがりだした。食料品店の猫にペットショップの猫。本屋の猫、図書館の猫、野良猫。友人の飼い猫、シェルターの猫、トラクターに乗っている猫。犬ばかりの家に猫を加えたいと考えた息子は、その年、憧れを懇願の形にして訴え始めた。私は気乗りせず――子どもの気まぐれで動物を飼うことには抵抗がある――「家が必要な猫がいたら飼ってもいい」と伝えていた。

はたせるかな、翌週、私は1頭の猫に遭遇した。やっと大人になったばかりの、ほっそりとしたきれいな茶色のぶち猫が、ブルックリンのベンソンハーストをうろついていたのだ。父を亡くしたばかりで鬱々と何マイルも歩いていた私の前を、そのおチビさんが横切った。こちらが近づくと立ち止まる。背中からしっぽがクエスチョンマークの形に伸びていた。私は声をかけて行き過ぎたが、むこうは何ブロックも車の下をくぐり、建物に沿って、付かず離れずついてくる。家から離しすぎてはいけないと思って2度振り返ると、うんともすんとも言わずにそこにいた。私は食料品店に入って、牛乳とボウル代わりになるものを買った。猫が簡素な葬儀場の生垣に沿って歩いていると、男性が出てきた。

「おたくの猫ですか?」

「ああ、いや、違う。ここに棲みついてるんだ。飼ってはいない」

「じゃあ野良猫?」

彼は頷いた。「子猫が何頭かいた。みんな死んだんじゃないかな。そいつはこの辺りに棲んでる」。葬儀場を示して言った。建物にも生垣が巡らされ、このやせた母猫と子猫たちが、その下で身を寄せあっているのを想像した。私は牛乳の容器を彼にさし出した。

「これ、あげてもらえませんか?」

男性は後ずさった。「いやいや。餌付けはしない」。去り際にこう言った。「連れてっていいよ。捕まえられたら」

こうして私は猫に出会った。翌日、近所の友達に応援を頼むと、彼女は猫を探し出して巧みに箱におびき入れてくれ、その晩からうちで飼うことになった。

「ビーゼルバブ・ヨシャパテ![注7]」。息子はそう呼んだ[*6]。素敵な猫にふさわしい名前ではなかったが、家に新しく迎えた動物のエネルギーを感じる喜びは反映していた（彼女はまたよく跳ねた）。遊び好きで、床に転がっている小さなものは何でも追いかけて廊下の先まで蹴っていき、走り回って棚や書架のはしごを駆けのぼった。垂れ下がったコードに興奮し、すぐに電話コードをやっつけた（おかげで、ようやく固定電話を処分するふんぎりがついた。ありがとう、ビーゼルバブ）。数週間もしないうちに、私とオフィスに行き、パソコンのキーボードにのせた両手に悠然と寝そべるようになった。犬たちは猫の存在を警戒してそわそわし、彼女の方も用心深さを発揮して彼らに神経をとがらせたが、やがて互いに気のおけない関係を築いていった。いつもそうだが、すぐに彼女がいるのが当たり前になった。

獣医師のところに予防接種と検査に連れていくと、不妊手術を勧められた。そうするつもりではいたのだ。でも、ペットに不妊手術を受けさせたいか、と訊かれるのは初めてだった。私はふだん、医療に関してはプロの助言を受け入れる。自分が患者であっても代理人であっても、医師の経験を信じ、ありがたく助言をちょうだいする。この獣医師だろうと別の獣医師だろうと、変なアドバイスをされると思う理由がなかった。

とはいえ屋内で飼うわけだし、ニューヨークで屋内といったら完全に屋内だ。間違って出て行ってしまうような裏口はない。窓を開けても、網戸やガードが付いている。外に出ることはない。それどころか、寝るときは彼女を溺愛する息子と一緒だし、それ以外は犬とじゃれ、もの静かに私のパソコ

＊6　5歳児の脳と発話能力で、「ベルゼブブ（大悪魔）」と言うとこうなる。

ン作業を邪魔して過ごすことになるだろう。

けれど、獣医師は食い下がった。何度も電話をしてきて、手術を受けさせる責任について3分間のメッセージを残すこともあった。こちらの事情をまったく考慮しないのには辟易したが、医療上の判断のつねで、経験に裏付けられた彼の意見は気になった。私が犬の行動を長年見てきたといっても、こういうときにはあまり意味がない。ビーゼルバブを不妊手術に連れていったのは、彼女が家に来て1か月ほどたったころだった。息子は、彼女のために買ったキャリーケースに収まったビーゼルバブに無邪気に手を振り、私たちは「学校から帰ってきたら、晩にはもう会えるから」と請け合った。

だが、そうはならなかった。仕事場に獣医師から電話があり、ビーゼルバブが麻酔に先立つモルヒネ投与時に死んだと聞かされた。父の死から半年かけて立ち直りかけていた私は、歩道に座り込んでわんわん泣いた。野良猫暮らしからすくい上げて「救ってあげた」つもりでいたが、早死にさせただけだった。そして、あまりにも唐突な別れに考えがあれこれと巡り、やがて息子に伝えねばならないと思い当たった。彼は、ビーゼルバブを失ったのだ。

獣医師はもちろん恐縮していた。「こんなことになるのは1%だけです」。私はしゃくり上げるばかりで何も言えず、後になってようやく考えられるようになった。必要がないと思う手術で死ぬ確率が1%でもあるとわかっていれば、絶対に彼女を手術に送り出すことはしなかった。

‡ ‡ ‡

麻酔による死亡率を複数の獣医師に尋ねると、同じ答えが返ってきた。けれど、私が引っかかっていたのはリスクの統計ではない。獣医師が手術を勧める際、わが家の（あの猫とうちの家族の）事情を考慮しなかったのが後を引いていたのだ。獣医師にとってビーゼルバブは、動物についてある程度理解している家庭で暮らす個の猫ではなく、ただの猫だった。卵巣のある猫。それ以上でも以下でもない。

なぜベンジャミン・ハートの研究結果が、彼の言う「大変なこと」を招くのか。それは、いちかばちかの選択になるからだ。犬には不妊・去勢手術をする、という方針をなくせば、野良犬や望まれない犬は必ず増加する。誰もそれは望んでいない。だからこそ、この解決策が一筋縄ではいかず、知らぬ間に害を及ぼす可能性があることが、いっそう悩ましいのだ。

手術後の健康調査の結果は、種全体ではなく犬種に、場合によっては個体に照準を合わせて、その役割を果たすことになるだろう。不妊手術による効果と害悪は、「個体によって大きく異なる」とハートは締めくくっている。また、飼われている家庭もそれぞれだ。室内飼いの猫はほかの猫と接触しないのだから地域猫とは違うし、農場で飼われている猫とも違う。ノルウェーの犬はしっかりとリードで制御され、飼い主の言うことを聞く――いや、ノルウェーの飼い主が、発情期のメスはオスに近づけるべきではない、とわきまえているだけ、と言うべきか。ヨーロッパ諸国では個を重視し、「いかに犬の数をコントロールするか」ではなく、「犬にとって何が正しいか」を考える。

動物の扱い方に、もっとほかの選択肢があるのは言うまでもない。アメリカがどうしても「不妊処置」をスローガンにするというなら、外科手術を伴わない方法もある。注射する不妊薬は全世界で（アメリカでも1種類は）出回っており、開発中のものもある。資産家の外科医で、動物の境遇に関心のあるゲイリー・ミケルソンは、手ごろな不妊薬の研究開発に助成金を出し、最も早く開発した人には2500万ドル（現在は7500万ドル）が授与されることになっている。流通している製品は、「不妊（Infertile）」というような名前で、永続的な不妊を目的とした製品である。手術はせずに、軽い鎮静剤と一緒に睾丸に直接注射する。生殖腺は残るので、性ホルモンがある程度分泌され、ハートたちが明らかにしたような健康被害はおそらく回避できる。侵襲性の少ない埋め込み型（インプラント）の不妊法[注8]をとる国もある。ホルモンの分泌がなくなるよりは手術リスクの方がまし、というのであれば、近所の獣医師で実施しているところはぐっと減るが、人間と同じ方法（パイプカットや卵管結紮、子宮のみの摘出）も可能ではある。

発想を転換するのもありだ。犬を繁殖させている当人に働きかけるのはどうだろう。この場合、繁殖の原因は犬にはない。犬はその機能を備え、生物として繁殖しようとするだけで、繁殖させているのは人間である。

不妊・去勢手術が普及し始めた当時、獣医師には、生後半年までは手術をしないように、とのガイドラインが出されていた。それが多くの犬のためであり、幼犬への麻酔の使用が推奨されないのは（麻酔下では深部体温が維持できないのが理由のひとつ）、ハートらの研究でわかっている。しかし、あるシェルターの医療記録には、このガイドラインが「人（犬）口抑制の妨げ」になっている、と書かれている。生後半年より前に引き取られる犬は、手術を受けていないことになるからだ。「その多くは、無責任かつ無知な飼い主によって結局は子犬を産まされ、不要になった子孫がまたシェルターに持ち込まれて、問題を増大させる」。

これで真犯人がわかった。「無責任かつ無知な飼い主」である。そう表現しているのは、この記録を書いた人物だけではない。責任は学習すれば理解できる。知識は伝えれば良い。シェルターの中には、出張ワゴン車やペットの関連イベント、家庭訪問などの支援策で、問題を抱えて犬を捨てようとしている人たちに、手を差し伸べているところもある。つまり、飼い主を費用面で支援し、啓蒙するわけだ。シェルターに勤務するある人物は、経済面など家庭の問題と犬の放棄との関連を扱った研究を引き合いに話してくれた。「捨てられた犬がシェルターに来る地域は、限られています」。その主任獣医師はこうも付け加えた。「私の考えでは、〝不妊手術〟の問題は、犬にそれをすべき人たちがしていない、ということです。しかも、きちんと処置している人たちは、問題を引き起こす層にはなりません」。啓蒙活動だけで行動が変えられるなら、外科用メスは置いて、そちらに注力してはどうだろう。犬を切開せずに済む方が良いに決まっている。不妊・去勢手術を声高に唱道する、アメリカ獣医師会もこれを推奨している――ただ、責任ある飼い主たるもの、「獣医師に相談すべし」とも明言しているが。州・自治体レベルで、飼い主の教育を法的に義務付けている、あるいはそうする予定のところはなく、飼い主になることを制限するのも難しい。そのため、啓蒙活動よりも不妊手術が好まれ、犬という種にとって何が最善の解決策かではなく、仕事を見事にこなしているシェルターの負担軽減が重視されることになる。「〝まあ、シェルターが何とかしてくれるさ〟という考えを捨てるべきです」と前出の獣医師は言った。ずっと問題を押しつけられてきた彼らもまた、解決策を模索している存在に過ぎないのだ。

‡ ‡ ‡

私たちがフィネガン、神妙な顔でバッグを嗅ぎにくる黒いラブラドールの雑種をシェルターから引き取ったのは、11年前だ。殺処分をしないニューヨークの大きなシェルターは、吠え声と、湿った犬や薬品のニオイに満ちていた。積み上げられたどのケージにも犬がいて、待機している気さくな職員が、目当ての犬と対面させてくれる。私はパンパーニッケルを亡くしてから、あそこを訪れるのに1年かかった。あの穏やかで賢い巻き毛の犬とは、20代のころから17年近くをともに過ごした。（運が良ければ）本当に「17年」飼うことになるとわかっていながら、シェルターで会うどの犬にもめろめろになってしまう私は、覚悟を決めて訪れていた。犬を連れて帰ることになるだろう。それでも、できるだけ相手のことを知ってから引き取りたい。吠え方を覚えた、信じられないほどかわいい子犬のケージに指を差し入れ、互いに体を丸めて眠るきょうだいに顔を緩め、一度引き取られたもののシェルターに戻ってきたばかりの憂い顔の2歳の犬に後ろ髪を引かれた。フィンを見たときも、私たちはわくわくしつつも慎重だった。彼を指名して飼育エリアでしばらく一緒に過ごした後、シェルターの入口近くの偽物の木がある場所に連れ出せることになった。そこで何時間も様子を見る。フィンは昼寝もしたほどだ。私たちは職業、住宅のペット関連規約、飼育歴、保証人2名を書類に書き込む。保証人に連絡がいくこともなく、すぐに承認された。それでも彼を観察し続けた。人や音に対してとか、耳や喉、おしりをくすぐられたとき、どう反応するか。何に興味を持ち、何に身構えるか。何を口にくわえ、どんなときに吠えるのか。一体どんな犬なのか。

この陽気だけど落ち着いた犬を私たちが観察中、少なくとも10数名がシェルターを訪れ、犬か猫を選んで帰って行った。誰かが来るたびに私はあきれていた。17年続くかもしれない関係の始まりにしては、あっけなく感じたからだ。丸々とした子犬を手にした7歳の子は、その犬が世を去るときには高校（そして大学）を卒業しているかもしれない。新婚の若いカップルなら、その犬とともに中年にさしかかっているはずだ。家族にぴったりの仲間を見つけるより、店でぴったりのジーンズを探すのに長く時間をかけるなんて、どういうつもりだろう。

シェルターにしてみれば、どんどん引き取られるに越したことはない。フロリダ州立大学のマディーズ・シェルター・メディシン・プログラムに行ったときのこと。長年、シェルター医療を研究し、犬のインフルエンザ・ワクチンの開発者でもあるシンダ・クロフォード教授は、私が飼い主候補を教育してはどうかと提案すると、首を横に振った。「とにかく、引き取るハードルを低くしなくては。クレジットカードを作る方が簡単なんですから」。犬の引き取りを簡便化すべきかどうかはわからない。でも、路上から日々やってくる犬の数があまりにも多いため、彼女にとっては送り出す方が先決なのだ。シェルターの煩雑な手続きに対する不満は、ほかでも耳にしていた。犬を引き取りたいという人たちが、ガードの堅いシェルターに不適格とみなされてしまうのだ。

今一度、発想を変えてみよう。犬を不妊手術によって管理する動物ではなく、個ととらえてみたらどうなるか。もし犬を個人と考え、その個人に私たちが何らかの行為をするとしたら?

「誰かがあなたの卵巣を摘出しようとしている、と考えれば答えは明らかでしょう」。イェール大学の倫理哲学者シェリー・ケーガンは、動物の境遇についての討論会でそう語った。犬に意識と知覚があるとすれば、手術を受けるときも、予後にも影響はある。シェルターが切羽つまっているというのも、ケーガンに言わせれば、個人に妥協を強いる理由としては十分ではない。一様に不妊・去勢手術をした方が、犬全体にとっては「まし」だとしても、「それが許されることにはならない」。

では、交尾はどうだろう。ノルウェーでは犬を固有の価値を持つものとして扱い、スウェーデンでは犬の「尊厳」を考慮し、犬は管理される所有物ではなく、個ととらえられている。したがって、知覚と同時に欲求——交尾の欲求もあるとされる。両国のアプローチは、動物に性生活を与える義務があると言っているかのようである。無理のない範囲で、犬が自分のしたい生き方を歩めるようにしたいと考えている。ピーター・サンドー曰く、「理想はどの動物も動物とみなして」尊重し、種、そして個としてのニーズを考慮することだ。

犬の生物としてのニーズ——交尾とその衝動を認めるか否かを話題にすると、笑われるのはわかっている。私たちが犬にセックスライフを認めたがらないのは、（これまた）犬に自らを反映させているからではないだろうか。この60年で相当に解放されたとはいえ、セックスのあれこれは、誰もが経験がないことであるかのように、きわめてプライベートなこととされ、職場で話すのもご法度だ。それにならって、私たちは犬にも性的な部分はない、と取り澄ましている。不妊・去勢手術と、その受容が露呈しているのは、犬の交尾に対する、私たちの根深いどっちつかずな態度である。

アメリカ人は犬の性行動を毛嫌いする。犬のしつけや飼育の指導書から、交尾の項目はすっかりなくなってしまった。犬は交尾をしないし、淫らな考えを持つなどあるまじきこと、とされている。不妊・去勢手術派の言うとおり、交尾の制限は飼い主の責任ではある。けれども、それは一方で、あらゆる動物にとっての日常の一部、ほかの犬との交流、という大切な側面の著しい制限でもあるのだ。

これは交尾の問題にとどまらない。リードの先の犬には、「礼儀正しい市民であること」が期待されている。私たちの代理として、その文化を恐ろしいほど遵守しなくてはならないのだ。つまり、決められた場所できちんと用を足し、（人や犬の）陰部に鼻を突っ込んだり、ただの知り合いに公然と性的なことを匂わせたりしてはいけない。出会ったばかりの相手をほんの少し嗅いだだけで、猛然と後ろから乗りかかろうとするのは、育ちの悪い犬の証である。

飛びつく、吠える、飼い主の靴や下着、枕をかじるなど、さまざまないわゆる困った行動（これはすべて、犬の自然な傾向と、人間が犬にどうしてほしいかを明確に示していない、ということによるのだが）を改善するための本には、マウンティングや性行動について、独自の章が設けられている。犬にこういう形で愛情表現をされた相手（または脚）の気まずさは、多くの飼い主が認めるところだろう。けれど、マウンティングは犬にとっては、まったくもって理にかなった行為で、遊びの一環として行う犬もいる。それでも、（不妊手術の済んだ）自分の犬が、ほかの（不妊手術を済ませた）犬に乗っかってしまうばつの悪さは、自分と相手の飼い主にしかわからない。かく言う私も、犬の「礼儀正しい」行動という文化に染まっているので、犬がほかの犬のおしりをしつこく嗅ぐのはただのあいさつ（犬の習性）だと知りつつ、乗りかかろうとするうちの犬を引っぱって飼い主としての面目を保っている。

私たちは、犬のあけっぴろげな衝動にたじろぐ。でも、何が気まずいのだろう。犬のマウンティングが、じつは相手の飼い主に対する自分のマウンティング願望を示すから？　その場が、得体のしれない淫靡《いんび》な雰囲気になるから？　それとも、犬も人間と同じく、時に、あるいは定期的にセックスがしたくなり、「同意」を得る前に行動に移してしまうからなのか。すべて当てはまるのかもしれないが、私たちは決して核心には踏み込まない。飼い主は早々にその場から退散し、犬は残り香をくんくんするしかなくなる。

犬は交尾がしたいのだろうか。生物学的には、イエスである。個体差はあるだろう。たとえば、犬の交尾は結合で終わるが、腰と腰を押しつけて性器を数分間合わせる程度の場合もあれば、1時間に及ぶこともある。それだけ結合した後はぐったりとして、性器の腫れもおさまらない。けれど、犬がそれだけ激しい行為の予兆を見せることはまずない。発情期のメスは、確かにしっぽを寄せてオスにおしりを嗅がせ、受け入れ態勢万全で交尾したがっているように振る舞う。もちろん、これは発情を促すホルモンのせいだ。そしてオスは、私の知る限り、放蕩を尽くすために涙ぐましい努力をする。

では、不妊手術を受けた犬は、交尾をしたがるのだろうか。科学論文において、動物にストレスがあることは、すでに了解事項だ。サンドーが指摘しているとおり、イギリス政府でさえ、1965年に動物が身体的な痛みだけでなく精神的な苦痛を感じると認め、「行動上のニーズが満たされないとストレスがたまるとわかっている」ため、そうしたニーズを阻害するいかなる行為も有害であるとして禁じている。

とはいえ、犬のニーズが人間のそれとまったく同じなわけではない。一部の人たちは、交尾したがるオスを、精力絶倫と思われたがっている男性に重ねがちだ。「ニューティクルズ」[注9]という人工睾丸の存在が、この誤解を裏付けている。「ニューティクルズは、あなたのペットに本来の姿と自尊心を取り戻し、あなたとペットの去勢のトラウマを癒します」、というのがそのうたい文句だ。未去勢の犬にあるとされる自尊心。その欠如が、去勢した犬にとっていかに心許なく感じられるか、については、犬の科学論文を読んでも助けにはならない。なぜなら、そんなものはばかげているからだ。[*7]この「犬の睾丸の形状、サイズ、重み、感触（って誰にとっての？）を再現した」製品は、自尊心と「あるがままの見た目」にこだわる飼い主をターゲットにしている。ニューヨーク・ポスト紙は、7kgに満たないミニチュア・ピンシャーの去勢をためらう男性の、「さらに小さく女性的になり、筋肉質でなくなると思った」という声を載せている。一部の動物愛護団体は、こうしたコメントの無知ぶりには目をつぶり、去勢手術を受けさせるのであれば人工睾丸も良しとしている。

不妊・去勢手術に関しては、犬のニーズよりも飼い主の感じ方が優先される。不妊手術をさせるべき理由としてよく聞くのが、「便宜性」だ。カリフォルニア大学デービス校の動物科学の研究者アニタ・オーバーバウアーは、不妊手術についての会議で、「発情期のメスはとにかく手がかかるので、飼い主が嫌がる」と語った。これはブリーダーとしての発言だ。別の獣医師も「汚いんです。キッチンに

閉じ込めておかないといけません」とこぼしている。[8] 発情期のメスは室内で排尿し、歩き回って経血をあちこちに付着させる。これが2〜3週間続く。オーバーバウアーは、不妊手術の利点として「望ましくない特性」――つまり、夜間のオスの徘徊や、性的な攻撃性などの行動が改善すると主張している。犬の飼い主である私たちは、手術によって犬の生活を、自分たちに都合の良い、清潔なものにコントロールできるというわけだ。

‡ ‡ ‡

別の角度から見て、不妊・去勢手術条例の最も不可解な特徴は、その例外の多さだ。たとえば、ロサンゼルスでは、手術で健康を害する可能性がある犬だけでなく、「法執行機関が法執行目的」で使

*7 この製品のホームページでは、2009年の研究が大々的に紹介されている。去勢された若いオスザルに人工睾丸を移植して、見た目を元どおりにし、社会性の発達に対する去勢の影響をみたものだ。メーカーは研究結果を読み違えたのだろう。去勢されたサルは、社会性の発達が弱く（研究者はホルモンの欠如が原因としている）、人工睾丸移植後も改善しなかった。この結果は、人工睾丸が動物の社会性の問題に影響しているかもしれない、とも解釈できる。

*8 事実、ごく自然な生物学的現象――あなたに子犬をもたらしたシステムの一部を説明するのに、必ず使われるのが「汚い」という言葉だ。

用する犬、「障がい者のための補助犬やアシスタントドッグ」、「競技会に出場する犬」も義務からはずれる。なぜ法執行機関が去勢していないオスを必要とするのか（メスの方が優秀でも、絶対的にオスが好まれるのか）、は明らかにされていない――これは、明確な科学的理由がないからだろう。実際、作業犬専門の獣医師は、災害救助犬などの作業犬については、メスには不妊手術を勧めているが、それは「発情中のメスが捜索活動にあたるとほかの犬が集中できず」、「出産させると数か月間訓練と職務から離れることになるから」である。作業犬センターのシンディ・オットーは、「オスを去勢しないのは、データというより心情的なものだ」と言う。未去勢の犬は「より攻撃的だと思われているが、実証はされていない。私見ながら、ここにいる犬たちは去勢後の方がより集中できるようになっている」。睾丸がないと捜索や警備、咬みつく能力が減退する、というエビデンスはまったくない。補助犬に睾丸や卵巣が必要というのも、同じように不可解である。

第3の例外、「競技会に出場する犬」とは、アメリカンケネルクラブ（AKC）あるいはほかの純血種のクラブに登録し、何らかの大会かショーに出る可能性がある犬のことだ。この「例外」に関しては、少し字数を割いておこう。ここに分類されるには、純血種のブリーダーが純血種の犬に産ませた、純血種の犬でなければならない。つまり、純血種のブリーダーは、例外なく不妊手術を免除される。繁殖して購入された子犬もまたしかり。ブリーダーに関する問題（その良し悪しや信頼性、いいかげんな繁殖かそうではないか）は、ひとまず置くとして、条例はブリーダー以外の繁殖を認めていない。殺し屋以外の殺人を禁止しているようなものだ。「ブリーダー」という層がいて、繁殖者と容認されてはいるものの、そう名乗って犬種クラブに会費を払う以外に、とくに必要な要件はないのにである。

純血種の繁殖が近親交配であることを、思い出していただきたい。おかげで多くのすばらしい犬が誕生したが、遺伝上の悪夢も生み出された。それでも私たちは現状、近親交配を受け入れ、純血種の永続を（非純血種の排除によって）法的に保障している。不妊手術が徹底されれば、望まれない犬の数の抑制だけでは済まされない。私たちは、そうとは気づかずに犬の姿形を変え、雑種を絶滅させることになるだろう。

‡ ‡ ‡

どうすれば犬にとって正しいことができるのか。心ある犬好きなら、誰でもそう思う。その答えは、それ自身が重大な問題である犬の過剰繁殖に、そして解決策とされる不妊手術に、お株を奪われてきた。けれど、責任ある飼い主であるということが、犬を犬としてとらえ、その生態や行動を理解する義務を指すとしたらどうだろう。人間の好みや都合が、犬のニーズに優先されないとしたら。

不妊・去勢手術は、犬を私たちが作り出し、私たちが維持している問題の責任者としているにすぎない。過剰繁殖について危機を認識し始めたころ、とある動物の管理官は、「これは犬の問題ではなく、人の問題である」と語った。犬は私たちのために手術を受けろと言われ、人間が招いた過剰繁殖に対処させられている。白分たちの子孫が減った方が、仲間の犬の境遇が良くなるからと、手術を受けさせられている。どうして犬がこんな重荷を強要されているのだろう。なぜ人間の問題になっていないのだろうか。人間は何千年も犬を家畜化し、仲間に引き入れてきたというのに。

これは私たちの問題だ。社会の、社会全体にとっての問題である。犬の過剰繁殖の問題を、シェルター職員だけが背負うべきではないように、犬も不妊手術を受けることで種を救うべきではない。かつて生命倫理学者のバーナード・ローリンが言ったとおり、シェルターが保護しているのは、じつは動物ではなく無責任な人間である。シェルターがあることで、動物の性衝動の帰結に、社会が対処しなくて済むようになっているのだから。増加しているのは犬だが、犬を作り出したのが人間である以上、責任は人間にある。私たちは一時の好みや、その場限りの人気で犬の姿形を選んでも、まるで問題がないふりをしてきた。映画に出ていた犬種だ、と言って、多くの浅はかな飼い主がその犬種の子犬にとびつくが、成長して手に負えなくなり、かつてのかわいらしさを失うと、捨ててしまう。犬の生みの親、原始オオカミを村や家庭へと導き、適応状態の良いオオカミから、毛むくじゃらの顔につぶれた鼻、短足という異形の犬を作り出した私たち人間には、犬が動物らしさを失わないようにする道義的義務がある。無茶な改良で私たちの願望は満たされたが、犬の欲求と尊厳は今まで無視され続けている。
デザイナー・ドッグへの愛着は、驚くべきところにまで浸透している。私が話を聞いたあるシェルター職員の中には、近親交配の惨状や、過剰繁殖によって生まれた犬を目の当たりにしていながら、特定の外見を持つ犬や、昔飼っていた犬種が欲しいと言う人がいた――たとえそれが、パグのように品種改良で遺伝上の問題を抱えることになった犬だとしても。

そこまで意外ではないが、シェルターから犬を引き取る人たちも、なぜか社会問題の解決者として特別視される。彼らは「責任ある」層だというのだ。「ブリーダー」として犬を繁殖させる人たちが、法的に不妊手術を迫られないことも問題に関連してくる。理由が愛情であれ金銭であれ、ブリーダーなら犬を繁殖させてかまわない。責任など鼻であしらって繁殖を放置し、問題を増大させている人たちも同様である。この行為には何の罰も抑止もない。人間と犬にとっての最善策が何であれ、これは違う。

私たちは個々の犬――隣にいる献身的な犬、もの欲しげな顔をしたシェルターの犬、これから生まれてくる犬――について、道義的に考えるべきなのではないだろうか。哲学者シェリー・ケーガンは、動物はみな道義的立場を持っているが、私たちの接し方は「道義的に不適切」だと言う。もちろん、大多数の飼い主は、この上ない思いやりとケアで犬に接し、飼い犬はありとあらゆる愛情と世話を享受している。また、私たちは犬の求めるものについて判断を誤ることもあるが、それはここでは関係ない。問題は、私たちが犬のニーズについて少しでも考えているかどうか、である。

不妊手術は例外扱いがはなはだしい。動物病院の治療内容をみれば、自分が望むあらゆる処置が、犬にも施せるのは明らかだ。今日も執筆中に獣医師から電話があり、おたくの足を引きずっている犬のMRIとレントゲンの結果からして、次は超音波治療とステロイド注射、水中運動療法を試してみましょう、と言われた。これだけフルコースで治療法が考えられるのだ。なのに、なぜか不妊手術の件は獣医師のレーダーに引っかからず、同じ犬が私たちと出会う前に大手術を受けさせられ、こちらも犬の過剰繁殖はゆゆしき問題だから、とふたつ返事で同意している。けれど、不妊手術という行為によって、私たちは自らの不道徳な行い、つまり、過剰繁殖と犬に対するあからさまな責任放棄という道義的責任を、うちの犬やすべての犬にそっくり押しつけているのだ。

どうしてそんなことをするのか。犬はそれが許される動物だからだ。私たちが犬の運命をほぼ握っているから、そんなことができてしまうのである。でも、犬は扱われ方に異議が唱えられないのだから、こちらが考えてやるしかない。不妊手術は犬にとって有害であり、犬に個としての価値があると思うなら、その害を正さなくてはならない――種全体のみならず、個に、フィンに、ビーゼルバブに対して。人間が犬と暮らすのは、その動物を――その動物らしさを、身近に感じたいからだろう。自らの行動が正せないなら、これからも人間に犬を飼うことが許されるべきかどうか、問わねばならない。私たちに、犬を飼う資格はありますか？と。

注1　**ブリンドル柄**　犬の毛色のパターン。地色に茶色、黒、ゴールドなどの毛色がトラの縞模様のように入る。ただし、トラほどはっきりしたストライプではない。

注2　**プロングカラー**　大型犬のトレーニングなどに使われる、内側が突起状になった首輪。

注3　**チューリップ**　この本のために、クィーニーはチューリップと改名した。

注4　**デイケア**　日本で言えば犬の幼稚園。朝から夕方まで犬を預かり、広い部屋などで集団生活をさせる。

注5　**非法人地域**　州や郡よりも小さい市町村などの行政単位に属さない地域のこと。公共サービスの提供は州や郡などによって行われる。

注6　**テストステロン**　男性ホルモンの一種。筋肉や骨格を強化して、精神の安定や集中力の向上、活力の維持、血管を若く保つなど、心身の健康維持に重要な役割を果たす。女性にも量は少ないながら分泌されている。

注7　**ヨシャパテ**　ヨシャファトとも表記される、紀元前9世紀のユダ王国の王。聖書に登場し、「(Holy) jumping Jehoshaphat!（「ええ！」とか「くそっ！」という意味の間投詞）」といった慣用句にもその名が使われている。

注8　**埋め込み型の不妊法**　メス用は日本にもあるが、副作用が強く、効果も1～2年なので、ほとんど使われない。

注9　**ニューティクルズ**　去勢手術の際、代替として入れることが多いとか。イグ・ノーベル賞を受賞。

12章

犬を貶めるユーモアは受け付けません

まずは自分を責めた。映画館から白日のもとに出てきた私は、声にならない憤りを感じていたのだ。ウェス・アンダーソン監督の『犬ヶ島』という映画（ディストピア化した日本で、犬がゴミ処理場となった島に隔離されるアニメ映画）をドルビーサラウンドで、しかも揺れる座席で観てきたところだった。私は高い位置にある太陽にたじろぎ、すぐに怒りの原因に思い当たる。日中に映画を観るべきではなかったのだ。暗闇でフィクションの世界に2時間浸ってから昼間の日常に戻ってくると、決まって私はいらいらする。

何ブロックか歩くと、怒りの段階が上がった。眉間のシワの原因は日の光ではない。犬だ。巧みな造形でコマ撮りされた映画の中核をなす犬たちなのである。

犬が主人公の映画はいつも期待と不安がないまぜの気持ちで観る。私には犬の経験や理解、知覚、感情について、知りたいことが山ほどあるが、犬の認知科学はまだ始まったばかりだ。私たちの知見は限られているので、犬に関するフィクションが新しい見方を、科学者には見えないものを、見せてくれるのではないかと期待してしまう。

残念ながら、この映画にそれはなかった。この作品の犬たちは、私たちの想像が生み出した、おなじみの虚構だった。人間の声と感情を持つ、人間が考えたストーリーの運び手に、ほぼ終始していた。もちろん、犬がもふもふしてかわいく、人間の代役を務める映画はこれが初めてではない。ほかの動物と同じように、犬もさんざんアニメ映画に登場し、役どころは天才科学者（『ロッキーとブルウィンクルの大冒険』のミスター・ピーボディー）から、愛すべきおバカキャラ（『スクービー・ドゥー』[注1]）、律義で誠実な相棒（『ウォレスとグルミット』のグルミット）まで幅広い。『ベートーベン』や『サーフィン　ドッグ』、『ビバリーヒルズ・チワワ』といった実写映画では、映像技術の使い方を間違って犬の口を動かしてしまい、ひょっとして犬って本当に……ただの犬なんじゃない？との懸念を払拭してくれる。映画のワンシーンで犬が子どもの後について街中を歩き、クリスマスツリーの脇に控えているだけでリアリティーが出るのはよく知られている。犬を登場させると、より現実味が増すのである。ただし、これをやりすぎて、かえってリアリティーをなくしている監督も多い。架空の犬は映画の主題や主人公になる。そして、『犬ヶ島』においては、女優のスカーレット・ヨハンソンが声を担当するばっちりグルーミングした純血種が、俳優ブライアン・クランストンが担当するみすぼらしい雑種をもてあそぶシーンはウケるらしい。まわりの観客は、『犬ヶ島』のキャラクターたちの弱点を見つけては、あるある！と大笑いしていた。人間の弱みをそのまま犬に移し替えているからだろう。

太陽に目を細めて黙々といらだちを募らせていた私は、犬が絡むと自分がユーモアを解さなくなることにはっとした。それは、愛犬を使ったYouTubeの爆笑動画や、飼い主が犬に（帽子やタキシード、ストッキングを着せるなど）ふざけた格好をさせている写真についてもしかり。犬がしかめ面で、風船でできた冠をかぶった画像が出回る世の中、つまり、愚かで排泄が我慢できず、食べてばかりの存在として犬を描く世の中に対して、私はいらだつのだ。

考えてみれば、私の生真面目さには年季が入っている。犬が「うしろめたい表情」を見せる理由を研究してからの10年で、犬を「さらしもの」にする画像は、菌類のように大増殖した。犬が感じてもいなければ言ってもいない言葉（「チキンウィングを食べてごめんなさい」、「クッションとセックスしました」、「パンツを食べます」）を、犬の首につけてネットに投稿するとおもしろいらしいが、私にはまったくぴんと来ない。

人間は昔から、ある文化の規範から逸脱する者を、人前で辱めることの効力を知っていた。時計の針を数百年巻き戻せば、髪を剃る、額に烙印を押す、懺悔の言葉を身につけさせる、さらし台でさらす、などの行為が刑罰だった。服に緋文字を縫い付けられた女性[注2]は、同性の面汚し、社会のつまはじきだった。時計を現在に戻してもいい。21世紀のアメリカ司法は、郵便物の窃盗犯に、相変わらず「〝郵便物を盗みました。これは罰です〟という掲示とともに、郵便局の前に100時間立つ」という罰を与えている。

罰としての辱めは､見られること､そして､見られていると認識することで成立する。犬にとっては、自らが犯したとされる罪が、世界中に配信されていることへの羞恥心はないかもしれないが、表情や姿勢で示されるあまたのいわゆる「うしろめたい表情」が、罪の意識を感じている、と誤解されてはいる。けれども私の研究では、犬のうしろめたい表情が示すのは、飼い主の叱責や罰に対する従順な嘆願、つまり「悪さをしました」ではなく、「痛めつけないでください」だということが明らかになっている。私には、これが爆笑の対象になるとは思えない。

ね、真面目でしょう? 犬用のハロウィーン衣装に断固反対する私は――たとえ犬がダースベイダーやローマ教皇、マクドナルドのハッピーセットのおまけに扮していたとしても――犬を笑いものにする「笑い」は寄せつけない。念のために伝えておくと、人間がカメラを用意するあいだ、犬の鼻にごほうびを乗せてバランスをとらせる行為もいただけない。

私の同僚である獣医行動学の研究者たちも、同じくむっとしている。「犬は赤ちゃんが大好き!」の動画――驚くほど冷静な犬が、よちよち歩きの子どもに毛をわしづかみにされ、目をむいて体をこわばらせ、子どもを遠ざけようとなめたり噛んだりし始める――に対して、にこりともせずにくだす評価。さらに、あなたの子どもが犬の頭をひっぱって、不器用に抱擁しているといった「愛すべき」写真に対する非難には容赦がない。

私たちはどこかおかしいのだろうか。この手のおふざけがやめられない人間には感じられる愛が、私たちにはわからないということなのだろうか？

私は、犬と過ごして犬のことを考えていると信頼や喜びを感じるが、我ながらこの真面目さには驚いている。犬が近くにいるとき、私は笑ってばかりいるのだ。犬のいる部屋に入ると額のシワが伸び、肩から力が抜け、引き絞っていた口元が緩む。通りで向こうから犬がやって来ると、自然とにんまりしてしまう。

犬との暮らしには、すばらしいユーモアがある。それは、犬を辱める類のものではない。辱めのユーモアは、犬の尊厳を奪う。「文明社会の公正さを測る尺度は、やろうと思えばできることと、すべきことのあいだで、その社会の制度がいかに作用するかに表れる」と、郵便泥棒の処遇に反対意見をつけた判事は記している。犬に『スターウォーズ』のヨーダや『ロード・オブ・ザ・リング』のフロド、または七面鳥の丸焼きの格好をさせるのは可能だが、それはしてはいけない。哲学者のロリ・グルーエンは、尊厳を奪う行為とは「動物が本来の姿ではないものにされ」、「笑いを誘う見せものとして揶揄される状態」だと言う。彼女がこの文章を書いたとき、きっとにやけてはいなかったはずだ。そんな彼女も、顔見知りの犬の変な行動はにこやかに教えてくれるし、かくいう私も、今朝うちの犬の1頭と散歩に行ったときのことを、思い出し笑いしている。一緒に歩道を歩いていると、彼は途中にあるペットフード店にさりげなく、それでいて確固たる意志をもって向かおうとしたのだ。

犬と一緒にいる喜びは、情けない自分――自意識過剰、抑制、愉しみへの自主規制、恥をかきたくない、無防備に攻撃されたくないという思い、からの解放にある。犬が猛烈に顔をなめてあいさつしてくれると、そこまで自分に夢中になってくれるのがおかしくて、私は笑ってしまう。自分は、何かにこれほど夢中になったことがあるだろうか？ 私たちは体のニオイをごまかしたり隠そうとしたりするが、犬は平気で相手の股間に鼻をつっこんだかと思うと、自分のおしりから音をたてて放出されたニオイにびっくりしたりする。私が愛するのは、興奮してズーミー状態[*1]になった犬。恐る恐る、あるいは敢然と大型犬のニオイを嗅ぎにいく小型犬。「散歩」、「ごほうび」、「くんくん嗅ぐ」、「よし」、「猫」といった単語と韻を踏む言葉を聞き逃さない、わが家の犬。しっぽをシンクロさせて振る犬たち。なれなれしく寄ってくる子犬を、渋々我慢する様子。雪の中で転げまわる姿。捜索し、追いかけ、探しまわり、取ってきて、発見し、掘り、齧っている犬たちだ。

犬がありのままの姿でいることが、この喜びに輪をかける。100パーセント「犬らしく」見える瞬間もあるが、それらの行動は、いつだって「その犬」らしさの表れ以外の何ものでもない。

その犬がどんな犬なのか、わかりやすく説明できるほど親密になっても、私たちの犬の扱い方には、依然としてその個性を無視し、台なしにしているところがある。私たちはとっくに、これまで受け継いできた犬との接し方を見直すべきときを迎えているのだ。

たとえば、犬のいない動物園のような場所に目を向けてみる。動物園に犬がいたら、とんでもない

と思うだろう。犬がとりたてて珍しくないからではない。動物園にも見慣れた動物はたくさんいるし、どこにでもいる動物（ゴキブリやアリ、ヘビ）は、ガラス越しだといっそう安心して観察できる。とんでもないと思う理由は、犬の扱いの不適切さに対してだ。犬は私たちの側にいる家族、友達だからである。かくいう今も、犬はソファで私の隣にいる。仲間として、檻に隔離されることなく[*2]、私たちと一緒にソファにいるのだ。

私がそう書き、あなたが読んでいる今、その仲間はどこにいるだろう。おそらく、あなたのかたわらに、ソファにいるのではないだろうか。けれど、大多数の飼い主のライフスタイルからすると、こうも考えられる。ひとりぼっち、である。現代の家庭にありがちな飼い方は、犬が孤立を余儀なくさ

＊1　最高に愉快な「ズーミー」とは、「後脚が前脚を追い越すほどの熱狂的暴走」と犬の専門家が解説する状態で、「不慣れな飼い主は、犬が一時的におかしくなってしまったのではないかと思うかもしれない」との注釈が付く。

＊2　19世紀の動物園には、実際に犬がいた。イギリスのブリストル動物園には、サルや大型の猫とともに、セント・バーナードやラブラドール、エスキモー犬（シベリアン・ハスキーやアラスカン・マラミュート）などの「外来種」がいた。ハスキーは、アメリカンケネルクラブ（ＡＫＣ）による犬種認定から20年後の１９５０年まで、動物園で飼育されていた。また、犬は動物園で別の役割も果たし始めている。代理家族（１８４１年には、仲間を失ったサルに子犬があてがわれ、１８４３年には、メスのポインターが母親のいない子どものレパードに授乳させている）や、セラピーアニマル（パンサーの相手をするスパニエル、ライオンの遊び相手を務めるボーダー・コリー）としてだ。サンディエゴ動物園では現在、チーターをならすために犬と一緒に生活させている。

れる。生物学者のハイジ・ヘディガーは、動物園での動物たちの様子を書いた文章の中で、「飼育によって孤立している」ことを懸念している。それとは反対に、犬の飼い主は孤立による監禁状態を引き起こすリスクを抱えている。犬は、生活の大半をひとりだけで過ごす。人間に依存しているので、ほかの犬や人との交流はきわめて限られ、自力ではどうすることもできない。クレート[*3]に入れられたままであれば、あなたがドアを開けて入って来るあの魔法の瞬間まで、さらに感覚や身体的経験は制限される。犬は、私たちに所有されることで、まるで捕虜のようになってしまっているのだ。

これでは、犬という種にとってふさわしくない。犬は間違っても私たちの付属物ではないのだ。ロリ・グルーエンと同じく、哲学者のマーサ・ナスバウムも、動物には生来の尊厳があると説く。動物と交流するなら、犬、ゾウ、牝牛、ウサギ、馬、ナメクジなどの動物が、(「どんなこと」に関しても) いきいきとしていられるようにすべきだ、と言う。虐待やネグレクト、死によって動物の生活を狂わせるのは、明らかに間違っている。けれど、さらに考えさせられるのはその能力、犬が「犬である」能力を阻害するのも、同様に正しくないということである。

犬を辱め、扮装させる行為以上に、人間がありのままの犬に関心を持ち、知ろうとしないことが、犬から尊厳を奪っている。

規則性とプロセスを求める科学者である私は、ナスバウムが挙げた威厳ある存在に必要な要素を見て、うれしくなった。どれも私たちが犬にしてやれることばかりだ。まず、生命と身体の健康、誠実さ、すこやかな精神と感情の追求、とある。それならお安い御用。みな犬に食事を与え、病気になれば世話をし、きちんと接し、おもちゃも与えている。けれど、感覚への刺激、自由な移動、さまざまなものとの接触――言わば「生きていく上での豊かな活動」も、同じく必要とされている。犬で言えば、日々何かを見て嗅ぎ、走り回り、未知のものやたくさんのお気に入りに接し、何か新しいやりがいのあることにチャレンジする機会、だろうか。ナスバウムはさらに、他者への愛着と遊びも加えている。犬にとっては、人間やほかの犬との交流、つまり、あなた以外との時間だけでなく、あなたと床でじゃれ、取っ組み合い、触れ合うことも意味する。ナスバウムはまた、自然の中で、自らの環境をある程度コントロールできることも挙げている。犬にとっては、定期的に外に出て草のニオイを嗅ぎ、泥にまみれ、水しぶきをあげること、つまり選択肢があることだ。選択できるというただそれだけで、幸福度は上がる。

嗅ぐ、なめる、走る、絆でつながる、遊ぶといった行為が、私が犬の魅力だと思っている点と一致するのは偶然ではないだろう。あと2分もして私がイスから立ち上がれば、うちの犬は頭をもたげ、鼻をひとなめする。今度は一緒に何をするのだろう、と私をうかがいながら、ソファで思い切り体を

＊3　クレートはしつけの一環として普及した（犬のために使われ、私が敬愛する訓練士も推奨している）。おかげで留守番のあいだも悪さをされずに済み、犬も快適に過ごせる。けれど、どれだけ良かれと思って使用していようと、犬の経験を制限する「閉じ込め」状態であることに変わりはない。

伸ばすその姿は、堂々としている。そして、私は彼の威厳のおこぼれにあずかる。それって最高じゃない？

注1　**『ロッキーとブルウィンクルの大冒険』『スクービー・ドゥー』**　いずれも1960〜70年代に人気だったアメリカのテレビアニメ。日本でも放映された。後者はいまだにアメリカで続編が放送中。

注2　**服に緋文字を縫い付けられた女性**　19世紀の作家、ホーソーンの小説「緋文字」では、主人公の女性が私生児を産んだとして公衆の面前でさらし者にされ、〝姦淫〟を象徴する赤いAの文字を一生服に縫い付けさせられる。

13章

犬は私たちのしっぽ

うちの犬のここが好き、というところがひとつもない飼い主には、めったにお目にかからない。収入源であれ、猟の相棒であれ、いや、たいていは家族同様の仲間、友達である犬が、私たちはかわいくて仕方がない。これは犬にはもちろん、私たち人間にとってもすばらしいことだ。犬を新しく引き取るたびに、私たちは喜んで彼らを人の輪に引き入れ、迎えた犬の世話に日々努める。700億ドルというペット産業の規模が、自分の犬には「最高のものだけ」を与えたい、という飼い主の思いを証明している。私たちはペットショップで最上のドッグフードを探し回り、おやつやおもちゃを与え、時間をやりくりして犬を散歩に連れ出す。自分の夕食も少し分けてやる。自分たちを中心とした「特別な動物」の円に犬を入れ、最善を尽くす。犬に名前を付け、語りかけ、大喜びしながら床でじゃれ合うことは、ざっくり言えば、犬を人間扱いしている現状がもたらす最良の結果である。自分にとって最悪だと思える日にも、私たちは犬の首もとを掻いてやり、愛情たっぷりになめてもらう。

と同時に、私たちは犬への一貫性に欠けている。私たちの気まぐれさは、言葉遣いにも表れている。文字どおりメスの犬を指していないとき、「ビッチ」は間違いなくネガティブな表現だ。「ドガレル（doggerel）」はぎこちなく歩く子犬のように出来の悪い詩で、「ドッグハウス（doghouse）」は悪い事をした夫や子どもが行けと言われる場所。「ドッグ・タイアド《疲労困憊》（dog tired）」も「シック・アズ《最悪の》・ア・ドッグ《気分》（sick as a dog）」も、望ましい状態ではない。誰かを「ハウンド《追い回す》（hound）」するのは、いじめることだ。[注1]「ドッグ・デイズ《不振な時期》（dog days）」や「ドッグズ・ライフ《みじめな生活》（dog's life）」は喜ばしくない。「ハングドッグ《卑劣なやつ》（hangdog）」は、中世に悪さをした犬を縛り首にしたことによる。「dog」単体でも、人に使えばふつうはほめ言葉にならない。[*1]「アデュレイション《お世辞》（adulation）」に隠れているのは、ラテン語の「アデュラリ（adulari、しっぽを振る犬のように媚びへつらうという意味）」だ。

ここまで触れてきたように、犬に対する私たちのごく当たり前の行動にも、よく考えると愕然とするものが少なくない。品種改良で犬を病気にし、その繁殖本能を無視（あげくは消し去ろうと）し、障害を与え、飼育放棄する。私たちは、犬を人間化したがっているようでいながら、真逆の扱いもたくさんしている。

犬は現状、私たちのものだ。私たちに所有されている。そして彼らは、その所有にどんどん自由を奪われている。犬は私たちの付属物、離れがたくくっついた「しっぽ」なのだ。この誠実な仲間に、私たちはどんな責任があるだろう。現在、犬に向けられる善意と熱意が、ありあまるほどなのは心強い。私たちは、すでに十分犬に心を寄せている。けれど、犬との生活やその土台となる人間の考え方を省みると、犬は「大事にされすぎた」甘えん坊の家畜で、最高の毎日を送っている、と社会全体で思い込んでいる節がある。

犬を巡る課題を、歴史のなりゆきにまかせるべきではない。犬への見方は、多くの点で、背景に利益やあやしい動機のある産業に左右されている。私たちは、自ら従えてきたこの種とどう付き合っていくべきか、改めて問い直す時期にきている。犬が人間と離れて生きる、自然のままの状態はありえない。*2 扉を開け放って犬を自由にしたところで、親しげにせよ遠巻きにせよ、犬は人間のそばにいようとするだろう。ジャック・ロンドン注2の想像力はさておき、オオカミには戻れない。だから、問題にするのは、犬が人間に付属している現状を踏まえて、犬のためにもっと良いことができないか、とい

*1 例外もある。17世紀末には「ユー《老い》・オールド《ぼれ》・ドッグ《犬》(you old dog)」という言葉が「陽気で心やさしい人物」を意味することもあった。20世紀にはヒップホップ用語でさらに意味が広がり、2000年の映画『小説家を見つけたら』で、老作家役のショーン・コネリーが、文才のある黒人少年役のロブ・ブラウンに言った「You《お前》 are the man《一人前に》 now, dawg《なったな》 (dawgはdogから派生した黒人スラングで、「ダチ」もしくは「犬」の意味)」というセリフで、親しみをこめた「相棒」としての語法が一般化した。

*2 「自然」のままの状態が、動物にとって理想的かどうかも不明だ。そもそも野生動物の一生は、過酷で短い、との意見もある。

う点である。

それならできる。現状に至る、私たちと犬との関わりを改めて見てみよう。さしあたり、私たちは犬を所有し、こちらは飼い主、むこうは飼い犬になった。しかも、犬は種として人間に依存しているので、私たちには世話をする責任があり、犬は所有財産として養われる必要がある。ただし、この場合の所有とは、犬が私たちの目の前で生きていることを認める所有だ。犬のなりたちに関わってきた私たちは、その動物性から逃げることも、見ないふりをすることも許されない。

そもそも、私たちは犬の動物らしさに惹かれて犬に関心を持ち始めた。不思議な思考や遊び、感覚の持ち主——あなたを見つめ、ほほ笑みかけ、その日の出来事をひたすら聞いてくれる存在が家にいることが、どれほどすばらしいことか。それなのに、私たちは今、何よりもその動物らしさを犬から取り上げたがっているようなのだ。つまり、犬の性やニオイ——生態そのものの否定である。私たちは、犬のすべてを把握していないと、行動全体を想定してコントロールできないと、不安になる。気に入らないモチベーションや、自分のあずかり知らない経験、思いもよらない要求は必要ない、と。

そうではなく、家族（きわめて多様な構成員からなることが多い）に対する犬の貢献を、真摯に受けとめたらどうだろう。違いに抵抗を感じずに、受け入れるのだ。種を超えて家族になれば、それこそ共感力《エンパシー》のお手本になる。虐待され、行き場を失った犬を救い、良い家庭に引き取ってもらう仕事に、日々何千人ものシェルター職員が向き合ってくれている。彼らはいったいどうやって明るさと理性を失わずにいるのだろうか。犬の純粋な愛情が支えになっているのは間違いないが、彼らは犬を保護するたびに、私たちが他者のためにどれだけ忍耐強くなれるかを、身をもって示してくれている。

こうした姿勢こそが、犬にとっても前向きなやり方ではないだろうか。人間という種の長所のひとつは、他者の力になりたいと素直に思えるところだ。それなら、犬は犬でいさせてあげよう。あるがままに受け止め、犬の思いどおりにさせてやろう。あっちでニオイを嗅いだら、今度はこっちで転げまわることを許し、ときにはあなたと過ごし、他者と交流して退屈しないようにしてあげてほしい。重要なのは、私たちが個人として、社会として、犬をどう扱うかだ。犬にとって何が最高に幸せで理想的かを考えれば、犬を私たちに結びつける「ハイフン」のすばらしさがわかるだろう。

互いを見つめるまなざし——犬と人の絆（dog-human bond の「ハイフン」）——のおかげで、私たちは種として変化し、個人としても変わってきた。確かに、犬を観察することで、私の世の中の見方は変わった。パンパーニッケルを亡くした後も、私は気がつくと決まった太さの木に近付き、生垣をたどり、道路標識や建物の角を見てうれしがっている。彼女のお気に入りだったからだ。雨で巨大化した公園の水たまりに目が行くのは、フィネガンの影響。街中でガレージの戸が閉まる騒音や、急発進する車が気になるようになったのは、アプトンが毎回びっくりするせい。犬との時間が私の知覚を、クセを、空間をどう移動するかをたえず変えてきた。

犬と過ごしているときの様子こそが、素の私たちだ。犬への残酷さ、受容、放置、甘やかしのひとつひとつが、誰も見ていないときの自分を測る尺度になる。犬のために新たに犬を見直そうとすれば、私たちはどんな「種」になるのだろうか。きっとおもしろい生きものになると思う。

注1 **いじめることだ** セクハラ、パワハラなどに使われているハラスメント（harassment）という語。これにも含まれる「ハラス（harass）」自体《いじめる》、猟犬を獲物にけしかける「ヘア（hare）」というかけ声が語源となっている。

注2 **ジャック・ロンドン** 19〜20世紀のアメリカの小説家。代表作『野生の呼び声』は、飼い犬のバックが誘拐されてそり犬になり、過酷な体験の中で野生に目覚め、オオカミの群れに合流する姿を描いている。

謝辞

犬に関することについて、一度といわず考え方や知識、時間を提供してくださった、以下の方々に感謝したい。

2章では、スタンレー・ブランデス、ボブ・フェイゲン、ジェシー・シェイドロワー、リチャード・ザックス。

3章では、デービッド・ファーブル、スティーブン・ザウィストウスキー。

4章では、キース・オルバーマンと回答してくれたすべての飼い主のみなさん。

5章では、ブロンウェン・ディッキー、（ＡＫＣ資料室の敏腕司書）ブリン・ホワイト、スティーブン・ザウィストウスキー、フロリダ大学獣医学部マディーズ・シェルター・メディシン・プログラムの獣医師とスタッフのみなさん。

7章では、キャサリン・グリアー（と手垢がつくほど読ませてもらったその著書）、ダニエル・ヒュールヴィッツ、ブリン・ホワイト。

8章では、ダン・チャーナス（you dawg《おーっす》）。

11章では、エイミー・アタス、ティエリー・ベドッサ、シンダ・クロフォードとマディーズ・シェルター・メディシン・プログラムのみなさん、アンヌーリル・クワム、シンディ・オットー、スティーブン・ザウィストウスキー。

12章では、『ニューヨーク・タイムズ』紙のオナー・ジョーンズ、コロニアル・シアターのキルステン・バン・ブランドレン。

13章では、アモン・シェイ。

10年近くになる「犬の認知」講座の受講生、十有余年のあいだに「ホロウィッツ犬の認知研究室」に関わった研究員のみなさんには、犬に関する全般的な会話につきあってもらった。いつも喜んで参加してくれる飼い主のみなさん、協力的で魅力あふれる犬たち、そして大きな心で研究室を支えてくれるエイプリル・ベンソンに感謝。

ニューヨーク・ソサエティ図書館、バーナード・カレッジ、ロエリフ・ジャンセン・コミュニティ図書館には、静かな執筆の場と仕事のはかどる雰囲気を提供してもらった。

ベッカ・フランクスとジェフ・シーボは、執筆にあたり、多くの点で刺激をくれた。ウェンディ・ウォルターズの随筆もありがたかった。ヴァレリア・ルイゼッリとイエズス・ロドリゲス-ヴェラスコには、中世の文章でお世話になり、注釈に反映させてもらった。ジュリー・テイトは、3章、5章、11章の事実確認を徹底してくれた。エリザベスとジェイには動物への愛、明晰な思考、常識とされているものを疑うことを教えてもらった。ミーキン・アームストロング、ベッツィー・カーター、キャサリン・チャン、アリソン・カリー、ダニエル・ヒュールヴィッツ、エリザベス・カデッキー、マイラ・カルマン、サリー・コスロフ、アリン・カイル、スーザン・オーリーン、アーロン・レティカ、ティメア・セル、ジェニファー・ヴァンダベス、ビル・ヴーヴリアスには、友情と本の話につきあってくれたことを感謝したい。

スクリブナー社のみなさん、とくにスーザン・モルドウ、ナン・グレアム、ローズ・リッペルは、犬を追いかける私を見守り続けてくれた。そして、何よりありがたかったのは、引き続きコリン・ハリソンが編集を、サラ・ゴールドバーグがアドバイザーを担当してくれたことだ。この本に命を吹き込んでくれたジャヤ・ミセリ、カラ・ワトソン、アシュリー・ギリアム、ブライアン・ベルフィッリョ、アビゲイル・ノヴァク、そして飛び立たせてくれたクリスチャン・パーディに感謝する。

被写体にならねばならないときは、いつもベガー・アベルネスが撮影してくれる。彼の仕事ぶりは一貫している。フィネガンとの写真は、2008年（フィン1歳）の拙書『犬から見た世界』を皮切りに、2012年、2015年、2019年（11歳）と、私たちの暮らしの記録になった（カバー折り返しの写真は猫のエドセルだが）。

ICMパートナーズのクリス・ダールには、自由闊達なブレーンストーミングと揺るがぬ支援をいただいた。

アモンとオグデンとは一緒に犬を観察し、散歩をさせ、犬について話し合った。アモンはどんな話題にも嫌な顔ひとつせず、熱心につきあってくれた。ダモンは声に出して一緒に考えてくれた。オグデンはこのページにイラストも使わせてくれた。
フィネガンとアプトン――そして私と目が合った無数の犬たちに、どれだけ感謝していることか。みんなに出会えて本当に良かった。

参考文献

※各文献の先頭の数字は該当ページを示す。

2章　犬の名前には飼い主の想いが詰まる

16. All Latin name examples were found in John Wright's wonderful 2014 *The Naming of the Shrew: A Curious History of Latin Names*.
16. Etymologies from the *Oxford English Dictionary*.
18. Martin, P., and H. C. Kraemer. 1987. Individual differences in behaviour and their statistical consequences. *Animal Behaviour, 35*, 1366–1375.
19. Goodall, 1998, cited in E. S. Benson. 2016. Naming the ethological subject. *Science in Context, 29*, 107–128.
19. Pavlov, I. 1893. Vivisection, via D. P. Todes. 2001. *Pavlov's Physiology Factory: Experiment, Interpretation, Laboratory Enterprise*.
19. Kenward, R. 2000. *A Manual for Wildlife Radio Tagging*.
20. Pavlov, I. 1927. *Conditioned Reflexes*.
20. Sharp, L. April 25, 2017. "The animal commons in experimental laboratory science." Talk delivered at the Human-Animal Studies University seminar, Columbia University.
21. Bortfeld, H., J. L. Morgan, R. M. Golinkoff, and K. Rathbun. 2005. Mommy and me: Familiar names help launch babies into speech-stream segmentation. *Psychological Science, 164*, 298–304.
22. Schmidjell, T., F. Range, L. Huber, and Z. Virányi. 2012. Do owners have a Clever Hans effect on dogs? Results of a pointing study. *Frontiers in Psychology, 3*, 558.
22. Bräuer, J., J. Call, and M. Tomasello. 2004. Visual perspective taking in dogs (Canis familiaris) in the presence of barriers. *Applied Animal Behaviour Science, 88*, 299–317.
22. Piotti, P., and J. Kaminski. 2016. Do dogs provide information helpfully? *PLOS One, 11*, e0159797.
22. Horowitz, A., J. Hecht, and A. Dedrick. 2013. Smelling more or less: Investigating the olfactory experience of the domestic dog. *Learning and Motivation, 44*, 207–217.
23. Arluke, A., and C. R. Sanders. 1996. *Regarding Animals*, pp. 12–13.
23. Bertenshaw, C., and P. Rowlinson. 2009. Exploring stock managers' perceptions of the human-animal relationship on dairy farms and an association with milk production. *Anthrozoös, 22*, 59–69; D. Valenze. 2009. *Milk: A Local and Global History*.
25. Schottman, W. 1993. Proverbial dog names of the Baatombu: A strategic alternative to silence. *Language in Society, 22*, 539.
26. New York City Department of Health. "Dog names in New York City." http://a816-dohbesp.nyc.gov/IndicatorPublic/dognames/. Retrieved August 18, 2018.
27. Xenophon. "On Hunting." http://bit.ly/2vT8hx3 & http://bit.ly/2womJOG.
28. O'Brien, J. M. 1994. *Alexander the Great: The Invisible Enemy*.
28. Mayor, A. "Names of dogs in ancient Greece." http://www.wondersandmarvels.com/2012/07/names-of-dogs-in-ancient-greece-3.html.
28. Walker-Meikle, K. 2013. *Medieval Dogs*.
28. May 6, 1871. "The Naming of Dogs." *The Spectator*.
28. August 19, 1876. *Chicago Field*.
28. October 6, 1888. Notes and Queries, 269. http://bit.ly/2wlMNXY.
29. http://www.akc.org/register/naming-of-dog/. Retrieved August 8, 2017.
29. *The American Kennel Gazette and Stud Book*, vol. 34. http://bit.ly/2vpp3oD. Retrieved August 8, 2017.
29. Jesse Scheidlower, personal communication, August 29, 2017.
30. October 6, 1888. Notes and Queries. http://bit.ly/2wlMNXY.
30. Grier, K. 2006. *Pets in America: A History*, p. 34.
30. Trigg, H. C. 1890. *The American Fox-hound*.
30. Zacks, R. 2016. *Chasing the Last Laugh: Mark Twain's Raucous and Redemptive Round-the-World Comedy Tour*.
30. 1879–1880. *Harper's Young People*, 20 volumes.

30. October 28, 1896. "Fashions in dogs' names." *Austin Daily Statesman*, p. 6.
30. 1878. *National American Kennel Club Stud Book*, vol. 1.
30. Grier 2006, p. 237.
31. https://www.hartsdalepetcrematory.com/about-us/our-history/.
32. Brandes, S. 2009. The meaning of American pet cemetery gravestones. *Ethnology, 48*, 99–118.
32. December 22, 1985. "On Language: Name that dog." *New York Times* magazine.
37. Bob Fagen, personal communication, July 2, 2017; see also G. T. Emmons. 1991. *The Tlingit Indians*.
39. Chen, L. N. H. 2017. Pet-naming practices in Taiwan. *Names, 65*, 167–177.
39. See, e.g., Lauren Collins' Twitter, August 2, 2017, following her *New Yorker* article on naming children.

3章　人は犬をどう「所有」したら良いのか

50. Henderson v. Henderson. 2016 SKQB 282 (CanLII). https://www.canlii.org/en/sk/skqb/doc/2016/2016skqb282/2016skqb282.html.
50. McLain, T. T. 2009. Detailed discussion: Knick-knack, paddy-whack, give the dog a home?: Custody determination of companion animals upon guardian divorce. *Michigan State University College of Law*. https://www.animallaw.info.
50. Kindregan, C. P., Jr. 2013. Pets in divorce: Family conflict over animal custody. *American Journal of Family Law, 26*, 4, 227–232.
50. July 25, 2002. C.R.S., Plaintiff, v. T.K.S., Defendant. Supreme Court, New York County.
50. July 5, 2002. Desanctis v. Pritchard, Appellee. Superior Court of Pennsylvania, 803 A.2d 230.
50. December 31, 2015. Enders v. Baker. Appellate Court of Illinois.
51. 2016. Henderson v. Henderson (Canada). https://www.canlii.org.
51. November 29, 2013. Travis v. Murray. Supreme Court, New York County.
51. Shearin, A. L., and E. A. Ostrander. 2010. Canine morphology: Hunting for genes and tracking mutations. *PLOS Biol, 8*, e1000310.
52. Walker-Meikle 2013, p. 29.
52. May 15, 1944. John W. Akers v. Stella Sellers. Appellate Court of Indiana.
53. Hamilton, J. T. 2005. Dog custody case attracts nationwide interest. In W. L. Montell, ed., *Tales from Tennessee Lawyers*, pp. 180–181.
54. 2015. The Harris Poll. http://www.theharrispoll.com/health-and-life/Pets-are-Members-of-the-Family.html.
54. August 12, 2015. "When is it ethical to euthanize your pet?" The Conversation. http://theconversation.com/when-is-it-ethical-to-euthanize-your-pet-44806.
57. Scully, M. 2003. *Dominion: The Power of Man, the Suffering of Animals, and the Call to Mercy*, p. 44.
57. Proverbs 12:10 and Hosea 2:18, respectively, via K. Thomas. 1996. *Man and the Natural World: Changing Attitudes in England* 1500–1800, p. 24.
58. Thomas 1996, p. 20.
58. Wise, S. M. 2003. The evolution of animal law since 1950. In D. J. Salem and A. N. Rowan, eds. *The State of the Animals*, vol. II, pp. 99–105.
58. Wise 2003; also "The common law and civil law traditions." School of Law, UC Berkeley. https://www.law.berkeley.edu/library/robbins/CommonLawCivilLawTraditions.html.
59. Francione, G. L. 2004. Animals—Property or persons? In C. R. Sunstein and M. C. Nussbaum, eds. *Animal Rights: Current Debates and New Directions*, pp. 108–142. Also see Kant, *Anthropology*, from a pragmatic point of view.
59. Darwin, C. (1871) 2004. *The Descent of Man*. London: Penguin.
59. *Oxford American Dictionary*.
60. Francione 2014, p. 110.
60. Taylor, N., and T. Signal, eds. 2011. *Human-Animal Studies: Theorizing Animals: Re-thinking Humanimal Relations*.
60. Ritvo, H. 1989. *The Animal Estate: The English and Other Creatures in Victorian England*, pp. 175–176.
61. Bentham, J. 1823. *An Introduction to the Principles of Morals and Legislation*. Chapter XVII, section 1, paragraph IV, and footnote 122.

62. "Animal cruelty." *Catholic Encyclopedia*. http://www.catholic.org/encyclopedia/view.php?id=812.
62. Favre, D., and V. Tsang. 1993. The development of anti-cruelty laws during the 1800s. *Detroit College of Law Review, 1*, 1–36.
62. See, e.g., Dickens, C. 1842. *American Notes*; Liboiron, M. 2012. History of consumption and waste in the U.S., 1800–1850. In Zimring, C. A., and W. L. Rathje, eds. *Encyclopedia of Consumption and Waste: The Social Science of Garbage*, pp. 356–358; Miller, B. 2000. *Fat of the Land: Garbage of New York—The Last Two Hundred Years*.
63. Favre, D. 2010. Living property: A new status for animals within the legal system. *Marquette Law Review*, 93, 1021.
63. Favre and Tsang 1993.
63. Favre 2010.
64. Virginia Code Ann. § 3.2-6585, from Favre 2010.
64. State of New York Department of Agriculture and Markets. Article 26 of the Agriculture and Markets Law relating to Cruelty to Animals § 353, 353-a.
65. July 26, 1889. *Cincinnati Enquirer*, p. 2.
65. June 3, 1890. "City dogs that may be captured." *Baltimore Sun*.
66. Monks of New Skete. 2002. *How to Be Your Dog's Best Friend*, p. 75.
66. March 16, 1990. Regalado v. United States. District of Columbia Court of Appeals.
67. https://www.fbi.gov/news/stories/-tracking-animal-cruelty. Retrieved January 4, 2018.
67. Favre, D. 2000. Equitable self-ownership for animals. *Duke Law Journal*, 50, 473–502.
67. Brulliard, K. October 18, 2018. "USDA's enforcement of animal welfare laws plummeted in 2018, agency figures show." *Washington Post*.
67. https://www.congress.gov/116/bills/hr724/BILLS-116hr724ih.pdf.
68. Amtrak pop-up during online ticketing. https://www.amtrak.com/ibcontent/ancillary_intro text. Confirmed January 9, 2018.
68. https://assistive.amtrak.com/h5/assistive/r/www.amtrak.com/onboard/carry-on-pets.html. Retrieved January 9, 2018.
68. Brody, J. E. December 19, 2017. "How to 'winterize' your dog." *New York Times*.
68. https://www.apartmenttherapy.com/dog-parking-at-ikea-175781.
69. Francione 2014, pp. 116–117.
69. Bateson, P. 2010. Independent inquiry into dog breeding.
69. Mikhail, A. January 30, 2017. Human-Animal Studies seminar, Columbia University.
70. New York State General Business Law. Article 35-D. "Sale of dogs and cats." https://www.agriculture.ny.gov/AI/AILaws/Art-35D-Sale-of-Dogs-and-Cats.pdf.
70. McLain 2009.
70. Francione 2014, p. 109.
71. Animal Welfare Act. "The term 'animal' . . . excludes (1) birds, rats of the genus Rattus, and mice of the genus Mus, bred for use in research." https://www.nal.usda.gov/awic/animal-welfare-act. Retrieved January 9, 2018.
71. United States Department of Agriculture. 2016. Animal and Plant Health Inspection Service. Annual Report Animal Usage by Fiscal Year. In 2016 that number was 60,979.
71. Zwart, H. 2008. What is a dog? Animal experiments and animal novels. In *Understanding Nature: Case Studies in Comparative Epistemology*.
71. Thornton, A. 2012. Portrait of a man and his dog: The Brown Dog affair. https://blogs.ucl.ac.uk/researchers-in-museums/2012/10/22/portrait-of-a-man-and-his-dog-the-brown-dog-affair/.
72. Stevens, M. February 28, 2018. "Barbra Streisand cloned her dog. For $50,000, you can clone yours." *New York Times*.
75. Francione, G. L., and A. E. Charlton. "The case against pets." Aeon. https://aeon.co/essays/why-keeping-a-pet-is-fundamentally-unethical.
75. Francione 2004, p. 115.
76. See, e.g., Franks, B. 2019. "What do animals want?" *Animal Welfare Science, 28*, 1–10.
76. Walsh, B. December 2, 2013. "Do chimps have human rights? This lawsuit says yes." Time. Also see https://www.nonhumanrights.org/blog/lawsuit-filed-today-on-behalf-of-chimpanzee-seeking-legal-personhood/.
77. https://www.lawinsider.com/clause/person.
77. Francione 2004, p. 131.
77. Wise 2003.

77. Wise, S. M. February 24–25, 2017. "Nonhuman animals as legal persons." Talk delivered at "I am not an animal!: The signature cry of our species" symposium, Emory University. Video at http://www.earthintransition.org/2017/05/nonhuman-animals-legal-persons/.
77. Cicero, M. T. De finibus, 3.67.
77. S. M. Wise. 2007. The entitlement of chimpanzees to the common law writs of habeas corpus and de homine replegiando. *Golden Gate University Law Review, 37*, 257.
78. "The first 20 days of Cecilia." http://www.projetogap.org.br/en/noticia/the-first-20-days-of-cecilia/. See also "Chimpanzee recognized as legal person." https://www.nonhumanrights.org/blog/nonhuman-rights-project-praises-argentine-courts-recognition-of-captive-chimpanzees-legal-personhood-and-rights/.
78. Stone, C. D. 1972. Should trees have standing?–Towards legal rights for natural objects. *Southern California Law Review, 45*, 450–501.
78. Roy, E. A. March 16, 2017. New Zealand river granted same legal rights as human being. TheGuardian.com; Safi, M. March 21, 2017. Ganges and Yamuna rivers granted same legal rights as human beings. TheGuardian.com.
79. Favre 2000.
79. May 8, 2018. Opinion on Motion No. 2018-268. In the Matter of Nonhuman Rights Project, Inc., on Behalf of Tommy, Appellant, v. Patrick C. Lavery, &c., et al., Respondents and In the Matter of Nonhuman Rights Project, Inc., on Behalf of Kiko, Appellant, v. Carmen Presti et al., Respondents. State of New York Court of Appeals.
81. Donaldson, S., and W. Kymlicka. 2011. *Zoopolis: A Political Theory of Animal Rights*.
82. Alaska: Amendment to AS 25.24.160, Chapter 24 on Divorce and Dissolution of Marriage. See https://www.animallaw.info/statute/ak-divorce-§-2524160-judgment; for Illinois see http://www.ilga.gov/legislation/ilcs/ilcs5.asp?ActID=2086.
83. Favre 2000, p. 494.
84. See, e.g., Michigan Penal Code § 750.50 (1), via Favre 2000.
84. This list inspired in part by Nussbaum, M. C. 2004. Beyond "compassion and humanity" : Justice for nonhuman animals. In Sunstein and Nussbaum, eds., pp. 299–320.
85. Serpell, J. 2017. From paragon to pariah: Cross-cultural perspectives on attitudes to dogs. In his *The Domestic Dog: Its Evolution, Behavior, and Interactions with People*, p. 310.

4章　人は犬にどう話しかけているのか

91. http://www.cc.com/video-clips/m3omdi/the-colbert-report-malcolm-gladwell.
93. Thomas 1996, pp. 95–97.
94. Lofting, H. (1920) 1948. *The Story of Doctor Dolittle*, p. 150.
95. Arluke and Sanders 1996, pp. 67ff.
95. Stoeckel, L. E., L. S. Palley, R. L. Gollub, et al. 2014. Patterns of brain activation when mothers view their own child and dog: An fMRI study. *PLOS ONE, 9*, e107205.
95. Ben-Aderet, T., M. Gallego-Abenza, D. Reby, and N. Mathevon. 2017. Dog-directed speech: Why do we use it and do dogs pay attention to it? *Proceedings of the Royal Society B, 284*.
96. See, e.g., Jeannin, S., C. Gilbert, and G. Leboucher. 2017. Effect of interaction type on the characteristics of pet-directed speech in female dog owners. *Animal Cognition, 20*, 499–509.
96. Burnham, D., C. Kitamura, and U. Vollmer-Conna. 2002. What's new, pussycat? On talking to babies and animals. *Science, 296*, 1435.
97. Uther, M., M. A. Knoll, D. Burnham. 2007. Do you speak E-N-G-L-I-S-H? A comparison of foreigner- and infant-directed speech. *Speech Communication, 49*, 2–7.
98. Serpell 2017, p. 303.
101. Prato-Previde, E., G. Fallani, and P. Valsecchi. 2006. Gender differences in owners interacting with pet dogs: An observational study. *Ethology, 112*, 64–73.
108. Shared with me via Twitter.
108. As noted by Beck and Katcher 1983 (in Arluke and Sanders 1996) in their observations of owner-veterinarian interactions.
112. Robins, D. M., C. R. Sanders, and S. E. Cahill. 1991. Dogs and their people: Pet-facilitated

interaction in a public setting. *Journal of Contemporary Ethnography, 20*, 3–25.
113. Tannen, D. 2007. Talking the dog: Framing pets as interactional resources in family discourse. In D. Tannen, S. Kendall, and C. Gordon, eds. *Family Talk: Discourse and Identity in Four American Families*, pp. 49–70.
113. Garber, M. 1996. Dog Love.
114. Fudge, E. 2008. *Pets (Art of Living)*, p. 52.
114. Magnum, T. 2002. Dog years, human fears. In Nigel Rothfels, ed. *Representing Animals*, pp. 35–47.
114. December 1827. *Blackwood's Edinburgh* magazine, pp. 731–733.
115. See, e.g., Stables, G. 1893. *Sable and White: The Autobiography of a Show Dog*, via Ritvo 2007.
115. https://www.instagram.com/p/BPxjyQdADq9/?hl=en&taken-by=chloetheminifrenchie.
115. Newman, A. July 13, 2017. "This Instagram dog wants to sell you a lint roller." *New York Times*.
116. Arluke and Sanders 1996, p. 62.
116. Arluke and Sanders 1996, p. 67.
116. Jeannin et al. 2017.
116. Goffman 1981, in Tannen 2007.
117. See, e.g., Alderson-Day, B., and C. Fernyhough. 2015. Inner speech: Development, cognitive functions, phenomenology, and neurobiology. *Psychological Bulletin, 141*, 931–965.
118. From D. McCaig's introduction to Hearne, V. 2007. *Adam's Task: Calling Animals by Name*, p. xi.
118. 2002. "Did you know . . ." *Canadian Veterinary Journal, 43*, 344.
118. Tannen also talks about talk as *sound*.

5章　犬種を巡る問題

121. The Clumber Spaniel Club of America website: https://www.clumbers.org/index.php/clumbers/breed-standard/official-akc-standard. Retrieved February 23, 2019.
122. From Territorio de Zaguates.
123. Embark and Wisdom Panel, respectively.
124. https://www.akc.org/dog-breeds/sloughi/. Retrieved February 23, 2019.
126. Ghirlanda, S., A. Acerbi, H. Herzog, and J. A. Serpell. 2013. Fashion vs. function in cultural evolution: The case of dog breed popularity. *PLOS ONE, 8*, e74770.
126. 1878. National American Kennel Club Stud Book, vol. 1.
127. Serpell, J. A., and D. L. Duffy. 2014. Dog breeds and their behavior. In A. Horowitz, ed. *Domestic Dog Cognition and Behavior*, pp. 31–57.
127. Kalof 2007.
127. Ritvo 1989.
128. Dickey, B. 2016. Pit Bull: *The Battle over an American Icon*, p. 33.
128. July 1927. *AKC Gazette*.
128. Welsh Springer Spaniel Club of America website: https://www.wssca.com/html/welshStandard.html. Retrieved February 23, 2019.
129. Stephanitz, V. 1923. "The German Shepherd dog in word and picture." http://bit.ly/2ypKweZ.
129. http://www.akc.org/dog-breeds/german-shepherd-dog/.
129. Pemberton, N., and M. Worboys. June 2009. "The surprising history of Victorian dog shows." *BBC History* magazine.
129. Ritvo, H. 1986. Pride and pedigree: The evolution of the victorian dog fancy. *Victorian Studies, 29*, 227–253.
130. Lane, C. H. 1902. Dog Shows and Doggy People; Sampson, J., and M. M. Binns. 2006. The Kennel Club and the early history of dog shows and breed clubs. In E. A. Ostrander, U. Giger, and K. Lindblad-Toh, eds. *The Dog and Its Genome*, pp. 19–30.
130. Ritvo 1989, p. 105.
130. Ritvo 1989, p. 107.
131. Ritvo 1989, p. 112; see also Maj. J. M. Taylor. (1874–1891) 1892. Bench Show and Field Trial records and standards of dogs in America and valuable statistics.
131. Ritvo 1989, p. 114; breed standard: "skull . . .quite flat and rather broad, with fine tapering muzzle of fair length . . .the greyhound type is very objectionable, as there is no brain room in the skull."
131. c. 1884. The Malcolm Standard for judging Gordon Setters, p. 3.
131. Taylor 1892.
132. Taylor 1892; mastiff breed standard 1887.
132. Ritvo 1989.
132. Ritvo 1989, pp. 98–102.

133. 1885. Constitution, bylaws and rules and regulations of the American Kennel Club.

133. 1878. *National American Kennel Club Stud Book*, vol. 1; 1898, vol. 15. See also AKC's *The Complete Dog Book*, vol. 20.

133. May 18, 1862. *New York Times*.

134. Per Fédération Cynologique Internationale. http://www.fci.be/en/. Retrieved August 6, 2018.

134. Seen on Kijiji, the Craigslist of Toronto.

134. http://www.foxglovecavachonpuppies.com/available-puppies/; http://www.xxldesignerpitbulls.com/general-information.html.

134. http://www.blackboardawards.com/downloads/Manhattan_PreSchool_Tuition_08.pdf. Retrieved May 3, 2018.

134. https://project.wnyc.org/dogs-of-nyc/. Retrieved May 3, 2018.

135. http://americanshihtzuclub.org/breed_standard. Retrieved May 3, 2018.

135. https://thelabradorclub.com/about-the-breed/breed-standard/. Retrieved May 3, 2018.

136. Ghirlanda, S., A. Acerbi, and H. Herzog. 2014. Dog movie stars and dog breed popularity: A case study in media influence on choice. *PLOS ONE, 9*, e106565.

136. Great Pyrenees Club of America website: http://gpcaonline.org/jeillustrated.htm. Retrieved February 23, 2019.

137. Nagarajan, S. 2017. *Shakespeare's King Lear: An Edition with New Insights*, p. 240.

137. Buffon, M. May 1769. Natural history of the dog. *Universal Magazine of Knowledge and Pleasure*, pp. 241–246.

138. Ritvo 1989, p. 106.

138. Drury, W. D. 1903. British dogs, their points, selection, and show preparation; Dickey 2016.

138. http://akc.org/dog-breeds/afghan-hound/.

139. http://www.akc.org/dog-breeds/xoloitzcuintli/.

139. Larson, G., E. K. Karlsson, A. Perri, et al. 2012. Rethinking dog domestication by integrating genetics, archaeology, and biogeography. *Proceedings of the National Academy of Sciences USA*, 109, 8878–8883.

139. http://www.metmuseum.org/art/collection/search/545210.

140. Such as the Bayeux Tapestry, eleventh century; and Journey of the Magi, 1435.

140. This is the Arnolfini portrait.

140. In the seventeenth century; many examples of these paintings.

140. http://www.metmuseum.org/toah/works-of-art/41.1.53/.

141. Caius, Johannus. 1576. *De Canibus Britannicus*, translated as *Of Englishe dogges*. https://archive.org/details/ofenglishedogges00caiuuoft. See also Ritvo 1989, pp. 93–94.

141. Walker-Mielke 2013, p. 82.

141. Sampson and Binns 2006.

141. Ritvo 1989.

142. The American Brittany Club website: http://www.theamericanbrittanyclub.org/Breedstand.htm. Retrieved February 23, 2019.

142. Sandøe, P. 2015. Up Close podcast "Hello, pet!: Our love can hurt our animal friends." https://upclose.unimelb.edu.au.

142. The Malcolm Standard for judging Gordon Setters. c. 1884.

142. Grier 2006, p. 44.

143. Dog Fancier: 1905.

143. As described in O. Sacks. 2017. *The River of Consciousness*, p. 9.

143. Stephanitz 1923, pp. 50, 383, 279.

143. Cohen, M., and Y. Otomo, eds. 2017. *Making Milk: The Past, Present and Future of Our Primary Food*.

144. Full quote from Schultz, on describing people of mixed race: "Or it sees a worthless thing, a mongrel, with its characteristics, of which the chief is lack of character" (1908, p. 260). https://babel.hathitrust.org/cgi/pt?id=osu.32435002808020;view=1up;seq=6.

144. March 1929; May 1931.

145. Ritvo 1989, p. 91.

145. Anderson, J. September 25, 1793. Thoughts on what is called varieties, or different breeds of domestic animals, suggested by reading Dr. Pallas' account of Russian sheep—By the Editor. *The Bee: or Literary Weekly Intelligencer*, Edinburgh.

145. Citation from 1613, *Oxford English Dictionary*.

146. Dickey 2016.

146. Ritvo 1989, pp. 92–93.

146. Gordon Stables, cited in Rogers, K. M. 2005. *First Friend: A History of Dogs and Humans*, p. 141.

146. https://www.thekennelclub.org.uk/services/public/findarescue/Default.aspx. Retrieved August 15, 2018.
146. "Information guide: Find a rescue dog." www.thekennelclub.org.uk. Retrieved January 3, 2018; "What to consider when getting a rescue dog." www.thekennelclub.org.uk/getting-a-dog or-puppy/are-you-ready-for-a-dog/key-considerations-when-choosing-a-dog/what-to-consider-when-getting-a-rescue-dog/. Retrieved October 4, 2018.
148. Staffordshire Terrier Club of America website: http://www.amstaff.org/standard.html. Retrieved February 23, 2019.
149. See, e.g., Merkham, L. R., and C. D. L. Wynne. 2014. Behavioral differences among breeds of domestic dogs (Canis lupus familiaris) : Current state of the science. *Applied Animal Behaviour Science, 155*, 12–27.
150. Hecht, J., and A. Horowitz. 2015. Introduction to dog behavior. In E. Weiss, H. Mohan-Gibbons, and S. Zawitowski, eds. *Animal Behavior for Shelter Veterinarians and Staff*, pp. 5–30.
151. http://www.akc.org. Retrieved October 19, 2017.
151. https://www.grca.org/about-the-breed/akc-breed-standard/.
151. http://www.akc.org/dog-breeds/golden-retriever/. Retrieved October 8, 2017.
151. Ott, S. A., E. Schalke, A. M. von Gaertner, and H. Hackbarth. 2008. Is there a difference? Comparison of golden retrievers and dogs affected by breed-specific legislation regarding aggressive behavior. *Journal of Veterinary Behavior, 3*, 134–140.
152. The Afghan Hound Breed Club of America website: https://afghanhoundclubofamerica.org/index.php/information/breed-standard. Retrieved February 23, 2019.
152. Billock, J. December 16, 2015. "Illegal in Iceland: Quirky Bans From the Land of Fire and Ice." Smithsonian.com.
152. May 24, 1876. "A whited canine sepulchre." *New York Times*.
153. Dickey 2016, pp. 112, 117, 130.
153. January 28, 1840. *Florida Herald*.
153. Serpell 2017, p. 310.
153. June 4, 1989. *The Observer* (London), p. 13.
153. Taylor and Signal 2011.
154. See, e.g., https://petolog.com/articles/banned-dogs.html.
154. NYCHA pet policy. Revised April 2010.
154. Dickey 2016, p. 13.
154. May 10, 1907. "Pete bites a visitor." *Washington Post*, p. 1; May 13, 1907. "President's dog licked." *The Tennessean*, p. 5; May 10, 1907. "Pete the bulldog gets a victim." *New York Times*, p. 1; May 11, 1907. "Plebian pup beats White House Pete." *New York Times*, p. 5.
154. Dickey 2016, pp. 157, 270.
155. Dickey, B. October 11, 2016. "We're safer without pit bull bans." *Los Angeles Times*.
155. Zimmer, C. 2018. *She Has Her Mother's Laugh: The Powers, Perversions, and Potential of Heredity*, p. 198.
156. Olson, K. R., J. K. Levy, B. Norby, et al. 2011. Pit bull-type dog identification in animal shelters. Fourth Annual Maddie's Shelter Medicine Conference.
156. Olson, K. R., J. K. Levy, B. Norby, et al. 2015. Inconsistent identification of pit bull-type dogs by shelter staff. *The Veterinary Journal, 206*, 197–202.
156. Hoffman, C. L., N. Harrison, L. Wolff, and C. Westgarth. 2014. Is that dog a pit bull? A cross-country comparison of perceptions of shelter workers regarding breed identification. *Journal of Applied Animal Welfare Science, 17*, 322–339.
156. Voith, V. L., E. Ingram, K. Mitsouras, and K. Irizarry. 2009. Comparison of adoption agency breed identification and DNA breed identification of dogs. *Journal of Applied Animal Welfare Science, 12*, 253–262.
156. Croy, K. C., J. K. Levy, K. R. Olson, et al. What kind or dog is that? Accuracy of dog breed assessment by canine stakeholders. http://sheltermedicine.vetmed.ufl.edu/library/research-studies/current-studies/dog-breeds/. Retrieved September16, 2017.
156. Voith, V. L., R. Trevejo, S. Dowling-Guyer, et al. 2013. Comparison of visual and DNA breed identification of dogs and inter-observer reliability. *American Journal of Sociological Research, 3*, 17–29.
157. Scott, J. P., and J. L. Fuller. 1965. *Genetics and the Social Behavior of the Dog*.
157. Serpell 2017.

157. Forkman, B., and I. C. Meyer. 2018. The effect of the Danish dangerous dog act on the level of dog aggressiveness in Denmark. Paper presented at International Society of Applied Ethology meeting, Prince Edward Island, Canada.

157. Creedon, N., and P. S. Ó Súilleabháin. 2017. Dog bite injuries to humans and the use of breed-specific legislation: A comparison of bites from legislated and non-legislated dog breeds. *Irish Veterinary Journal, 70*, 23; Gaines, S. 2017. Campaign to end BSL. *Veterinary Record, 180*, 126; Mora, E., G. M. Fonseca, P. Navarro, A. Castaño, and J. Lucena. 2018. Fatal dog attacks in Spain under a breed-specific legislation: A ten-year retrospective study. *Journal of Veterinary Behavior, 25*, 76–84.

157. See, e.g., Duffy, D. L., Y. Hsu, and J. A. Serpell. 2008. Breed differences in canine aggression. *Applied Animal Behaviour Science, 114*, 441–460.

158. Boykin Spaniel Club website: http://theboykinspanielclub.com/2019_Revised_Boykin_Spaniel_Breed_Standard.pdf. Retrieved February 23, 2019.

157. For more on this topic, see, e.g., Brogan, J. March 22, 2018. "The real reasons you shouldn't clone your dog." Smithsonian.com; Duncan, D. E. August 7, 2018. "Inside the very big, very controversial business of dog cloning." *Vanity Fair*; Hecht, J. March 6, 2018. "The hidden dogs of dog cloning." Scientific American blog.

160. German Shorthaired Pointer Club of America website: http://www.gspca.org/Breed/Standard/index.html. Retrieved February 23, 2019.

160. Stephen Zawistowski, phone interview, July 18, 2017.

161. See Bateson 2010.

161. Hecht, J., and A. Horowitz. 2015. Seeing dogs: Human preferences for dog physical attributes. *Anthrozoös, 28*, 153–163.

162. See also BBC One's *Pedigree Dogs Exposed*.

162. https://www.akc.org/expert-advice/news/most-popular-dog-breeds-full-ranking-list/. Retrieved October 5, 2018.

162. Todd, Z. 2016. "Why do people choose certain dogs." http://www.companionanimalpsychology.com/2016/08/why-do-people-choose-certain-dogs.html?platform=hootsuite.

163. Ghirlanda et al. 2013.

163. https://www.aa.com/i18n/travel-info/special-assistance/pets.jsp.

163. See, e.g., Hecht and Horowitz 2015; Bateson 2010.

164. Taylor 1892 (note: early Great Danes were also called German mastiffs) ; https://www.akc.org/dog-breeds/great-dane/. Retrieved August 7, 2018.

165. Bateson 2010, p. 15.

165. The breeder was Robert Schaible, and his story can be found here: http://www.dalmatianheritage.com/about/schaible_research.htm. Further information gathered from the breed fancier's website, https://luadalmatians-world.com/enus/dalmatian-articles/crossbreeding.

165. Bateson 2010; see also Asher, L., G. Diesel, J. F. Summers, P. D. McGreevy, L. M. Collins. 2009. Inherited defects in pedigree dogs. Part 1: Disorders related to breed standards. *The Veterinary Journal, 182*, 402–411.

166. https://www.youtube.com/watch?v=T3QdRGnSGVI.

167. Irish Water Spaniel Club of America website: https://www.iwsca.org/breedstandard.htm. Retrieved February23, 2019.

168. Asher et al. 2009.

168. Rollin, B. E., and M. D. H. Rollin. 2008. Dogmaticism and catechisms: Ethics and companion animals. In S. J. Armstrong and R. G. Botzler, eds. *The Animal Ethics Reader*, p. 548.

168. ASCPA. "A closer look at puppy mills." https://www.aspca.org/animal-cruelty/puppy-mills/closer-look-puppy-mills-old.

169. Grier 2006, p. 352.

169. See, e.g., https://www.aspca.org/animal-cruelty/puppy-mills; http://www.humanesociety.org/assets/facts-pet-stores-puppy-mills.pdf.

169. November 12, 2002. High Volume Breeders Committee Report to The American Kennel Club Board of Directors.

170. Sandøe 2015.

170. Sandøe, P., B. L. Nielsen, L. G. Christensen, and P. SØrensen. 1999. Staying good while playing good—the ethics of breeding farm

animals. *Animal Welfare*, 8, 313–328.
171. http://www.puppyheaven.com/gallerycelebrity.html.
171. Grier 2006, p. 270.
171. Fortin, J. October 16, 2017. "California tells pet stores their dogs and cats must be rescues." *New York Times*.
172. https://www.akc.org/dog-breeds/dogue-de-bordeaux/. Retrieved February 23, 2019.
173. 89.7 million dogs, per American Pet Products survey, 2017–2018. There is debate about the robustness of this figure, and certainly it is not based on a census of individual dog heads.
173. Hughes, J., and D. W. Macdonald. 2013. A review of the interactions between free-roaming domestic dogs and wildlife. *Biological Conservation, 157*, 341–351.
173. Ghirlanda etal. 2013; Asher et al. 2009.
175. United States Neapolitan Mastiff Club website: https://www.neapolitan.org/standard.html. Retrieved February 23, 2019.
176. Waller, B. M, K. Peirce, C. C. Caeiro, et al. 2013. Paedomorphic facial expressions give dogs a selective advantage. *PLOS ONE, 8*, e82686.
176. King, T., L. C. Marston, and P. C. Bennett. 2009. Describing the ideal Australian companion dog. *Applied Animal Behaviour Science, 120*, 84–93.

6章　木曜日の夜、家で犬を観察しながら実践する科学的プロセス

182. Published as, respectively: "Disambiguating the guilty look: Salient prompts to a familiar dog behaviour" (2009); "Fair is fine but more is better: Limits to inequity aversion in the domestic dog" (2012); "Smelling themselves: Dogs investigate their own odours longer when modified in an 'olfactory mirror' test" (2017); see *Being a Dog: Following the Dog into a World of Smell* (2016); "Smelling more or less: Investigating the olfactory experience of the domestic dog" (2013); "Seeing dogs: Human preferences for dog physical attributes" (2015); "Examining dog-human play: The characteristics, affect, and vocalizations of a unique interspecific interaction" (2016).

7章　犬グッズの華麗なる歴史

196. https://www.caninestyles.com/.
197. https://www.today.com/money/luxury-handbags-go-dogs-2D79703332.
197. https://www.dogfashionspa.com/maschio-dog-cologne.
198. https://www.dogfashionspa.com/dog-nail-polish-dog-nail-file-dog-nail-care.
199. Grier 2006, p. 302.
199. Craftsman Dog Goods catalog, c. 1930.
199. Cribbet, J. E., and C. W. Johnson. 1989. *Principles of the Law of Property 4*, 3rd ed., cited in Favre 2010.
200. Grier 2006, p. 335; also *New York Daily Herald*, 1876; *Philadelphia Inquirer*, 1903.
200. Grier 2006, pp. 308–311.
200. June 28, 1888. "*Pretty things* to pet." *Pittsburgh Press*, p. 1; also children: Grier 2006, p. 341.
200. Grier 2006, pp. 305, 349.
201. As early as 1887: http://newspapers.com.
201. Grier 2006, pp. 304, 350, 352, 353, 398; also *Anaconda Standard* (Anaconda, Montana), October 25, 1892; *Brooklyn Daily Eagle*, October 24, 1889.
202. http://www.sciencemag.org/news/2017/11/these-may-be-world-s-first-images-dogs-and-they-re-wearing-leashes.
202. Johns, C. 2008. Dogs: *History, Myth, Art*.
202. From 510 to 230 BCE. "Soulful creatures." Brooklyn Museum. 2018; https://www.brooklynmuseum.org/exhibitions/soulful_creatures_animal_mummies.
202. Pickeral, T. 2008. *The Dog: 5000 Years of the Dog in Art*.
202. Phillips, D. 1948. *Ancient Egyptian Animals*, p. 28.
202. Pickeral 2008, p. 30.
202. Kalof 2007; Grier 2006.
203. Grier 2006, p. 398.
204. Q-W Dog Remedies and Supplies, 1922.
204. Catalogue of Dog Furnishings. Walter B. Stevens & Son, Inc., 1920s.
204. Abercrombie & Fitch catalog, 1942.
204. *The Dog Breakers' Guide*, vol. 2, no. 10, 1878.
205. Catalogue of Dog Furnishings. Walter B. Stevens & Son, Inc., 1920s.
206. Q-W Dog Remedies and Supplies, 1922, p. 46.
207. Catalogue of Dog Furnishings. Walter B. Stevens & Son, Inc., 1920s.

207. Abercrombie & Fitch catalog, 1937.
207. Walker-Meikle 2013, pp. 59, 64.
208. *Vogue* 1915; January 15, 1922.
208. Q-W Dog Remedies and Supplies, 1922, p. 29.
208. Grier 2006, p. 404.
209. Craftsman Dog Goods catalog, c. 1930.
210. Seen in photo in Grier 2006, p. 344.
210. Abercrombie & Fitch catalog, 1942.
211. Abercrombie & Fitch catalog, 1942.
211. Catalogue of Dog Furnishings. Walter B. Stevens & Son, Inc., 1920s.
212. Abercrombie & Fitch catalog, 1937, p. 14.
212. March 16, 1907. The American Stock Keeper (Boston).
212. Q-W Dog Remedies and Supplies, 1922.
214. Walker-Meikle 2013, pp. 37, 44.
214. October 18, 1819. *The Times* (London).
214. See, e.g., September 22, 1829, *Morning Post*, p. 1.
215. February 5, 1825. *Jackson's Oxford Journal*.
215. Grier 2006, p. 367.
215. American Pet Products Association. 2017.
215. See, e.g., March 16, 1907. American Stock Keeper (Boston), vol. 36, no. 11.
216. 1911. The Kennel (UK).
216. 1911. The Kennel (UK); Grier 2006; Abercrombie & Fitch catalog, 1937.
216. Abercrombie & Fitch catalog, 1937.
216. See, e.g., March 24, 1897, *New York Times*, p. 8; Dog biscuits— e.g., Champion Dog biscuits—made the same appeal. See, e.g., March 11, 1925, *Indiana* (PA) *Progress*.
217. Spratt's charcoal ovals.
217. November 15, 1910. *Hartford Courant*, p. 6.
217. Spratt's catalog. 1876, p. 103.
217. Grier 2006.
217. January 28, 1887. *Nottinghamshire Guardian*, p. 1.
218. December 1, 1926. *Belvidere Daily Republican*, p. 5.
218. April 14, 1949. *Chicago Tribune*, part 3, p. 12.
218. See, e.g., Fifty-sixth annual report of the Secretary of the State Board of Agriculture of the State of Michigan, 1917.
219. Grier 2006.
219. Wysong Corporation v. APN, Inc.; Big Heart Pet Brands and J. M. Smucker Company; Hill's Pet Nutrition, Inc.; Mars Petcare U.S., Inc.; Nestle Purina Petcare Company; Wal-Mart Stores, Inc., Defendants-Appellees. United States Court of Appeals for the Sixth Circuit. May 2, 2018.
220. Spratt's pamphlet.
220. "How to care for your new dog." Purina Dog Care pamphlet.
220. The common sense of dog doctoring. Spratt's Patent Limited. 1886.
220. The common sense of dog doctoring. Spratt's Patent Limited. 1886, p. 111.
220. Spratt's pamphlet.
221. Q-W Dog Remedies and Supplies, 1922.
222. Abercrombie & Fitch catalog, 1937.
222. "How to care for your new dog." Purina Dog Care pamphlet.

8章　鏡のなかの犬、鏡になる犬

227. Derrida, J. 2008. "The animal that therefore I am." D. Wills, trans., pp. 4, 50.
229. Gould, S. J. 1996. *Full House: The Spread of Excellence from Plato to Darwin*, p. 137.
229. Wasserman, E. A., and T. R. Zentall. 2012. "Introduction." In *Introduction to the Oxford Handbook of Comparative Cognition*, p. 7.
230. Branham, R. B., and M. O. Goulet-Caze, eds. 2000. *The Cynics: The Cynic Movement in Antiquity and Its Legacy*, p. 88.
231. http://www.janegoodall.org.uk/chimpanzees/chimpanzee-central/15-chimpanzees/chimpanzee-central/19-toolmaking. Retrieved April 12, 2018.
231. I've written a little more about this here: "Are humans unique?" www.psychologytoday.com/us/blog/minds-animals/200907/are-humans-unique.
232. http://www.pbs.org/wgbh/nova/evolution/first-primates-expert-q.html.
232. See, e.g., G. E. Lu et al. 2006. Genomic divergences among cattle, dog and human estimated from large-scale alignments of genomic sequences. *BMC Genomics, 7*, 140. See also time tree.org's estimation of divergence between Carnivora and Primates.
232. Now widely documented, among the first published works showing dogs' skills at social cognition was Brian Hare, who had been studying chimps. May I send you to *Inside of a Dog* to read about the myriad of other social-cognition experiments done since that impress us all? So I shall.
234. Roy, M. M., and N. J. S. Christenfeld.

2004. Do dogs resemble their owners? *Psychological Science, 15*, 361–363; Roy, M. M., and N. J. S. Christenfeld. 2005. Dogs still do resemble their owners. *Psychological Science, 16*, 9; Nakajima, S., M. Yamamoto, and N. Yoshimoto. 2015. Dogs look like their owners: Replications with racially homogenous owner portraits. *Anthrozoos, 22*, 173–181; Payne, C., and K. Jaffe. 2005. Self seeks like: Many humans choose their dog pets following rules used for assortative mating. *Journal of Ethology, 23*, 15–18.

234. Bhattacharya, S. 2004. Dogs do resemble their owners, finds study. *New Scientist*.
235. Jones, J. T., B. W. Pelham, M. C. Mirenberg, and J. J. Hetts. 2002. Name letter preferences are not merely mere exposure: Implicit egotism as self-regulation. *Journal of Experimental Social Psychology, 38*, 170–177.
235. Mackinnon, S. P., C. H. Jordan, and A. E. Wilson. 2011. Birds of a feather sit together: Physical similarity predicts seating choice. *Personality and Social Psychology Bulletin, 37*, 879–892.
236. Turcsan, B., F. Range, Z. Viranyi, A. Miklosi, and E. Kubinyi. 2012. Birds of a feather flock together? Perceived personality matching in owner-dog dyads. *Applied Animal Behaviour Science, 140*, 154–160.
236. Schoberl, I., M. Wedl, A. Beetz, K. Kotrschal. 2017. Psychobiological factors affecting cortisol variability in human-dog dyads. *PLOS ONE, 12*, e0170707.
236. https://www.youtube.com/watch?v=txSJDmt4u6Q.
236. Hecht and Horowitz 2015, pp. 153–163.
236. Hinde, R. A., and L. A. Barden. 1985. The evolution of the teddy bear. *Animal Behaviour, 33*, 1371–1373.
236. Gould, S. J. 1979. Mickey Mouse meets Konrad Lorenz. *Natural History, 88*, 30–36.
236. Lorenz, K. (1950) 1971. Ganzheit und Teil in der tierischen und menschlichen Gemeinschaft. Reprinted in R. Martin, ed., *Studies in Animal and Human Behaviour*, vol. 2, pp. 115–195.
236. Kellert, S. R. 1996. *The Value of Life: Biological Diversity and Human Society*.
237. Duranton, C., T. Bedossa, and F. Gaunet. 2017. Interspecific behavioural synchronization: Dogs present locomotor synchrony with humans. *Scientific Report, 7*, 12384.
237. McDonald, H. May 16, 2017. "What animals taught me about being human." *New York Times*.
238. Fudge 2008, p. 2.
238. Serpell, J. 2003. Anthropomorphism and anthropomorphic selection: Beyond the "cute response." *Society & Animals, 11*, 83–100.
239. Levinas, E. 1997. The name of a dog, or Natural rights. In S. Hand, trans., *Difficult Freedom: Essays on Judaism*.
241. Horowitz, A. C., and M. Bekoff. 2007. Naturalizing anthropomorphism: Behavioral prompts to our humanizing of animals. *Anthrozoos*, 20, 23–35.
242. Serpell 2017, p. 311.
242. See, e.g., Langley, R. L. 2009. Human fatalities resulting from dog attacks in the United States, 1979–2005. *Wilderness & Environmental Medicine, 20*, 19–25; The Center for Disease Control numbers for years since are commensurate.
242. Twenty-nine in 2010, per The Center for Disease Control. https://www.livescience.com/3780-odds-dying.html.
242. Per 2014 National Safety Council numbers indicating 38 dog-bite deaths and 1,045 bed-falling deaths. Johnson, R., and L. Gamio. November 17, 2014. "Ebola is the least of your worries." *Washington Post*. The CDC reports that the number of deaths by "fall involving bed" were 13,312 from 1999–2017, about 739 a year. https://wonder.cdc.gov.
244. This alludes to lines the character Costello says in Coetzee, J. M. 1999. *The Lives of Animals*.
244. Serpell 2017, p. 310.
245. See http://www.akc.org/expert-advice/news/issue-analysis-dispelling-myths/. Retrieved August 22, 2018. An incredible document, its claims resoundingly unsupported by evidence and, indeed, discounted by scientific consensus—stating, for instance, that tail docking is not painful because it is "performed shortly after birth, when the puppy's nervous system is not fully developed. As a result, the puppy feels little to no pain, and there are no lasting negative health issues." (On the question of pain, one

scientific study of puppies having their tails docked reported that "shrieking" was present in all puppies, with an average of 24 shrieks per puppy during the procedure.) (Noonan, G. J., J. S. Rand, J. K. Blackshaw, and J. Priest. 1996. Behavioural observations of puppies undergoing tail docking. *Applied Animal Behaviour Science, 49*, 335-342.) (On the topic of pain and docking, see also Bennett, P. C., and E. Perini. 2003. Tail docking in dogs: A review of the issues. *Australian Veterinary Journal, 81*, 208–218; Mathews, K. A. 2008. Pain management for the pregnant, lactating and pediatric cat and dog. *Veterinary Clinics of North America Small Animal Practices, 38*, 1291–1308; Patterson-Kane, E. 2017. Canine Tail Docking Independent Report Prepared for the Ministry for Primary Industries: Technical Report; Turner, P. 2010. Tail docking and ear cropping—A reply. *Canadian Veterinary Journal, 51*, 1057–1058; Wansbrough, R. K. 1996. Cosmetic tail docking of dogs. *Australian Veterinay Journal, 74*, 59–63.) The AKC document's claim that "ear cropping and tail docking (. . .) preserves a dog's ability to perform its historic function" ignores relevant information such as that docking was done to distinguish *non*working dogs prior to the nineteenth century in England: tails were docked not for "historic" accuracy but to avoid a "tail tax" (Wansbrough 1996).

245. United States Department of Agriculture, Animal and Plant Health Inspection Service, Annual Report Animal Usage by Fiscal Year; 2017: Favre, personal communication.

246. See "Public Search Tool" on https://www.aphis.usda.gov/aphis/ourfocus/animalwelfare/sa_awa/awa-inspection-and-annual-reports.

246. Kalof 2007; also Dickey 2016.

246. http://aldf.org/resources/laws-cases/animal-fighting-case-study-michael-vick/.

247. A. Podberscek 2009, in Serpell 2017, p. 306.

247. https://www.usatoday.com/story/sports/winter-olympics-2018/2018/02/12/inside-grim-scene-korean-dog-meat-farm-miles-winter-olympics/328322002/.

10章　うちの犬は私を愛しているのか

260. Overmier, J. B., and M. E. P. Seligman. 1967. Effects of inescapable shock on subsequent escape and avoidance learning. *Journal of Comparative and Physiological Psychology*, 63, 28–33.

263. McArthur, R., and F. Borsini. 2006. Animal models of depression in drug discovery: A historical perspective. *Pharmacology Biochemistry & Behaviour*, 84, 436–452.

263. Can, A., D. T. Dao, M. Arad, C. E. Terrillion, et al. 2012. The mouse forced swim test. *Journal of Visualized Experiments*, e3638.

264. The "reality effect": Barthes, R. 1986. *The Rustle of Language*.

266. See, e.g., Ibn al-Marzuban. The superiority of dogs over many of those who wear clothes. In A. Mikhail's *The Animal in Ottoman Egypt*, pp. 76–78; S. de Bourbon's De Supersticione: On St. Guinefort; W. R. Spencer's Beth Gelert; and others.

267. Darwin, C. 1871. *The Descent of Man*, and Selection in relation to sex, vol. 1, p. 66.

267. See, e.g., Crossman, M. K. 2017. Effects of interactions with animals on human psychological distress. *Journal of Clinical Psychology, 73*, 761–784.

268. Horowitz, A. 2009. Disambiguating the "guilty look": Salient prompts to a familiar dog behavior. *Behavioural Processes, 81*, 447–452; Hecht, J., A. Miklosi, M. Gacsi. 2012. Behavioural assessment and owner perceptions of behaviours associated with guilt in dogs. *Applied Animal Behaviour Science*, 139, 134–142.

268. Range, F., L. Horn, Z. Viranyi, and L. Huber. 2008. The absence of reward induces inequity aversion in dogs. *Proceedings of the National Academy of Sciences of the United States of America, 106*, 340–345.

269. Horowitz, A. 2012. Fair is fine, but more is better: Limits to inequity aversion in the domestic dog. *Social Justice Research, 25*, 195–212.

269. Quervel-Chaumette, M., G. Mainix, F. Range, S. Marshall-Pescini. 2016. Dogs do not show pro-social preferences towards humans. *Frontiers of Psychology, 7*, 1416.

269. Darwin, C. 1872. The expression of the emotions in man and animals, pp. 10–11.

11章　犬のセックスの話はお嫌い？

273. As discussed later in the chapter, precise euthanasia numbers are notoriously hard to come by. This number is based on the figure of 670,000 dogs killed, from the ASPCA in 2017: https://www.aspca.org/animal-homelessness/shelter-intake-and-surrender/pet-statistics. Retrieved May 8, 2017.
274. Another difficult-to-measure number. In 2011 the World Health Organization, concerned with rabies, estimated 200 million: http://www.naiaonline.org/articles/article/the-global-stray-dog-population-crisis-and-humane-relocation#sthash.3xG5GVNv.btP8rtlv.dpbs.
275. See, e.g., Bruce Fogle, in Kerasote 2013; Pukka's promise: The quest for longer-lived dogs, p. 345.
275. https://www.avma.org/public/PetCare/Pages/spay-neuter.aspx.
276. Ackerley, J. R. 1965/1999. *My Dog Tulip*, p. 175.
277. See, e.g., American Veterinarian Medical Association: "responsible pet owners can make a difference." https://www.avma.org/public/PetCare/Pages/spay-neuter.aspx.
277. Kerasote 2013, p. 331.
278. https://www.avma.org/Advocacy/StateAndLocal/Pages/sr-spay-neuter-laws.aspx. Retrieved July 5, 2017.
278. In 1972 "spay or neuter" makes its first appearance in the *New York Times*: Beck, A. M. November 12, 1972. "Packs of stray dogs part of the Brooklyn scene." Before that, there were "spay" and "neuter" classes of cats in cat shows, and occasional "spay or neuter" references in the late '60s.
279. August 10, 1967. "Bick's action line." *Cincinnati Enquirer*. For the evolution of de-sexing policy I also drew from the thorough history in Grier 2006.
279. Grier 2006, pp. 102ff; Stephen Zawistowski. 2008. *Companion Animals in Society*.
279. White, G. R. 1914. *Animal Castration: A Book for the Use of Students and Practitioners*.
279. Stephen Zawistowski, personal communication, July 18, 2017.
279. May 14, 1972. "Solving the pet explosion." *San Francisco Examiner*; May 12, 1973. "Spay neuter unit to open Friday." *Los Angeles Times*.
279. Carden, L. May 30, 1973. "Abandonment: Dog's life, human problem." *Christian Science Monitor*, p. 1.
280. Lane, M. S., and S. Zawistowski. 2008. *Heritage of Care: The American Society for the Prevention of Cruelty to Animals*, p. 40.
280. July 6, 1877. "Destroying the dogs." *New York Times*, p. 8; Brady, B. 2012. The politics of the pound: Controlling loose dogs in nineteenth-century New York City. *Jefferson Journal of Science and Culture, 2*, 9–25.
281. The Los Angeles County Code, Section 10.20.350. https://www.lacounty.gov/residents/animals-pets/spay-neuter.
281. American Veterinary Medical Association. https://www.avma.org/Advocacy/StateAndLocal/Pages/sr-spay-neuter-laws.aspx.
281. Rowan, A., and T. Kartal. 2018. Dog population & dog sheltering trends in the United States of America. *Animals, 8*, 68–88.
281. Los Angeles County Animal Care & Control. http://animalcare.lacounty.gov/spay-and-neuter/. Retrieved August 10, 2018.
283. New York Consolidated Laws, Agriculture and Markets Law AGM § 377-a: Spaying and neutering of dogs and cats.
283. http://www.animalalliancenyc.org/yourpet/spayneuter.htm. Retrieved August 10, 2018.
283. https://www.nycacc.org/sites/default/files/pdfs/adoptions/DogPassport.pdf. Retrieved February 22, 2019.
283. http://blog.dogsbite.org/2010/06/cities-with-successful-pit-bull-laws.html.
284. Various sources, e.g., July/August 2008. "Gains in most regions against cat and dog surplus, but no sudden miracles." *Animal People*; Serpell 2017 (citing ASPCA 2014); ASPCA. https://www.aspca.org/animal-homelessness/shelter-intake-and-surrender/pet-statistics. Retrieved May 8, 2017; Stephen Zawistowski, personal communication, July 18, 2017.
285. Brulliard, K. May 13, 2017. "These rescuers take shelter animals on road trips to help them find new homes." *Washington Post*.
285. Rowan and Kartal 2018.
286. Rowan and Kartal 2018.
286. Scarlett, J., and N. Johnston. 2012. Impact of a subsidized spay neuter clinic on

impoundments and euthanasia in a community shelter and on service and complaint calls to Animal Control. *Journal of Applied Animal Welfare Science,1*, 53–69.

287. https://www.avma.org/public/PetCare/Pages/spay-neuter.aspx. Retrieved May 18, 2017.

288. For US: https://petobesityprevention.org/2017; see also P. Sandoe, C. Palmer, S. Corr, et al. 2014. Caninc and feline obesity: A One Health perspective. *Veterinary Record, 175*, 610–616.

288. Oberbauer, A. 2017. International Society for Anthrozoology conference, Effective options regarding spay or neuter of dogs, Davis, California; Belanger, J. M., T. P. Bellumori, D. L. Bannasch, et al. 2017. Correlation of neuter status and expression of heritable disorders. *Canine Genetics and Epidemiology, 4*, 6; Lund, E. M., P. J. Armstrong, C. A. Kirk, and J. S. Klausner. 2006. Prevalence and risk factors for obesity in adult dogs from private US veterinary practices. *International Journal of Applied Veterinary Medicine, 4*, 3–5.

288. http://www.animalalliancenyc.org/yourpet/spayneuter.htm. Retrieved August 10, 2018.

288. See, e.g., http://newscenter.purina.com/LifeSpanStudy.

289. See also Karen Becker, in Kerasote 2013.

289. Korneliussen, I. December 29, 2011. "Should dogs be neutered?" *ScienceNordic*.

289. https://www.animallaw.info/statute/noway-cruelty-norwegian-animal-welfare-act-2010#s9. Retrieved August 10, 2018.

290. Humane Society of the United States, via D. Quenqua. December 2, 2013. "New strides in spaying and neutering." *New York Times*.

290. Swiss Federal Food Safety and Veterinary Office. "Dignity of the animal." https://www.blv.admin.ch/blv/en/home/tiere/tierschutz/wuerde-des-tieres.html. Retrieved August 10, 2018.

290. Korneliussen 2011.

291. Hart, B. 2017. International Society for Anthrozoology conference. Effective options regarding spay or neuter of dogs. Davis, California.

291. Role of estrogen on learning, memory, and mood: Gillies, G. E., and S. McArthur. 2010. Estrogen actions in the brain and the basis for differential action in men and women: A case for sex-specific medicines. *Pharmacological Reviews, 62*, 155–198; estrogen in growth and development of bone: Vaananen, H. K., and P. L. Harkonen. 1996. Estrogen and bone metabolism. *Maturitas, 23 Suppl*, S65–69; testosterone on increasing muscle mass: Griggs, R. C., W. Kingston, R. F. Jozefowicz, et al. 1989. Effect of testosterone on muscle mass and muscle protein synthesis. *Journal of Applied Physiology, 66*, 498–503, progesterone as "neuroprotective" : Wei, J., and G. Xiao. 2013. The neuroprotective effects of progesterone on traumatic brain injury: Current status and future prospects. *Acta Pharmacologica Sinica, 34*, 1485–1490.

291. Cindy Otto, personal communication, July 9, 2018.

291. http://www.humanesociety.org/issues/pet_overpopulation/facts/pet_ownership_statistics.html.

292. Kerasote 2013, pp. 333–334.

292. Hart 2017. For more on the biology: Zink, C. 2013. Early spay-neuter considerations for the canine athlete: One veterinarian's opinion, http://www.caninesports.com; Sandoe, P., S. Corr, and C. Palmer. 2016. Routine neutering of companion animals. In *Companion Animal Ethics*, pp. 150–168.

292. Hart 2017.

293. Hart, B. 2001. Effect of gonadectomy on subsequent development of age-related cognitive impairment in dogs. *Journal of the American Veterinary Medical Association, 219*, 51–56.

294. Hart 2017.

294. Sandoe et al. 2016.

295. Accounts of the rates of mortality during anesthesia vary by an exponent, probably due to uncontrolled situational differences between studies. But this 1 percent figure is borne out in a number of them, e.g., Bille, C., V. Auvigne, S. Libermann, et al. 2012. Risk of anaesthetic mortality in dogs and cats: An observational cohort study of 3546 cases. *Veterinary Anaesthesia and Analgesia, 39*, 59–68.

300. https://www.michelsonprizeandgrants.org/. Retrieved August 10, 2018.

300. Alliance for Contraception for Cats and

Dogs. http://www.acc-d.org/research-innovation/non-surgical-approaches; Mowatt, T. June 2011. "The 'pill' for strays: Nonsurgical sterilization: New approaches to overpopulation." The Bark; Quenqua 2013; 2017. International Society for Anthrozoology conference. Effective options regarding spay or neuter of dogs. Davis, California.
301. See, e.g., Fox, L. K., M. C. Flegal, and S. M. Kuhlman. 2009. Principles of anesthesia monitoring—body temperature. *Journal of Investigative Surgery, 21*, 373–374; Clutton, R. E. 2017. Limiting heat loss during surgery in small animals. *Veterinary Record, 180*.
301. Miller, L., and S. Zawistowski. 2017. Animal shelter medicine: Dancing to a changing tune. *Veterinary Heritage, 40*, 44–49.
302. https://www.avma.org/KB/Policies/Pages/Dog-And-Cat-Population-Control.aspx. Retrieved August 8, 2017.
304. Kagan, S. May 10, 2017. "How much should we care about animals?" Roundtable, Columbia University.
305. Sandoe 2015.
307. Sandoe 2015.
308. http://www.neuticles.com. Retrieved November 1, 2018.
308. White, R. August 18, 2013. Cutting edgy. *New York Post*.
308. Oberbauer 2017.
309. Richards, A. B., R. W. Morris, S. Ward, et al. 2009. Gonadectomy negatively impacts social behavior of adolescent male primates. *Hormones and Behavior, 56*, 140–148.
310. Cindy Otto, personal communication, August 3, 2017.
310. Jones, K. E., K. Dashfield, A. B. Downend, and C. M. Otto. 2004. Search-and-rescue dogs: An overview for veterinarians. *JAVMA, 225*, 854–860.
312. Carden 1973.
312. Rollin, B. E. 2011. *Putting the Horse before Descartes: My Life's Work on Behalf of Animals*, p. 55.
312. Herzog, H. 2014. Biology, culture, and the origins of pet-keeping. *Animal Behavior and Cognition, 1*, 296–308.
313. Kagan, S. 2016. What's wrong with speciesism? (Society for Applied Philosophy annual lecture 2015). *Journal of Applied Philosophy, 33*.

12章　犬を貶めるユーモアは受け付けません

319. Ziel, P. 2005. Eighteenth century public humiliation penalties in twenty-first century America: The "shameful" return of "Scarlet letter" punishments in U.S. v. Gementera. *BYU Journal of Public Law, 19*, 499–522.
321. Judge Hawkins. 2004. United States v. Gementera. U.S. Court of Appeals for the Ninth Circuit, 379 F.3d 596.
321. Gruen, L. 2014. Dignity, captivity, and an ethics of sight. In L. Gruen, ed. *The Ethics of Captivity*, ch. 14.
322. Lindsay, S. 2005. *Handbook of Applied Dog Behavior and Training*, vol. 3, p. 322.
323. Flack, A. January 24, 2012. Dogs in zoos: Marking new territory. https://sniffingthepast.wordpress.com/2012/01/24/dogs-in-zoos-marking-new-territory/.
323. http://zoo.sandiegozoo.org/animals/cheetah.
324. Hediger, H. 1964. *Wild Animals in Captivity: An Outline of the Biology of ZoologicalGardens*.
324. Some of this section draws from my 2014 essay, *Canis familiaris*: Companion and captive. In Gruen 2014, pp. 7–21.
324. Nussbaum 2004.

13章　犬は私たちのしっぽ

327. 2017. American Pet Products. https://www.americanpetproducts.org/press_industrytrends.asp.
328. "Adulation" and "hangdog" come from Barnette, M. 2003. *Dog Days and Dandelions: A Lively Guide to the Animal Meanings behind Everyday Words*; "You old dog" via *Green's Dictionary of Slang*. For more on doggy words see Serpell 2017; see also Pfister, D. S. 2017. Against the droid's "instrument of efficiency," for animalizing technologies in a posthumanist spirit. *Philosophy & Rhetoric, 50*, 201–227.
329. Horta, O. 2010. Debunking the idyllic view of natural processes: Population dynamics and suffering in the wild. *Telos, 17*, 73–88.

解説

本書『犬と人の絆　なぜ私たちは惹かれあうのか』は、アレクサンドラ・ホロウィッツによる著書『Our Dogs, Ourselves: The Story of a Singular Bond』（SCRIBNER、２０１９年）の全訳である。原題を直訳すると「私たちの犬と私たち自身　奇妙な絆の物語」といったところだろうか。

著者はペンシルバニア大学で哲学の学士号を取得後、カリフォルニア大学サンディエゴ校にて犬の認知行動学研究で認知科学の博士号を取り、現在はコロンビア大学バーナード・カレッジで心理学の非常勤助教授として教鞭をとりながら、犬の認知行動学の研究を続けている。日本においても、研究の成果を一般向けにわかりやすくまとめた『犬から見た世界　その目で耳で鼻で感じていること』（白揚社、２０１２年、原題 Inside of a Dog: What Dogs See, Smell, and Know）、そして『犬であるとはどういうことか　その鼻が教える匂いの世界』（同、２０１８年、原題 Being a Dog: Following the Dog Into a World of Smell）が出版されている。

この2冊では、人よりもはるかに敏感な嗅覚と優れた聴覚を持つ犬は、その能力によって、人が想像だにしない複雑な「環世界」に生きていることが紹介された。そして、犬独自の見方で、それも想像以上の繊細さで、人間を見ていることを実証的に解説し、犬に対する思い込みや擬人化など、私たちがついとらわれがちな固定観念を、専門の認知科学や動物行動学の研究成果をもとに覆していく画期的な内容であった。さらには、専門的でありながら、愛犬とのストーリーが各場面に挿入され、著者が単なる研究対象として犬と向き合っているのではなく、根っから「犬が好き」であることに、大いに共感を持って読むことができた。

本書も過去の2冊と同様、いやそれ以上に、著者の犬への思い入れが詰まりに詰まっている。ただし今回は、犬の世界についての科学的な分析や研究成果の紹介が中心ではない。それ以前の話題、つまり最古の家畜であり、太古から続く私たち人間と犬との関係が様々な角度から考察されていく。

私たちは犬を飼っているが、犬に飼われてもいるような、相互に大切な存在である。そのため、犬にセーターやおもちゃなどを買い、食事や健康に大いに気を配っている。しかし、一方では飼育放棄や殺処分に代表されるように、犬は人間にとって「所有物」であり、何をしても良いといった「支配関係」も存在する。人と犬は何万年も前から関係しているにもかかわらず、私たちは十分に犬を理解しているとは言い難い。

全13章の中に示されている事柄は、私たち犬の飼い主が無意識あるいは意識的にやり過ごしてきた（見て見ぬふりをしてきた）話題ばかりではなかろうか。私自身も、これまで無意識に通り過ぎていたことや、実は気がかりであったものの深く考えてこなかったことがたくさんありすぎた。初めて原稿に目を通したときは、あまりの衝撃から、役目である翻訳原稿のチェックが進まないどころか、その他の仕事も手につかず、しばし虚ろな状態になってしまったほどである。

不思議で、豊かで、愛おしく、「特別な関係」を結んでいる犬に対して、私たちは知らず知らずのうちに理不尽な対応をしてはいないだろうか？

本書の中でも多くのページが割かれている「犬種」の話題（第5章）では、「犬はあるがままの存在であり、そのあるがままを受け入れよう」と提言されている。極端なスタンダード（犬種標準）や近親交配の閉鎖的な遺伝子プールによる遺伝性疾患によって、犬を苦しめる結果となっていることは理解できる。とはいえ、私自身が飼ってきた犬を思い返すと（最初の3頭の雑種犬は子ども時代なので除く）、シェットランド・シープドッグ（シェルティ）〜アフガン・ハウンド（アフガン）〜シェルティ〜アフガン〜イタリアン・グレーハウンド（イタグレ）〜イタグレ〜イタグレ（一時預かりとして）〜アフガンであり、見事に偏っている。偏りすぎている。そうなのだ。顔が細くて、すっきりしていて（顔は短毛）、できれば体部は毛が長く、スマートな犬。さらにはどちらかというと少し「シャイ」で「ツンデレ」タイプの犬が好みなのだ。最近の3頭はいわゆる「保護犬」出身だが、それでも好みの犬種を選んでいる。たぶん、次に迎える犬（迎えるかどうかは不明だが）も、出自はどうあれ（これまでもそうではなかったので、ペットショップからという選択はないと思うが）、同じ犬種あるいは同じタイプの犬を選ぶに違いない。

つまり、著者が書いているように「どんな犬であっても、そこにいる犬で満足することはできませんか？」に大いに反している。一方、一緒に暮らしてきた猫では、品種の統一性はなく、バラバラである（ペルシャ雑、シャム雑、アメリカン・ショートヘア3頭、在来猫3頭、スコティッシュ・フォールドらしい猫）。つまり私は、この矛盾（犬と猫の選び方の違い）について、これまであまり考えたことはなかったと言える。これについてはおそらく、猫ではいまだに拾ってきたり、（計画的な繁殖というよりは）産まれてしまった子を飼うことがふつうであるのに対し、犬の場合は純血種を飼育することが一般的になっていることの影響もあるのだろう。

第5章で引用されている、イギリスのBBCが制作したドキュメンタリー番組『Pedigree Dogs Exposed』（犬たちの悲鳴～ブリーディングが引き起こす遺伝病～としてNHKでも放映）を観ると、犬を極端に改変してきた歴史に愕然とする。しかし、先人が数千～数百年前に特定の用途のために改良を重ねてきた歴史をすべて否定すべきではない、とも思う。犬種を育種していった過程で、特異的な風貌や、犬種特性というべき性質の違いを身につけ、それらが私たちをいっそう犬の虜にしているとも言える。また、家畜である以上、血統管理をしないと健全な繁殖は望めない。遺伝性疾患への対策は当然、繁殖を管理する人間が負うべき仕事であり、スタンダードを健全なものにし、健全な姿形に戻していくのも人間の責任である。結局はやはり矛盾した結論になるわけである。

「不妊・去勢手術」についての記述（第11章）も然りである。「不幸な犬を増やさないという責任を動物自身に押しつけている」。まさにその通りだと思う。「不妊・去勢手術という世俗宗教」。これも言い得て妙だろう。確かに、殺処分されてしまう不幸な犬を直接的に減らしていくには、不妊・去勢手術が大きな武器になるのは間違いない。しかし、問題解決の方法はそれだけではないし、本書にも書かれているようなデメリットを理解し、それを承知（といっても、犬自身が承知するわけではないのだが）の上で実施していく必要がある。特に獣医師は、最近数多く発表されている「不妊・去勢手術の結果」に関する論文に目を通してほしい。これらの論文は品種固有の結果を示しているものが多く、解釈には確かに限界がある。実際、疾患発生には多くの因子が関与する。しかし、不妊・去勢手術に対する品種固有のリスクやメリットを特定する調査研究は、手術の必要性の有無や実施時期の検討など、特定の品種の個々の動物に対する様々なリスクの軽減につながることが将来的に期待できる。

なお、第11章に書かれている睾丸への注射（オス）やインプラント（メス）による不妊処置は、残念ながらあまり薦められない。インプラントを行うには皮膚切開に伴う短時間の麻酔が必要であり、さらにシリコーン製は溶けずに残ることから、効果期間が過ぎたら取り出す必要がある。1回の処置により1年から最長2年間発情を抑制し、取り出すと1～8か月で発情が戻り、妊娠・出産が可能になるため、発情抑制の効果を持続させるためには、1～2年ごとにインプラントを交換する必要がある。さらに副作用（体重増加、乳腺発達、脱毛、子宮蓄膿症などの子宮疾患、外陰部の腫脹や漏出液、子宮内の粘液貯留など）が数多く報告されており、特に2年以上続けることで副作用が起こりやすくなるという報告もあるため、特別な事情がない限り、不妊処置としては推奨できない。

ただし、本書は厄介な話題に終始するわけではない。犬の名前に込められた飼い主の想い（2章）、犬に話しかける人たちのおもしろさ（4章）、著者の研究の一端をユーモアたっぷりに紹介するコーナー（9章）など、肩肘張らずに読めるページもたくさんある。もちろん、愛犬のフィネガンとアプトンの話題も多く綴られ、著者の想いがあふれ出る。飼っている犬を愛し、そして犬からも愛されている（と信じたい）飼い主であれば、その日常に共感し、愛らしい姿が目に浮かぶに違いない。

返事をしないのに犬に話しかけ、犬のためにお金や時間を注ぐ私たち。犬もそれらに応えるように愛情を返してくれる。私たちには、犬と一緒の生活がなくなるなんて考えられない。確かに犬は法的には所有物であり、好きなように売買したり、繁殖したり、捨てることもできてしまう存在だ。しかし、犬を愛しているからこそ、このような課題について考え、一方的ではなく、犬の視線で物事をとらえてみる。それができてこそ、人と犬との本当の「共生」が実現するのではないだろうか。

近年では、著者のような認知行動学あるいは動物行動学だけではなく、生物学、生理学、遺伝学など様々な分野の専門家が「犬とは何か？」を研究し、これまで未知だった「犬の姿」が知られるようになってきている。今後、それらが科学的に検証されることで、人と犬との関わりについても多くのことが解明されていくはずだ。

本書は、最古の家畜であり、最良の友（Dogs are man's best friend）である、犬に対する私たちの深い愛情を再確認させてくれる。最良の友、これまで以上に、ありのままの犬、あるいは犬にまつわる文化や課題に目を向けるきっかけを与えてくれるはずだ。たくさんの読者に届き、心に響くことを切に願う。犬を愛する者として、犬にとっても私たち人間が「特別で」最良の友であってほしいから。

哲学科出身の著者だからか、原文は科学論文のような単純な構文ではなく、抽象的な表現や括弧書きが多用され、注釈や補足もたくさん挿入されていることから、邦訳にはかなり苦労されたことと思う。翻訳を担当した奥田弥生さん、お疲れさま。そしてありがとうございました。

２０２１年晩夏

監訳者　水越美奈

＞ 著者 ＜

アレクサンドラ・ホロウィッツ (Alexandra Horowitz)

著書にニューヨークタイムズ・ベストセラーの『Inside of a Dog：What Dogs See, Smell, and Know』（犬から見た世界 その目で耳で鼻で感じていること：白揚社）、『On Looking』、『Being a Dog：Following the Dog Into a World of Smell』（犬であるとはどういうことか その鼻が教える匂いの世界：同）。コロンビア大学バーナード・カレッジのシニアリサーチフェローで、犬の認知研究室を主宰している。私生活では犬のフィネガンとアプトンに所有され、猫のエドセルに許容されている。

＞ 監訳者 ＜

水越美奈 (みずこし みな)

日本獣医生命科学大学獣医学部獣医保健看護学科教授、同大学付属動物医療センター行動診療科。獣医師、博士（獣医学）。獣医行動診療科認定医、日本獣医動物行動研究会副会長、JAHA（日本動物病院協会）認定家庭犬しつけインストラクター。同大学を卒業後、動物病院勤務、行動学クリニック開業を経て、現在に至る。著書に『猫の困った行動 予防＆解決ブック 猫ゴコロを知って楽しく暮らそう』（監修、緑書房）、『犬と猫の問題行動の予防と対応 動物病院ができる上手な飼い主指導』（監修、緑書房）、『イヌの心理学 愛犬の気持ちがもっとわかる！』（監修、西東社）、『犬語大辞典』（監修、学研プラス）など。

＞ 翻訳者 ＜

奥田弥生 (おくだ やよい)

早稲田大学を卒業後、放送局勤務を経て翻訳者に。『ハーバード・ビジネス・レビュー』などのビジネス誌、海外ブランドの広報、各種美術展の表示物の翻訳に携わる。訳書に『ビーチ・ボーイ』（花風社）など。

犬と人の絆

なぜ私たちは惹かれあうのか

Midori Shobo Co.,Ltd

2021年10月20日　第1刷発行©

著　者……アレクサンドラ・ホロウィッツ
監訳者……水越美奈
翻訳者……奥田弥生
発行者……森田浩平
発行所……株式会社 緑書房
〒103-0004
東京都中央区東日本橋3丁目4番14号
TEL　03-6833-0560
https://www.midorishobo.co.jp

日本語版編集……道下明日香、池田俊之
日本語版編集協力……高梨奈々
組版……メルシング
印刷所……図書印刷

ISBN 978-4-89531-764-1　Printed in Japan

落丁、乱丁本は弊社送料負担にてお取り替えいたします。

本書の複写にかかる複製、上映、譲渡、公衆送信（送信可能化を含む）の各権利は、株式会社 緑書房が管理の委託を受けています。

JCOPY 〈(一社)出版者著作権管理機構 委託出版物〉

本書を無断で複写複製（電子化を含む）することは、著作権法上での例外を除き、禁じられています。本書を複写される場合は、そのつど事前に、(一社) 出版者著作権管理機構（電話 03-5244-5088、FAX03-5244-5089、e-mail：info@jcopy.or.jp）の許諾を得てください。また本書を代行業者等の第三者に依頼してスキャンやデジタル化することは、たとえ個人や家庭内の利用であっても一切認められておりません。